高职高专教育“十一五”规划教材

动物防疫与检疫技术

林伯全　主编

中国农业大学出版社

编 写 人 员

主　编　林伯全（福建农业职业技术学院）

副主编　唐文山（青海畜牧兽医职业技术学院）

参　编　王艳丰（河南农业职业技术学院）

审　稿　梁全顺（福建省动物疫病控制中心）

陆桂平（江苏畜牧兽医职业技术学院）

参加畜牧兽医类教材编写的学校
（按首字母拼音排序）

保定职业技术学院
北京农业职业学院
沧州职业技术学院
重庆三峡职业技术学院
福建农业职业技术学院
甘肃农业职业技术学院
甘肃畜牧工程职业技术学院
广西农业职业技术学院
河北科技师范学院
河北旅游职业学院
河北农业大学
河北农业大学中兽医学院
河南工业大学
河南农业职业学院
黑龙江农业工程职业学院
黑龙江农垦林业职业技术学院
黑龙江农业经济职业学院
黑龙江农业职业技术学院
黑龙江生物科技职业学院
黑龙江畜牧兽医职业学院
湖南环境生物职业技术学院
黄冈职业技术学院
佳木斯大学
江苏牧羊集团
江苏农林职业技术学院
江苏畜牧兽医职业技术学院
金华职业技术学院
辽宁农业职业技术学院
辽宁医学院
辽宁职业学院
辽阳职业技术学院
临沂师范学院
内蒙古乌兰察布职业学院
青海畜牧兽医职业技术学院
山东滨州职业学院
山东畜牧兽医职业学院
山西师范大学
商丘职业技术学院
沈阳农业大学
沈阳农业大学高等职业技术学院
唐山职业技术学院
信阳农业高等专科学校
杨凌职业技术学院
宜宾职业技术学院
永州职业技术学院
云南农业职业技术学院
郑州牧业工程高等专科学校

出版说明

高等职业教育作为高等教育中的一个类型，肩负着培养面向生产、建设、服务和管理第一线需要的高技能人才的使命。大力提高人才培养的质量，增强人才对于就业岗位的适应性已成为高等职业教育自身发展的迫切需要。教材作为教学和课程建设的重要支撑，对于人才培养质量的影响极为深远。随着高等农业职业教育发展和改革的不断深入，各职业院校对于教材适用性的要求也越来越高。中国农业大学出版社长期致力于高等农业教育本科教材的出版，在高等农业教育领域发挥着重要的作用，积累了丰富的经验，希望充分利用自身的资源和优势，为我国高等职业教育的改革与发展做出自己的贡献。

经过深入调研和分析以往教材的优点与不足，在教育部高教司高职高专处和全国高职高专农林牧渔类专业教学指导委员会的关心和指导下，在各高职高专院校的大力支持下，中国农业大学出版社先后与100余所院校开展了合作，共同组织编写了一系列以“十一五”国家级规划教材为主体的、符合新时代高职高专教育人才培养要求的教材。这些教材从2007年3月开始陆续出版，涉及畜牧兽医类、食品类、农业技术类、生物技术类、制药技术类、财经大类和公共基础课等的100多个品种，其中普通高等教育“十一五”国家级规划教材22种。

这些教材的组织和编写具有以下特点：

精心组织参编院校和作者。每批教材的组织都经过以下步骤：首先，征集相关院校教师的申报材料。全国100余所高职高专院校的千余名教师给予了我们积极的反馈。然后，经由高职高专院校和出版社的专家组成的选题委员会的慎重审议，充分考虑不同院校的办学特色、专业优势、地域特点及教学改革进程，确定参加编写的主要院校。最后，根据申报教师提交的编写大纲、编写思路和样章，结合教师的学习培训背景、教学与科研经验和生产实践经历，遴选优秀骨干教师组建编写团队。其中，教授和副教授及有硕士以上学历的占70%。特别值得一提的是，有5%的作者是来自企业生产第一线的技术人员。

贴近国家高职教育改革的要求。我国的高等职业教育发展历史不长，很多院校的办学模式和教学理念还在探索之中。为了更好地促进教师了解和领会教育部的教学改革精神，体现基于职业岗位分析和具体工作过程的课程设计理念，以真实工作任务或社会产品为载体组织教材内容，推进适应“工学结合”人才培养模式的课程教材的编写出版，在每次编写研讨会上都邀请了教育部高教司高职高专处、全国高职高专农林牧渔类专业教学指导委员会的领导作教学改革的报告；多次邀请教育部职业教育研究所的知名专家到会，专门就课程设置和教材的体系建构作专题报告，使教材的编写视角高、理念新、有前瞻性。

注重反映教学改革的成果。教材应该不断创新，与时俱进。好的教材应该及时体现教学改革的成果，同时也是教育教学改革的重要推进器。这些教材在组织过程中特别注重发掘各校在产学结合、工学交替实践中具有创新性的教材素材，在围绕就业岗位需要进行知识的整合、与实际生产过程的接轨上具有创新性和非常鲜明的特色，相信对于其他院校的教学改革会有启发和借鉴意义。

瞄准就业岗位群需要，突出职业能力的培养。这些教材的编写指导思想是紧扣培养"高技能人才"的目标，以职业能力培养为本位，以实践技能培养为中心，体现就业和发展需求相结合的理念。

教材体系的构建依照职业教育的"工作过程导向"原则，打破学科的"系统性"和"完整性"。内容根据职业岗位(群)的任职要求，参照相关的职业资格标准，采用倒推法确定，即剖析职业岗位群对专业能力和技能的需求⟶关键能力⟶关键技能⟶围绕技能的关键基本理论。删除假设推论，减少原理论证，尽可能多地采用生产实际中的案例剖析问题，加强与实际工作的接轨。教材反映行业中正在应用的新技术、新方法，体现实用性与先进性的结合。

创新体例，增强启发性。为了强化学习效果，在每章前面提出本章的知识目标和技能目标。有的每章设有小结和复习思考题。小结采用树状结构，将主要的知识点及其之间的关联直观表达出来，有利于提高学生的学习效果和效率，也方便教师课堂总结。部分内容增编阅读材料。

加强审稿，企业与行业专家相结合，严把质量关。从选题策划阶段就邀请行内专家把关，由来自于企业、高职院校或中国农业大学有丰富生产实践经验的教授审核编写大纲，并对后期书稿进行严格审定。每一种教材都经过作者与审稿人的多次的交流和修改，从而保证内容的科学性、先进性和对于岗位的适应性。

这些教材的顺利出版，是全国100余所高职高专院校共同努力的结果。编写出版过程中所做的很多探索，为进一步进行教材研发提供了宝贵的经验。我们希望以此为基点，进一步加强与各校的交流合作，配合各校教学改革，在教材的推广使用、修订完善、补充扩展进程中，在提高质量和增加品种的过程中，不断拓展教材合作研发的思路，创新教材开发的模式和服务方式。让我们共同努力，携手并进，为深化高职高专教育教学改革和提高人才培养质量，培养国家需要的各行各业高素质技能型专门人才，发挥积极的推动作用。

中国农业大学出版社

2008年6月

内 容 简 介

本书共分为5章，即绪论，第一章动物防疫的基本知识，第二章动物防疫技术，第三章重大动物疫情应急管理，第四章动物检疫的技术，第五章动物防疫监督管理。本教材是按照职业教育教学改革要求，从生产和教学实际出发，本着科学性、先进性和适用性原则进行编写的，编写中注重将新的《中华人民共和国动物防疫法》（于2007年8月30日修订通过的）内容融入到教材中。每章前面设有知识目标，章后有复习思考题，便于学生有目的地学习，同时理论联系实际，突出够用、适用、实用，让学生在毕业后尽快适应动物检疫岗位。全书语言简练、条理清晰、图文并茂、通俗易懂、适应学生学习。

本教材可供高职高专畜牧兽医类及相关专业学生使用，也可作为成人教育教材。

前　言

根据教育部《关于全面提高高等职业教育教学质量的若干意见》和《关于加强高职高专教育教材建设的若干意见》的有关精神，按照高职高专培养具有良好职业道德，较强实践能力、创造能力、就业能力和创业能力，适应我国现代农业发展需要的高素质技能型人才的要求，本着理论知识“必需、够用”的原则，我们编写了《动物防疫与检疫技术》教材。

动物防疫与检疫技术是畜牧兽医类的一门专业课，主要任务是阐述动物防疫与检疫的基本理论知识、动物防疫与检疫的技术、动物防疫与检疫监督管理以及相关法律，进而为控制、防制动物疫病和开展动物检疫工作实践服务。

本书共分为五章，即绪论，第一章动物防疫的基本知识，第二章动物防疫技术，第三章重大动物疫情应急管理，第四章动物检疫的技术，第五章动物防疫监督管理。在编写教材的过程中，我们参阅了大量近年出版的相关教材，注重将新的内容融入到教材中，针对动物防疫与动物检疫工作发展变化，结合高职教育教学实际需要，对原学科体系的内容进行调整，删繁就简，在保证教材先进性和科学性的基础上，力求突出教材的实用性，让学生在毕业后尽快适应动物检疫岗位。全书语言简练、条理清晰、图文并茂、通俗易懂，适应高职高专、成人教育的学生学习。

参加本教材编写的老师有：福建农业职业技术学院林伯全老师（第一章、第三章、第四章第三节、第四节、第五章、附录）、青海畜牧兽医职业技术学院唐文山老师（绪论、第四章第一节、第二节、实训指导）、河南农业职业技术学院王艳丰老师（第二章）。初稿完成后由主编修改并统稿。

由于编者水平有限，加之时间仓促，教材中难免有疏漏、不足甚至错误之处，恳请同行及专家批评指正。

编　者

2008 年 6 月

目　录

绪　论

知识目标

- 理解动物防疫与动物检疫的概念。
- 掌握动物防疫与检疫技术的主要内容。

21 世纪是人类追求健康的世纪，动物及动物源性产品无公害且安全卫生已成为畜牧产业发展的重大战略问题。动物是有价值的生产资料，在生产过程中要有严格的成本要求，动物一旦患病特别是疫病，不仅影响其生长发育和产品的产量及质量，而且加大了投入，提高了生产成本，制约了产业发展。近些年来，动物疫病出现了新变化，如高致病性禽流感、高致病性猪蓝耳病等重大动物疫病造成的损失严重；由于病原发生变异，使一些疫病又以新的姿态出现，免疫无效，产生巨大危害，如非典型猪瘟和非典型新城疫等；还有原已消灭或已控制的疫病现在又开始流行，如痒病、马传贫、牛羊布鲁氏菌病、牛结核病等。

人们在与疫病作长期斗争的过程中，越来越认识到疫病预防的重要性，并提出了许多疫病防治的原则。早在春秋战国时期，祖国医学就提出了“治未病”的思想，主张“未病先防，既病防变”的原则。“检疫”作为疫病预防的重要措施之一，起源于 14 世纪的欧洲，是指为了防止人类疾病的流行与传播所采取的检查防范措施。当时在威尼斯，每当有外来船舶抵达口岸时，为了防止船上人员或装载物染有病原微生物，需经过 40 d 的观察和检查，如果没有发现传染病，才允许船员离船登岸。300 多年前，这种措施扩展到对动物及其产品的管理，就产生了动物检疫。我国的动物检疫始于 20 世纪 30 年代。随着新中国的建立，特别是改革开放后，动物检疫工作发展较快，目前已形成了较为完善的动物防疫检疫体系，为推动畜牧业经济发展，提高人民的健康水平发挥了重大作用。

一、动物防疫与动物检疫的概念

(一)动物疫病的概念

动物疫病是指由某些特定的病原体(如细菌、病毒和寄生虫)引起的疫病,包括动物传染病和寄生虫病。动物传染病是指感染病原体,使动物产生具有一定的潜伏期和临床症状并具有传播性的动物疫病,如口蹄疫、高致病性禽流感、炭疽、布氏杆菌病、狂犬病、猪链球菌病、猪高致病性蓝耳病等。寄生虫病是指由动物性寄生物(统称寄生虫)引起的动物疫病,如猪囊虫病、旋毛虫病、钩端螺旋体病、血吸虫病和疥螨等。

动物在整个生命活动中,总会受到来自体内外各种致病因子的作用,尤其是各种生物性致病因素。由于其个体小,繁殖快,在自然界分布广,对动物健康构成的威胁最大。在病原体的作用下,可引起机体不同程度的损伤,机体内部与外界的相对平衡稳定状态遭到破坏,机体处于异常的生命活动中,其代谢、机能甚至组织结构多会发生改变,从而在临诊上可出现一系列异常的表现(症状),同时表现为生产能力下降。与此同时,机体也会产生一系列的抗损伤反应,以清除致病因素的作用,恢复体内的平衡。

(二)动物防疫的概念

所谓动物防疫就是采取各种措施,将疫病排除于未受感染的畜群之外。动物防疫就是综合运用多种手段,发动全社会力量,依照动物疫病发生、发展和消亡的科学规律,对动物从引种、饲养、经营、销售、运输、屠宰到动物产品加工、经营、贮藏、运输、销售等各个环节严格实施预防、控制、扑灭和检疫措施,保障动物健康及其产品安全的一项系统性工作。

1.动物疫病的预防

主要是指对动物采取免疫接种、驱虫、药浴、疫病监测和对动物饲养场所采取消毒、生物安全控制、动物疫病的区域化管理等一系列综合性措施,防止动物疫病的发生。

2.动物疫病的控制

包含两方面内容:一是发生动物疫病时,采取隔离、扑杀、消毒等措施,防止其扩散蔓延,做到有疫不流行;二是对已经存在的动物疫病采取监测、淘汰等措施,逐步净化直至达到消灭该动物疫病。

3.动物疫病的扑灭

一般是指发生重大动物疫情时采取的措施,即指发生对人畜危害严重,可能造成重大经济损失的动物疫病时,需要采取紧急、严厉、综合的“封锁、隔离、销毁、消毒和无害化处理等”强制措施，迅速扑灭疫情。对动物疫病的扑灭应当采取“早、快、严、小”的原则。“早”，即严格执行疫情报告制度，及早发现和及时报告动物疫情，以便兽医行政主管部门能够及时地掌握动物疫情动态，采取扑灭措施；“快”，即迅速采取各项措施，防止疫情扩散；“严”，即严格执行疫区内各项严厉的处置措施，在限期内扑灭疫情；“小”，即把动物疫情控制在最小范围之内，使动物疫情造成的损失降低到最小程度。

4. 动物检疫

实施动物及其产品检疫的目的，一是对饲养过程中的活体动物进行规定动物疫病的检疫，确保饲养场达到无规定动物疫病区的建立要求；二是为了防止染疫的动物及其产品进入流通环节；三是防止动物疫病通过运输、屠宰、加工、贮藏和交易等环节传播蔓延；四是为了确保动物源性产品的质量卫生安全和动物源性产品。

(三)动物检疫的概念

所谓动物检疫，是指为了防止动物疫病的传播，保护养殖业生产和人体健康，维护公共卫生安全，由法定的机构和人员，采用法定的检疫程序和方法，依照法定的检疫对象和检疫标准，对动物、动物产品进行疫病检查、定性和处理。

动物检疫不同于一般的动物疫病诊断工作。它是以各种兽医诊断、检验技术为基础，以不同处理方法为手段，以预防、控制和扑灭动物疫病为目的的一种强制性行政措施。不仅对饲养、经营中的活体动物进行规定疫病的检查诊断，而且要在动物及其产品的加工、经营过程中实施卫生监督并对其产品实施检验。具体地说，动物检疫具有以下特点：

1. 具有强制性

检疫属于政府行为，以国家强制力为后盾，逃避检疫将承担相应的法律责任。也就是说，动物检疫过程实际上是一种执法过程，不是一项愿不愿做、可做可不做的事，而是非做不可的工作。任何单位和个人都必须服从并协助做好检疫工作。凡不按规定拒绝、阻挠或抗拒动物检疫的，都属于违法行为，将受到法律制裁。造成严重后果、触犯刑律的，要依法追究刑事责任。

2. 具有法定的机构和人员

动物检疫必须由法律规定、国家授权的法定机构实施。根据新修订后的《中华人民共和国动物防疫法》第四十一条规定：动物卫生监督机构依照本法和国务院兽医主管部门的规定对动物、动物产品实施检疫。动物卫生监督机构的官方兽医具体实施动物、动物产品检疫。国家或地方（省、市、县）动物卫生监督机构是实施动物、动物产品检疫的主体，也是唯一的检疫执法主体。法定规定的动物检疫人员就是动物卫生监督机构的官方兽医（目前官方兽医未出台前仍是动物防疫监督机构的动物检疫员)，是具体从事本地区动物、动物产品检疫工作。除此之外，任何公民、法人和其他社会组织都没有资格对动物和动物产品实施检疫。

3.法定的检疫对象

动物疫病的种类很多，不可能也没必要对所有疫病都进行检疫。为此，国家或地方将根据不同动物疫病的流行情况、分布区域及危害大小，以法律形式规定某些重要动物疫病为必检对象。这种由国家规定必须检疫的动物疫病，称为法定检疫对象。动物检疫时也主要针对法定检疫对象进行检疫。

4.法定的检疫和处理方法

动物检疫人员必须按照规定方法对动物及其产品实施检疫。对检疫后的处理，必须执行统一的标准。

二、动物防疫与检疫技术的主要内容

动物防疫与检疫技术是集动物诊疗技术、动物微生物和传染病及动物寄生虫病诊断与预防技术及相关法律法规等多方面知识技能于一体的综合性课程。由于动物疫病的发生与传播流行受诸多方面因素的影响，任何单一的防疫措施是不够的，必须采取包括“养、防、检、治”4 个基本环节的综合性措施。因此，本教材主要介绍了动物防疫与检疫技术的基本知识与操作技能；新修订后的《中华人民共和国动物防疫法》内容；动物主要疫病检疫及动物在饲养、运输、屠宰等生产流通环节的检疫要领；重大动物疫病的处理等。通过本课程的学习，掌握动物疫病发生与流行的条件与基本特点；掌握防疫计划与疫病控制应急预案的制定；明确无规定动物疫病区的建立、动物检疫的范围和对象、检疫的方法和检疫后的处理；正确运用本教材所提供的基本知识和技能于防疫检疫实践中，做到依法进行动物防疫与检疫。

三、动物防疫与检疫的意义、目的和任务

(一)动物防疫与检疫的意义

疫病是动物健康的最大威胁，不仅吞噬了无数动物的生命，造成了巨大的经济损失，而且阻碍了经济的发展，有些疫病甚至威胁人类的健康。例如，从 2003 年以来，高致病性禽流感在亚洲、欧洲、非洲发生和蔓延，人患禽流感病超过 380 人，同时造成大量家禽发病死亡。

在发生动物疫病时组织防治、执行扑灭等措施时所耗费的人力、物力也是十分巨大的。需要注意的是，随着农业产业结构的调整和我国加入世贸组织后动物养殖规模化、动物及其产品流动国际化，使得动物疫病发生和传播的危险性增大。有些已经控制和消灭的动物疫病有可能“死灰复燃”，还有可能从国外传入一些新的

动物疫病。高度重视动物防疫检疫工作，是适应农业经济发展，维护国家利益，发展畜牧养殖业、富裕农民的重要环节。

另外，随着人民群众生活水平的提高，人们对于动物产品的要求也越来越高，越来越关心动物产品的安全。因此，加强检疫，及时发现患病动物以及其他妨害公共卫生的因素，将不合格的动物及其产品在进入流通环节之前进行无害化处理，从而杜绝疫病的传播，保证为市场提供安全、卫生、优质的动物产品，以丰富人民的物质生活，改善国民膳食结构，满足人民日益增长的物质需求。

我国的动物检疫工作还与国际惯例有着一定的距离，例如对于动物产品的检疫，国内只检疫未经熟制加工的动物产品，而国际惯例则检疫源于动物未经加工或虽经加工但仍有可能传播疫病的动物产品。这就给进出口工作带来了一些不便。所以，我国的动物检疫工作必须与国际接轨，这也对动物检疫工作提出了更高的要求。综上所述，动物检疫的任务就在于防止动物疫病及其他有害生物的传入和传出，保护畜牧业生产和人体健康，对维护我国动物及其产品的国际信誉、促进对外贸易和经济技术交流合作，发展外向型经济等，也具有十分重要的意义。

(二)动物防疫与检疫的目的和任务

动物在人类社会发展过程中起着重要的作用。动物除可以供食用外，还用于使役、观赏、守卫、伴侣、演艺等各个方面，涉及生产、生活、科研、国防等领域。动物与人类的关系越来越密切，已成为人类生活和社会发展不可缺少的重要组成部分。

我国是一个动物养殖大国，特别是改革开放以来，人民生活水平不断提高，皮、毛、肉、蛋、乳的需求量日益增加，人们对动物产品的安全与卫生要求也日益提高。另外，随着我国对外贸易规模的不断扩大，难免会有新的疫病传入境内。贯彻预防为主的方针，建立无规定动物疫病区，控制和消灭危害畜牧业和人类健康的动物疫病，大力开发无公害、无污染产品，是防疫检疫工作的根本任务和目标。

1.保护畜牧业生产

畜牧业生产在世界各国国民经济中占有非常重要的地位，采取一切有效的措施，使动物免受国内外重大疫情的危害，是每个国家动物防疫检疫部门的重大任务。加强防疫检疫，可以及时、准确地掌握动物疫病流行动态，为制定动物防疫计划和具体措施提供可靠的科学依据。通过免疫预防、消毒、扑杀病畜、无害化处理染疫动物产品等措施，有效地控制动物疫病。

2.提高人类健康水平

动物及其产品与人的生活密切相关。据报道，我国动物传染病有200多种，其中病毒性疫病约80种，细菌性疫病约111种，真菌性疫病约11种；消灭了牛瘟和牛肺疫，稳定控制和基本控制的约51种，流行性广、危害较大的新病约38种，寄生虫病约20种。许多疫病是人畜共患的传染病，据不完全统计，人畜共患的传染病已达200余种。在世界范围内引起风波的疯牛病、禽流感等，均因与人的健康有关而引起世广泛关注。通过检疫和实施兽医卫生管理，对阻止患病动物及染疫产品进入流通环节，特别是防止人畜共患病的发生和传染可起到积极的作用。特别是一些慢性病如布鲁氏菌病、结核病、囊虫病等，一般临诊上不明显，主要依靠检疫手段及时检出处理，以防止人体感染。

3.促进经济贸易的发展

我国是动物及动物产品生产大国，重视动物防疫检疫，是控制和消灭动物疫病，提高农畜产品质量，增强国际市场竞争力，扩大对外业务的重要手段。

四、国际动物防疫检疫概况

随着人类文明进步，动物防疫检疫工作正受到国际社会广泛重视，许多发达国家建立了比较完善的动物防疫体系，在动物疫病防治中发挥了重要作用。

1.动物防疫管理法制化

将动物防疫提升到法律高度，是国际防疫检疫的特点之一。根据国际兽疫局制定的《国际动物卫生法典》，各国在动物疫病防治工作的实践中，根据本国的实际不断完善相关措施，建立较为严格的动物疫病防治法律法规和管理体制，做到以法防疫，统一标准。防疫部门和组织分工明确，职权统一，相互协调，严格执法。日本还根据不同时期动物防疫的重点编写相关的防疫手册，对防疫工作中应该做什么、怎么做，都有非常具体的、操作性很强的规定。

2.动物疫病监测系统化

将现代科技应用于动物疫病监测和防治，有效地提高了动物疫病监控能力。欧盟建立了完善、快捷的动物疫病通报系统，并与欧盟总部和各成员国相关的动物防疫机构连接，及时收集、分析、传递动物疫病信息。法国的监控和处理体系，贯穿于动物疫情发生前后的全过程，即疫情发生的前、中、后三个阶段分别有相应的措施。澳大利亚从20世纪60年代起即已开始实施动物追踪体系，每头出栏的动物都将携带一个有8位数字的标签。在动物生产和流通的各个环节中，实行全程登记。国家动物卫生信息系统（NAHIS）主要对重要疾病进行常规监测和调研，收集、分析全国的动物卫生资料，评估国家对动物疫病监控的能力，对于主要的动物传染病，制定专门的监测计划。

3.动物疫病应急反应规范化

为了应对突发的动物疫情，能迅速控制或扑灭动物疫病，各国都分别制定了一套应急计划，包括疫情应急培训、紧急疫情报告热线、物资贮备、患病及可疑畜群扑杀等。一旦发现疫情，按照统一的动物防疫工作标准，立即行动，以保证将疫情造成的损失降低到最低程度。

4. 动物疫病防治人员培训制度化

培养并建立一支高素质的动物防疫检疫队伍，是做好动物疫病防治工作的关键。为了保证动物疫病防治从业人员的水平达到国际标准，各国十分重视动物防疫队伍建设。纷纷采取专业培训、资格认证等措施，积极培养符合国际标准要求的兽医人员，建立一支经过认证的防疫骨干队伍。澳大利亚实施的"全国兽疫应急培训计划"，还面向生产者、兽医、政府工作人员、急救行业人员等提供相关培训和认证考试，以此提高防疫人员的整体素质以及应急反应能力。

五、我国动物防疫与检疫工作概况

新中国成立50多年来，特别是开放以后，我国动物防疫检疫工作取得了长足的发展，初步形成了较为完善的动物防疫检疫法律法规和标准体系，建立了兽医诊断实验室体系以及疫情测报体系，培养并建立了动物防疫检疫队伍，形成了较为完善的动物防疫检疫管理网络，为提高我国动物防疫检疫水平，保护人和动物健康，推动畜牧业经济的发展，发挥了巨大作用。

1. 建立了动物防疫、检疫的法律、法规

制定、颁布和实施动物防疫法律法规，使动物防疫工作走上法制轨道，做到依法制疫，是动物防疫检疫工作得以正常运行并发挥其应有作用的根本保证。目前，涉及动物防疫检疫方面的法规有《中华人民共和国动物防疫法》、《中华人民共和国进出境动植物检疫法》、《中华人民共和国进出境动植物检疫实施条例》以及有关的配套法规，如《中华人民共和国进境动物一、二类传染病、寄生虫病名录》、《中华人民共和国禁止携带、邮寄进境的动物、动物产品及其他检疫物名录》等。全国20多个省颁发了《家畜家禽防疫条例实施办法》。这些法律法规的颁布施行，体现了党和国家对动物防疫检疫工作的高度重视，体现了兽医工作在社会和经济生活中的重要作用，是社会主义法制建设的重要成果。

2. 建立了较为完善的动物防疫管理网络

我国动物防疫检疫管理分为"主管"与"实施"两个方面，即兽医行政主管部门主要管理动物防疫工作，动物卫生监督机构具体实施动物防疫与检疫。

农业部主管全国动物防疫工作，负责起草动物防疫与检疫的法律法规，制定有关技术标准，组织、监督动物防疫检疫工作，发布疫情并组织扑灭。县级以上地方人民政府兽医行政主管部门主管本行政区域内的动物防疫工作，负责有关动物防疫的法律、行政法规、制度、规划、办法、规程、标准等在本行政区域内的实施。制定实施强制免疫以外的动物疫病的预防计划，报同级人民政府批准后实施。

县级以上地方人民政府所属动物卫生监督机构负责对动物疫病预防的宣传教育和技术指导、技术培训、咨询服务，并组织实施动物疫病免疫计划；负责监测、监督饲养、经营动物和生产、经营动物产品的单位和个人依照动物防疫法和国家有关规定做好动物疫病的计划免疫、预防工作。乡镇兽医站是国家设在基层的动物防疫实施单位，在县级动物卫生监督机构的指导下，做好动物疫病的预防、控制、扑灭等具体工作。

3.增进了与世界的合作

随着经济的快速发展，我国与国际间的双边贸易量也越来越大，动物检疫的合作与交流也越来越频繁，其作用也显得越来越重要。我国政府先后与世界多个国家签署了动物检疫和动物卫生合作协定、双边输入输出动物及动物产品单项检疫议定书。我国动物防疫检疫已成为世界各国动物检疫家庭中的一员并发挥着重要的作用，为世界的动物防疫检疫事业做出了应有的贡献。

4.动物防疫检疫的进展和发展趋势

目前，我国的动物防疫检疫工作已进入了一个新的飞跃发展时期。动物防疫和动物产品贸易工作的预警功能进一步加强，一些严重危害畜牧业生产的畜禽疫病和人畜共患病得到了有效控制，有力地保障了动物及其产品的卫生安全和人体健康。

今后，我国的动物防疫工作将进一步立足于基层防疫工作实际，突出重点与急需，加强对防疫标准体系的修订工作和监督管理，确保标准的配套、实用和适用性，提高标准修订工作的技术含量，增加标准的科学性和先进性，促进动物防疫工作科学化，提高动物防疫体系整体水平，增强动物防疫工作的有效性，从而保障食品安全，为有效解决“三农”问题服务。同时，随着动物防疫检疫队伍整体素质的提高，新技术的推广应用，必将使防疫检疫工作朝着快速、高效的方向发展。

复习思考题

1.理解动物防疫和动物检疫概念，掌握它们各自的特点。

2.动物检疫的作用主要体现在哪几个方面？

3.明确动物防疫检疫的目的、意义和任务。

第一章　动物防疫的基本知识

知识目标

- 理解动物疫病发生的条件与动物疫病流行的特征及疫病监测的内容与方法。
- 掌握动物疫病的流行过程的规律，采用生物安全措施防治动物疫病。

第一节　动物疫病的发生与流行

一、动物疫病发生概述

1. 传染

传染是病原微生物侵入动物机体，并在一定的部位定居、生长繁殖，从而引起一系列的病理反应，这一过程称之为传染或感染。传染是由病原微生物与动物机体相互作用的结果，其结果有以下几种可能性：①由于动物体具有一定的免疫力，大部分入侵的病原微生物毒力弱和数量少，到达机体的组织或体液之前就被免疫系统迅速消灭并清除则不感染。②当病原微生物具有相当的毒力和数量，而动物机体的抵抗力相对较弱时，病原微生物能够在机体内增殖，并通过分泌物或排泄物散播到外界环境中，在临诊上出现一定的症状，则出现显性感染。③侵入的病原微生物定居在某一部位，虽能进行一定程度的生长繁殖，但动物不呈现任何症状，也即病原微生物与动物机体之间出现暂时的相对平衡状态，这种状态称为隐性感染，此时病原体不能对动物机体造成严重的损害，而动物也不能完全清除体内存在的病原微生物，这种状况持续时间的长短与感染后机体的状态及病原体的特性密切相关。处于这种状况下的动物则为带菌（带毒）者。④近年来的研究表明，在感染过程中，机体内存在的常在菌能与某些致病性微生物发挥协同作用而增强后者的致病性。此外，在一定条件下某些非病原微生物如肠道菌、葡萄球菌等也可引起动物感染发病。⑤入侵的病毒不能杀死宿主细胞而形成病毒与宿主细胞间的共生平衡时，感染动物可在一定时期内带毒或终生带毒，而且经常或反复不定期地向体外排出病毒，但不出现临床症状或仅出现与免疫病理反应相关症状的一种持续感染状态，则称为持续性感染。例如，猪瘟病毒弱毒株可引起猪持续性感染，临床上称为温和型猪瘟。⑥慢性病毒感染时，出现被感染动物的病情发展缓慢，但不断恶化且最终以死亡而告终。这种潜伏期长、发病呈进行性经过，最终以死亡为转归的感染过程，则称为慢发病毒感染，如牛海绵状脑病毒感染。

2. 传染病

凡是由特定病原微生物引起的，具有一定的潜伏期和临床表现，并具有传染性的疾病称为传染病，属动物疫病。

3. 动物疫病发生的条件

疫病能否发生，与病原体的特性、动物机体的抵抗力和环境因素等均有很大关系。

(1)病原体的致病力及毒力　病原体引起疾病的能力称致病力(致病性或病原性)，这是该病原体“种”的特性，与病原体遗传有关，如猪瘟病毒可引起猪瘟。但某一株微生物的毒力，与其结构(如荚膜、所含透明质酸酶等)、代谢产物(如外毒素)等有关。毒力大小常用半数致死量(LD_{50})或半数感染量(ID_{50})等来表示。只有当具有较强毒力的病原体感染机体后，才能突破机体的防御屏障，在体内生长繁殖，引起传染过程，甚至导致传染病发生。大部分弱毒株或无毒株则不会引起疾病，因此人们可采用生产免疫菌(毒)苗。

(2)有一定数量的病原体　需多少病原体才能引起传染病，这与其毒力有关。当一定数量的病原体才能侵入门户，同样病原体进入机体后，需经一定的生长适应阶段，只有当其生长繁殖到一定的数量并造成一定损伤时，动物才会逐渐表现出临诊症状。

(3)适宜的侵入门户　病原体侵入门户是否适宜，与能否发病也有很大关系。有些传染病的病原微生物侵入门户是比较固定的，如猪肺炎支原体只能通过呼吸道传染，破伤风杆菌必须经过深而窄的创伤感染，狂犬病病毒的侵入门户多限于咬伤，但也有很多病原体如猪瘟、鸡新城疫、巴氏杆菌病等，可通过多种途径侵入。

(4)具有易感性的动物　动物对某一病原体缺乏抵抗性，容易被感染的特性，称之为有易感性，对病原微生物具有易感性的动物称易感动物。不同动物对同一种病原体的易感性有很大差异。病原微生物只有侵入有易感性的动物机体才会引起传染病。如猪瘟只感染猪，而牛、羊则不感染。同一毒力和数量的病原微生物侵入抵抗力不同的动物，可产生不同的后果，有的症状明显严重，有的症状轻微，有的不发病。如炭疽杆菌侵入牛、羊机体时，常引起急性败血症，而猪和肉食动物感染后，多为局限性病变，甚至不表现临诊症状。即使同种动物对同一种病原体的易感性也是有差异的。如小鹅瘟病毒只感染小鹅，成年鹅不感染。

动物对某一病原体的易感性，受先天（遗传因素）和后天（营养、免疫状态、年龄、性别等）多方面的影响。因此，在疫病预防时，要加强饲养管理和免疫接种工作，充分提高动物对疫病的抵抗力，降低易感性，从而起到预防疫病的目的。

（5）适宜的外部环境　外部环境因素主要指气候变化、环境卫生状况等，一方面影响动物的抵抗力；另一方面影响病原微生物生存与生长，影响疫病传播的活的媒介物生存与传播。如气候寒冷，有利于病毒生存而不利于细菌生长；气候炎热，不利于病毒生存，而对细菌生长繁殖有利，并且各种昆虫大肆繁殖，易于疫病传播。畜舍卫生状况差，污物堆积，蚊蝇滋生，老鼠、昆虫活跃，则动物接触病原微生物的机会增加，容易造成传染。

在疫病发生过程中，病原体是疫病发生的条件，动物机体是变化的根据，病原体要通过机体而起作用。外界环境因素不仅对动物的抵抗力产生影响，而且也影响病原体的生存条件、繁殖能力和致病能力。了解疫病发生的条件以及这三者之间的相互关系，对于控制和消灭疫病具有重要的意义。

二、动物疫病的特征

（一）动物传染病的特征

在临床上，不同传染病的表现千差万别，同一种传染病在不同种类动物上的表现也多种多样，甚至对同种动物不同个体的致病作用和临床表现也有所差异，但传染性疾病均具有以下共同的特征。

（1）传染病是由病原微生物引起的　传染病是由病原微生物与动物机体相互作用的结果，每一种传染病都由其特定的病原微生物引起，如禽流感病毒感染鸡群引起禽流感，猪伪狂犬病毒引起猪伪狂犬病。

（2）具有传染性和流行性　从传染病病畜体内排出的病原微生物可以通过一定的途径侵入另一有易感性的健康畜体内，引起具有同样症状的疫病。像这种使疫病从病畜不断传染给健康畜的现象，是区别传染病与非传染病的一个重要特征。当条件适宜时，在一定的时间内某一地区易感动物群中可能有许多动物被感染，致使传染病蔓延传播，形成流行。

（3）被感染的机体发生特异性反应　在感染过程中，由于病原微生物的抗原刺激作用，机体发生免疫生物学的变化，产生特异性抗体和变态反应等，这种反应可以用血清学的方法等特异性反应检测出来，因而有利于病原体感染状态的确定。

(4)传染病耐过动物可获得特异性的免疫力　动物耐过传染病后，在大多数情况下均能产生特异性免疫，使机体在一定的时间内或终生不再感染同种传染病。

(5)被感染动物有一定的临床表现和病理变化　大多数传染病都具有其明显的或特征性的临床症状。

(6)传染病的发生具有明显的阶段性和流行规律　个体发病动物通常具有潜伏期、前驱期、临床明显期和恢复期 4 个阶段，而且各种传染病在群体中流行时通常具有相对稳定的病程和特定的流行规律。

(二)动物寄生虫病的特征

1.寄生方式多样

一种生物生活在另一种生物的体内或体表，从另一种生物体内吸取营养，并对其造成毒害，这种生活方式称为寄生。营寄生生活的动物称为寄生虫，而被寄生虫寄生的动物称为宿主。寄生虫按营寄生生活的时间长短，可分为暂时性寄生虫和固定性寄生虫。按寄生部位可分为外寄生虫和内寄生虫。

2.生活史复杂

有些寄生虫在其生长发育过程中往往需转换多个宿主。寄生虫成虫期寄生的宿主称终末宿主，寄生虫能在其体内发育到性成熟阶段，并进行有性繁殖；寄生虫幼虫期寄生的宿主为中间宿主；有的幼虫期所需的第二中间宿主称补充宿主；寄生虫寄生于某些宿主体内，可以保持生命力和感染力，但不能继续发育，这种宿主称贮藏宿主。

3.对机体危害形式多样

寄生虫病对畜禽健康造成的危害是巨大的，虫体对宿主的损伤多种多样。

(1)机械性损伤　虫体通过吸盘、棘钩及移行，可直接造成组织损伤；虫体对器官组织的压迫或阻塞于有管器官，可引起器官萎缩或梗塞等。

(2)夺取营养　造成宿主营养不良、消瘦、维生素缺乏等。

(3)分泌毒素　如吸血的寄生虫分泌溶血物质和乙酰胆碱类物质，使宿主血液凝固缓慢。锥虫毒素可以引起动物发热，血管损伤，红细胞溶解。有的分泌宿主消化酶的拮抗酶，影响消化机能。

三、动物疫病的流行过程

(一)流行过程的概念

传染病不仅能在个体内发生，在一定的条件下还可以形成群体感染，在动物群体中发生、蔓延和终止的过程，称为传染病的流行过程，也就是病原体从传染源排出，经过不同的传播途径，侵入另一易感动物体内而形成新的传染，并继续传播扩散的过程。疫病的传染过程与流行过程有着密切的联系。传染过程是病原体侵入机体后与机体相互作用的过程，传染病只不过是传染过程的一种表现形式。而传染病的流行过程则与之完全不同，它是在群体中发生的，是从动物个体感染发病发展到动物群体发病的过程。流行过程无论在时间、空间上的表现都是错综复杂的，受到各种自然因素和社会因素的影响。要从动物疫病的流行过程的基本条件着手，探讨疫病的来源和病因、自然史和发病机制、疾病蔓延和流行的影响因素，从而制定并评价疫病的防治措施，因此对动物疫病的综合性防治具有重要的指导性意义。

(二)流行过程中的三个基本环节

传染病的流行过程，必须具备传染源、传播途径和易感动物群三个基本环节。这三个环节是构成传染病在动物群中蔓延的生物学基础，倘若缺乏任何一个环节，新的传染就不可能发生。而且三个环节孤立并存也不能发生新的传染和传播。只有在外界环境因素的影响下，当三个环节互相联系时才能构成传染病的传播。

1. 传染源

传染源也称传染来源，是指能使病原体在其中寄居、生长、繁殖，并能经常排出体外的动物机体。具体地说，传染源就是传染病患病动物、病原携带者。①患病动物是重要的传染源，尤其在前驱期和临床明显期可排出数量大而毒力很强的病原体，因此作为传染源的作用也最大，要将它扑灭。②受感染后外表无症状但携带并排出病原体的动物称病原携带者，是危险的传染源，也是不可忽视的传染源。由于动物携带的病原微生物种类不同，其毒力不同，往往毒力弱的易被人们忽视，但该病原微生物易通过易感动物传代后毒力增强而引发暴发性传染。

2. 传播途径

病原体由传染源排出后，经一定的方式再侵入其他易感动物所经过的途径称为传播途径。了解传染病的传播途径，是为了更好地制止病原体向外扩散和传播，这是防治动物传染病最重要的环节之一。传播途径可分为水平传播和垂直传播。

(1)水平传播　病原体在同世代动物之间横向平行地相互传播，称为水平传播。如直接接触传播和间接接触传播，均属水平传播。

直接接触传播是指在没有任何外界因素的参与下，病原体通过被感染的动物与易感动物直接接触而引起的传播方式。如狂犬病就是健康动物被病犬咬伤而传染的；马媾疫是通过交配传染的；为传染病病畜禽施行手术或进行尸体剖检，病原体偶尔可经伤口感染。这种方式使疾病的传播受到限制，一般不易造成广泛的流行。

间接接触传播是指在外界环境因素的参与下，病原体通过传播媒介(污染的物体、饲料、饮水、土壤、空气、活的传播者)间接使易感动物发生传染的方式。大多数传染病均能通过直接、间接接触传播途径而传染，故这类传染病常称为接触传染性疾病。间接接触传播主要有以下几种：①经饲料和饮水传播；②经空气传播；③经土壤传播；④经活的媒介传播；⑤经污染的物体传播。

(2)垂直传播　有些病原体可由上一代直接传至下一代(母体到后代)，称为垂直传播。垂直传播有经胎盘传播(如猪瘟、猪细小病毒感染、牛黏膜病、蓝舌病、伪狂犬病、钩端螺旋体病、猫泛白细胞减少症等)，经卵传播(如鸡白痢、禽伤寒、禽白血病、禽腺病毒等)，经产道传播(葡萄球菌、链球菌、沙门氏菌、疱疹病毒)等。

3.易感动物群

动物群中如果有一定数量的动物对某种病原体具有易感性，这种动物群即为易感动物群。当病原微生物侵入易感动物群时，即可引起某种传染病的流行。动物群中易感个体所占的百分率和易感性的高低，直接影响到传染病是否能造成流行以及疫病的严重程度。一般来说，如果动物群中有70%～80%的个体是有抵抗力的，就不会发生大规模的暴发流行。动物易感性的高低虽然与病原体的种类和毒力强弱有关，但主要还是由动物体的遗传特性和特异性免疫状态等内在因素决定的。因此，判断群体对某一种传染病易感性高低，可以通过该地区动物种类或品种的调查、历年来该病的流行情况、预防接种情况以及针对该病的抗体滴度测定结果而得到。外界环境条件如气候、饲料、饲养管理、卫生条件等因素对动物的易感性也有一定影响。我们通过抗病育种、加强饲养管理、给动物注射疫苗等措施，增强机体的抵抗力及特异性免疫力，从而降低其易感性。

(三)流行过程的特征

流行过程的特征之一是具有流行性。当条件适宜时，在一定的时间内传染病能够通过直接接触或间接接触在易感动物群体中互相传染的特性称为流行性。但各种传染病流行过程的表现并不相同，因而构成不同的流行特点。即使是同一传染病，由于社会因素和自然因素的不同，其表现形式也不一样。掌握传染病的流行特征，对控制和消灭传染病具有重要意义。

1.流行过程的强度

动物传染病的流行范围、传播速度、发病率的高低以及病例间的联系程度等称为流行强度。流行强度具有以下几种形式：

(1)散发性　是指动物发病数量不多，在一个较长时间内只有零星地散在发生，而且各病例在发病时间和发病地点上没有明显的关系，如破伤风、放线菌病等。出现这种形式的原因可能是：①动物群对某种疾病的免疫水平较高；②某种疫病呈现隐性感染比率大;③某病的传播需要特定的条件。

(2)地方流行性 是指在一定的地区或动物群中,疫病的流行范围较小并具有局限性传播的特性,如猪丹毒、猪气喘病、炭疽、马腺疫等。地方流行性的特点:一是一定地区或动物群中某种疫病的发病率比散发性略高;二是某些特定疫病的发生和流行具有明显的地区局限性。

(3)流行性 是指发病数量多,并且在较短时间内传播到较广的范围(几个村、乡、县甚至几个省区)。它没有一个病例的绝对数界限,而仅仅是指疾病发生频率较高,在一定时间内动物群中出现比寻常多的病例。因此,任何一种疫病当其称为流行时,各地各畜群所见的病例数是很不一致的。如猪瘟、鸡新城疫、口蹄疫、牛流感等常表现为流行性。一般来说,流行性疫病具有传播能力强、传播范围广、发病率高等特性,在时间、空间和动物群间的分布也不断变化。

(4)大流行性 是指发病数量很多,传播地区范围非常广泛,可传播到一个国家或几个国家,甚至可涉及一个洲或整个大陆。这类疫病多为传染性很强的病毒所引起。在历史上如牛瘟、口蹄疫和流感等都曾出现过大流行。其特点是疫病来势猛,传播快,发病率高,死亡率也高,涉及面广。

(5)暴发性 是指在局部范围的一定动物群中,短期内突然出现较多病例的现象。实际上是流行的一种特殊形式。

以上流行形式之间,在发病数量和和流行范围上没有量的绝对界限,而是相对的,并不是固定不变的,可以随条件的变化而发生转移。

2.群体中疫病发生的度量

描述疫病在动物群中的分布,常用疫病在不同时间、不同地区和不同动物群中的分布频率来表示,如发病率、死亡率、病死率、患病率、感染率等。

(1)发病率 表示一定时期内某动物群中某病新病例的出现频率。

$$\text{某病发病率}=\frac{\text{一定时期内某动物中该病的新病例数}}{\text{同期内该群体动物平均数}}\times 100\%$$

发病率可用来描述疫病的分布、探讨疫病的病因或评价疫病防治措施的效果,同时也反映疫病对动物群体的危害程度。

(2)死亡率 是指某动物群体在一定时间内死亡动物总数与该群体同期动物平均数之比率。

$$\text{某动物群体的死亡率}=\frac{\text{该群体在一定时期内死亡动物总数}}{\text{同期该群体动物平均数}}\times 100\%$$

某病死亡率如按疫病种类计算时,则称某病死亡率。

$$某病死亡率=\frac{某动物群体一定时期内死于该病的动物总数}{同期该群体中动物的平均数}\times 100\%$$

某病死亡率是疫病分布的一项重要指标，能反映疫病的危害程度和严重程度，不但对病死率高的疫病，如猪瘟、鸡新城疫等疫病诊断很有价值，而且对于症状轻微、致死率较低的疾病在诊断上也有一定的参考意义。

(3)病死率　是指一定时期内某种疫病的患病动物发生死亡的比率。

$$某病病死率=\frac{某时期内该病死亡动物数}{同期患该病的动物数}\times 100\%$$

病死率也可以从死亡专率和发病专率推算出来。

$$某病病死率=\frac{该病死亡专率}{该病发病专率}\times 100\%$$

病死率比死亡率能更精确地反映疫病的严重程度，如狂犬病和破伤风的死亡率均较低，但病死率均较高。

(4)患病率　是指某个时间内某疫病的新老病例数与同期群体平均数之间的比率。

$$某病患病率=\frac{在一定时间内某群体患该病的病例数}{同时期该群体暴露动物数}\times 100\%$$

患病率是疫病普查或现况调查常用的频率。患病率按一定时刻计算称为点时患病率；按一段时间计算则称为期间患病率。患病率统计对病程短的传染病意义不大，但对于病程较长的传染病则有较大价值。

(5)感染率　某些传染病感染后不一定发病，但可以通过微生物学、血清学及其他免疫学方法测定是否感染。

$$感染率=\frac{检出阳性动物数}{受检动物总数}\times 100\%$$

感染动物包括具有临床症状和无临床症状的动物，也包括病原携带者和血清学反应阳性的动物。由于感染的诊断方法和判断标准对感染率影响很大，因此应使用同一标准进行检测、判断和分析。感染率的用途很广，如可作为推断该病的流行态势或作为制定防治对策的依据等，常用于结核病、布鲁民菌病、鼻疽、牛副结核病等慢性细菌病、病毒病以及寄生虫病的分析和研究。

(四)动物传染病的分布特征

对疫病进行检疫和有效的防治，首先必须明确其流行特征及其在动物间、时间和空间的分布状况，又称三间分布，也就是将有关调查或日常记录的资料按动物群、地区、时间等不同特征分组，计算其发病率、死亡率、患病率等，然后通过分析比较即可发现该疫病的流行规律。

1. 传染病的群体分布

传染病的群体分布通常包括年龄分布、种和品种分布、性别分布等。

(1)年龄分布　一般来说，大多数疾病在不同年龄组动物群中的发病率和死亡率等指标有很大的差别。了解传染病年龄分布的目的是分析发病的原因以寻找有效的防治措施；根据年龄分布的动态变化，结合血清学监测推测动物群免疫力变化的趋势，确定疫苗免疫接种的重点对象，为制定合理的免疫程序提供依据；同时为研究原因未明疫病的病因及其影响因素提供线索或作为病因已知疾病的诊断依据之一。

分析传染病年龄分布的方法主要是将发病动物群进行年龄分组，分别统计不同组动物发病率、患病率和死亡率等，以分析该地区在一定时间内哪种年龄组动物易患某病。

(2)种和品种分布　不同种和品种动物对不同病原体的易感性有一定差异，如猪瘟病毒只感染猪而不感染牛、羊；日本乙型脑炎病毒对不同动物的易感性有差异；不同品种鸡对马立克氏病病毒的易感性有一定差异，如伊沙、罗曼、海赛克斯等国外品种对马立克氏病的易感性较高，而国内某些地方品种鸡的易感性较低。

(3)性别分布　某些疫病可以在不同性别的动物群体中表现出不同的发病特点，如布鲁氏菌病的发病率在雌性动物中比雄性动物高。造成这种性别分布差异的原因主要是不同性别动物在生理、解剖结构和内分泌方面存在着差异。

2. 传染病的时间分布

无论是传染性疾病还是非传染性疾病，其发生频率均随时间的推移而不断变化。初期可表现为散发性、流行性或大流行性等形式，但最终逐渐终止流行。描述疾病的时间分布和变化，有助于判断疫病疫情的发展动态和原因不明疾病病因的探讨。疾病时间分布的表现可以分为 4 种形式。

(1)短期波动　指由于受到易感动物、病原体及其传播方式和生物学特性的影响，某动物群体在短时间内动物发病数量突然增多，迅速超过平时的发病率，经过一定时间后又终止流行的现象。如共同来源暴发和增殖流行都属于短期波动现象。

(2)季节性　指某些动物传染病经常发生于一定的季节或在一定季节内出现发病率明显升高的现象。传染病流行的季节性分为 3 种情况。

①严格季节性：指病例只集中在一年中的少数几个月份，其他月份几乎没有病例发生的现象。如日本乙型脑炎只流行于每年的 6～10 月份。

②季节性升高：指一些疫病，如钩端螺旋体病、传染性胃肠炎、气喘病、鸡毒支原体感染、流感、口蹄疫等在一年四季均可发生，但在一定季节内发病率明显升高的现象。

③无季节性：指一年四季都有病例出现，并且无显著性差异的疫病流行现象。一些慢性或潜伏期长的传染病，如结核病和鼻疽等发病时通常无季节性差异。

(3)周期性　是指在经过一个相对恒定的时间间隔后，某些疫病如牛流行热、口蹄疫等可以再次发生较大规模流行的现象。

(4)长期转变　是指疾病在几年、几十年甚至更长的一段时间内发生的变化，其中包括病原体感染的动物宿主、临床表现、发病率、死亡率的变化以及某些病原体变异后导致的疫病变化等。疫病长期变异的原因包括：①针对疫病的防治措施具有明显的效果，传染病多年来一直呈下降趋势。②某些传染病经过长期流行，病原体本身出现了抗原型或毒力型的变异，如鸡马立克氏病病毒出现超强毒株，猪瘟病毒出现弱毒株。能够引起长期变异的病原体还有流感病毒、口蹄疫病毒和传染性支气管炎病毒等。了解病原体流行株的遗传型或抗原型变化状况，可为传染病防治对策的制定提供依据。

3.传染病的地区分布

传染性疾病在不同地区分布具有明显的差异，有些遍及全球，有些局限于某些国家或一定地区，还有些疫病仅发生于一定的地形、地貌条件下。探讨疫病的地区分布时，可按国家、区域或大洲为单位划分，或按省、市、县、乡镇、村或农场划分，也可按不同地理条件如山区、湖泊、森林、草原或平原等来划分。同种疫病在不同地区、不同养殖场或自然村镇的发病率也常常不一致。了解疾病的地区分布特点，可为探讨疫病的病因和影响流行的因素提供线索，进而为制定疫病的防治对策和措施提供科学依据。影响传染病地区分布的因素主要有自然因素和社会因素 2 个方面。自然因素主要包括水源、气候、地形、地貌、土壤、植被以及媒介昆虫、中间宿主和贮存宿主的分布等；社会因素包括动物防疫有关法律法规的制定及执行状况、饲养方式和管理制度、动物及其产品的调运、饲养管理人员的专业技术水平和兽医卫生制度等。目前，在以规模化饲养为主的养殖方式中，社会因素对传染病分布的影响占有相当重要的地位，饲养管理条件好、严格执行兽医卫生制度的养殖场，动物的发病率和死亡率就低。如果要在一定地区或区域内控制或消灭传染病，必须创造良好的动物饲养环境，采取一切必要的措施将可能出现的传染病、寄生虫病和各种害虫排除在动物群以外；同时还应严格执行兽医法规和制度、健全兽医机构和设施、提高兽医的专业技术水平和饲养管理人员的卫生防疫知识等。否则，在动物群体大、饲养密度高、又缺乏有效控制手段的情况下，一旦引入或流行某种传染病都将难以彻底清除。

疾病的地区分布可通过不同地区范围内某种传染病的发病率、患病率和死亡率进行统计分析和比较，也可用地理分布图来表示。

4.影响传染病三间分布的因素

传染病的流行过程是一种复杂的社会生物现象，受社会因素和自然因素等多方面的影响。这些影响主要通过流行过程的各个环节而发生作用，决定了传染病流行过程的发生、蔓延和终止。

(1)社会因素　包括社会制度、生产力和社会经济、文化、科学技术水平及兽医防疫法规的制定与执行情况等。重视动物疫病的防治工作，建立完善的防疫法律法规，切实采取综合性防疫措施，就可以有效地控制或消灭动物疫病，保障畜牧业发展和人类健康。

(2)自然因素　影响流行过程的自然因素很多，如气候、气温、湿度、阳光、雨量、地形、地理环境等，但常以地理、气候因素的作用最为突出。

掌握传染病三间分布的影响因素，从而采取有效的防疫措施，控制传染病的发生或流行，是动物防疫工作的重要任务。

第二节　动物疫病的监测和预测

一、动物疫病的监测

疫病监测是指连续地、系统地和完整地收集动物疫病的有关资料，经过分析、解释后及时反馈和利用信息并制定有效防治对策的过程。疫病监测具有以下基本特征，即资料收集的连续性和系统性；收集的资料不仅包括发病和死亡，还包括与疫病发生、流行和防治有关的其他问题；不仅是将监测的原始资料进行汇总、分析和解释，还包括信息反馈和利用的过程，如图 1-1 所示。

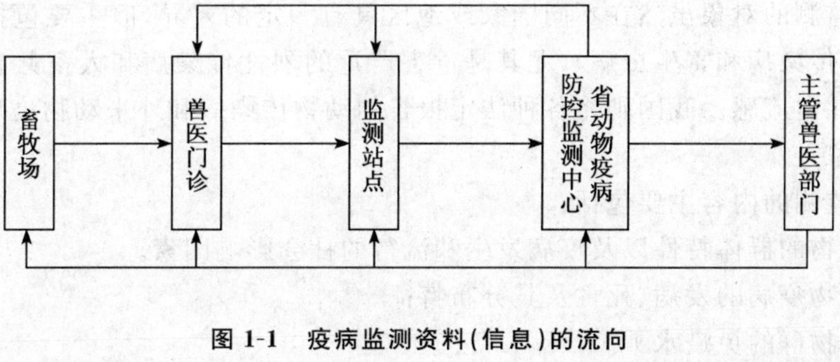

图 1-1　疫病监测资料(信息)的流向

（一）疫病监测的意义

建立健全国家动物疫病监测体系是动物疫病控制工作的一项重要内容，可为国家制定动物疫病控制规划和疫病预警提供科学依据，同时对动物保健咨询以及保证输出动物及其产品的无害状态都具有非常重要的意义。

(1)疫病监测是掌握动物疫病分布特征和发展趋势的重要方法。

(2)疫病监测是掌握动物群体特性和影响疫病流行社会因素的重要手段。

(3)疫病监测是评价疫病控制措施效果的最重要方法。

(4)疫病监测是国家调整兽医防疫策略和计划、制定动物疫病消灭方案的基础。

(5)疫病监测是保证动物产品质量的重要措施之一。

（二）疫病监测体系

疫病监测体系由中央、省、县三级及技术支撑单位组成，即国家动物疫病预防控制中心、省动物疫病预防控制中心、县级动物防疫站和边境动物疫情检测站；技术支撑单位包括国家动物卫生与流行病学中心、农业部兽医诊断中心及相关国家动物疫病诊断实验室。标准的疫病监测系统通常由疫病监测中心、诊断实验室和分布各地的监测点等组成，如图 1-2 所示。

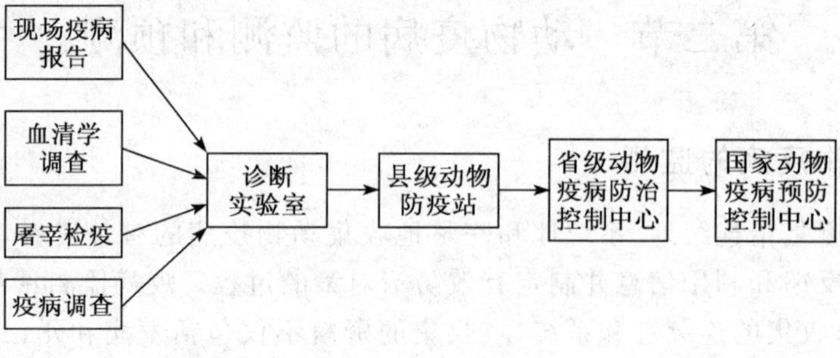

图 1-2 疫病监测系统的组成成分和数据流向

（三）疫病监测的对象和主要内容

疫病监测的对象虽然在不同国家或地区具有一定的差异，但主要包括重要的动物疫病（传染病和寄生虫病），尤其是危害严重的烈性传染病和人畜共患性疫病如高致病性禽流感。我国则将各种法定报告的动物传染病和外来动物疫病作为重点监测对象。

疫病监测的内容主要包括：

(1)动物的群体特性以及疫病发生和流行的社会影响因素。

(2)动物疫病的发病、死亡及其分布特征。

(3)动物群的免疫水平。

(4)病原体的型别、毒力和耐药性等。

(5)野生动物、传播媒介及其种类、分布。

(6)动物群的病原体携带状况。

(7)疫病的防治措施及其效果等。

(8)疫病的流行规律。

对某种具体传染病进行监测时，应综合考虑其特点、预防措施的需要和人力、物力、财力等方面的实际条件，适当选择上述内容进行监测。

(四)疫病监测的程序、手段和方法

1.监测的程序

动物疫病的监测程序包括资料收集、整理和分析，疫情信息的表达、解释和发送等。

(1)资料收集　疫病监测资料收集时应注意完整性、连续性和系统性，资料来源的渠道应广泛。收集的资料通常包括疫病流行或暴发及发病和死亡等资料；血清学、病原学检测或分离鉴定等实验室检验资料；现场调查或其他流行病学方法调查的资料；药物和疫苗使用资料；动物群体及其环境方面的资料等。上述资料可通过基层监测点按常规疫情进行上报，或按照周密的设计方案要求基层单位严格按规定方法调查并收集样品和资料信息。

(2)资料的整理和分析　资料的整理和分析是指将原始资料加工成有价值信息的过程。收集资料通常包括以下步骤：①将收集的原始资料认真核对、整理，同时了解其来源和收集方法，选择符合质量要求的资料录入疫病信息管理系统供分析用；②利用统计学方法将各种数据转换为有关的指标；③解释不同指标说明的问题。

(3)资料的表达、解释和发送　将资料转化为不同指标后，要经统计学方法检验，并考虑影响监测结果的因素，最后对所获得的信息作出准确合理的解释。

运转正常的动物疫病监测系统能够将整理和分析的疫病监测资料以及对监测问题的解释和评价，迅速发送给有关的机构或个人。这些机构或个人主要包括：提供基本资料的机构或个人、需要知道有关信息或参与疾病防治行动的机构或个人以及一定范围内的公众。监测信息的发送应采取定期发送和紧急情况下及时发送相结合的方式进行。

2.监测的手段

疫病监测的内容很多，监测手段也多种多样，通常包括：①临床观察；②病原学检测；③血清学检测；④动物群体特性和疫病流行影响因素的调查；⑤哨兵动物的应用。

3.疫病的监测方法

监测方法通常包括被动疫病监测和主动疫病监测2种。

(1)被动疫病监测 被动疫病监测是疫病相关资料收集的常规方法,主要通过需要帮助的养殖业主、现场兽医、诊断实验室和疫病监测员以及屠宰场、动物交易市场等以常规疫病报告的形式获得资料。被动监测必须有主动疫病监测系统作为补充,尤其对紧急疫病时更应强调主动监测。疫病报告的内容包括疑似疫病的种类;疫病暴发的确切地点,发生疫病的养殖场户的名称和地址;发病动物的种类;病死动物的估计数量;发病动物临床症状和剖检变化的简要描述;疫病初次暴发被发现的地点和蔓延情况;当地易感动物近期的来源和运输去处;其他任何关键的流行病学信息如野生动物疫病和昆虫的异常活动;初步采取的疫病控制措施等。

(2)主动疫病监测 主动疫病监测是指根据特殊需要严格按照预先设计的监测方案,要求监测员有目的地对动物群进行疫病资料的全面收集和上报过程。主动监测的步骤通常是按照流行病学监测中心的要求,监测员在其辖区内随机选择采样地点、动物群和动物进行采样,同时按规定的方法填写采样表格。

无论是通过主动监测还是被动监测,所获得的疫病监测资料均应汇集到动物疫病监测中心以便进行有序的管理、储存和分析,然后将分析的结果反馈给资料呈递的有关人员,如养殖业主、诊疗兽医、屠宰检疫员、市场检验员或地区疫病监测员,必要时还需要在较大范围内通报。

(五)动物疫病监测的计划与具体实施

1.制定动物疫病监测的计划

根据《动物防疫法》第十五条规定,国务院兽医主管部门制定国家动物疫病监测计划;省兽医主管部门根据国家动物疫病监测计划,制定本行政区域的动物疫病监测计划。疫情检测计划应当严格按照有关流行病学调查统计要求编制和设计,计划的科学性、数据的可靠性至关重要。

2.动物疫病监测的具体实施

(1)我国将对动物疫病的发生、流行等情况进行监测的职责赋予了动物预防控制机构。动物预防控制机构应当按照国务院兽医主管部门的规定,认真监测动物疫病的发生、流行等情况。

(2)动物预防控制机构对动物疫病的发生、流行等情况进行监测时,从事动物饲养、屠宰、经营、隔离、运输以及动物产品生产、经营、加工、贮藏等活动的单位和个人不得拒绝或者阻碍。由于各级动物疫病防控机构负责具体实施国家动物疫情监测计划,其监测工作是一种强制性技术活动,是服务于国家和公众利益的政府行为,同其他技术性监督行为一样,有关管理相对人,即从事动物饲养、屠宰、经营、隔离、运输以及动物产品生产、经营、加工、贮藏等活动的单位和个人，必须配合做好有关监测工作，不得拒绝和阻碍。

二、疫情的预测预报

疫病预测是根据疫病发生发展的规律及其影响因素，用分析判断和数学模型等方法对流行的可能性和强度作出预测。

疫情预测的原理和方法，通常包括以下几个方面：

(1)根据疫病或传染源的分布和消长情况预测。

(2)根据动物群易感性的变化预测。

(3)根据传播媒介的消长规律预测。

(4)根据病原体的分析结果预测。

(5)根据某些影响流行的因素预测。

(6)根据以往疫情的资料进行数理预测。

三、流行病学调查与分析

流行病学调查是应用兽医流行病学的研究方法，对动物群体中出现的疫病现象进行实际调查，了解疫病流行全过程以及与流行有关的某些因素，获取与疫病有关的第一手材料，并通过对材料进行统计、分析，搞清疫病的特征和严重程度，疫病在畜间、时间、空间的分布规律，分析疫病类型、可能感染的途径、传播途径及可能的病因，从而科学制定防控对策。

流行病学调查是一种诊断性调查和病因调查。

(一)调查方式和方法

1.现场调查

现场调查是调查者在检疫现场通过各种手段，了解疫病有关资料的方法。流行病学调查以现场调查为主。

(1)现场询问　询问是一切调查研究最简单而又最基本的方法。调查者以询问的方式，听取畜主或饲养管理人员关于畜禽发病情况和经过的介绍。询问要抓住重点，采用启发式，边聊边问，边问边检查，语言通俗易懂，争取对方的主动配合。

(2)现场观察　调查者通过对检疫现场实地考察，记录亲眼所见的相关事实。观察获取的资料往往客观、准确，可以揭示引起疫病的直接因素或间接因素。但现场要在完全自然状态下，无任何人为改变。观察要仔细全面，也要有重点。

(3)查验资料　调查者向有关人员索验与检疫有关的一切资料，包括免疫接种记录、驱虫记录、检疫记录、实验室诊断记录、病历记录等，了解平常的防疫情况。

(4)动物剖检　根据调查目的不同，选择有代表性动物或利用病死动物进行剖检，获得有关动物健康与疾病的信息。动物剖检是畜禽寄生虫区系调查最常用的方法，通过全身剖检收集畜体各部位、各器官的寄生虫，了解寄生虫的区系分布和畜禽感染强度，为寄生虫病的防治提供技术支持。

(5)现场采样　在调查了解的同时，完成样品采集工作，以备实验室检查。

(6)数理统计　应用统计学方法，对调查中获得的各种数据如畜禽受检数、感染数、发病数、死亡数等加以统计分析，获得重要的流行病学资料，并明确动物疫病流行态势和严重程度。

2.通信调查

利用便捷的通讯手段如电话、传真、E-mail 等进行交流调查。在通信调查中，调查者根据调查目的和计划设计调查表，交被调查者自己填写后收集起来，常用于平时的现况调查。

(二)调查的种类和内容

1.现况调查

平常所说的流行病学调查，多指现况调查。它是在畜群未暴发疫情时开展的调查工作。既调查畜群中存在的疫病，如绵羊寄生虫区系调查，也调查与疫病发生及畜禽健康有关的其他事件，如鸡群程序化免疫调查，鸡新城疫抗体水平监测。所以现况调查多是专题性调查。运用合适，可以得出较为准确的结果。抽样的方法有随机抽样、分层抽样和系统抽样。抽样调查的原则：一是要保证样本足够大；二是要保证样本的代表性，使每个动物都有均等被抽到的机会，不带任何主观选择性。

2.暴发调查(流行调查)

暴发调查指对某养殖场(户)在短时间内突然集中发生或连续发生大量同一种传染病病畜禽时所进行的调查。这是一种重要的流行病学调查。经调查，对病因已知疫病的暴发，要确定引起该次暴发的具体原因，即回答为什么会暴发。对病因未知疫病的暴发，则探究病因，但在病因未搞清楚之前，要快速制定防控对策，控制疫情。

暴发调查的最终目的是控制或消灭流行，并从中发现防疫工作的薄弱环节，总结经验教训，避免类似事件再次发生。暴发调查分 3 个阶段进行。

(1)最初调查　调查者接到疫情报告后速赶现场，对畜禽发病情况进行初步调查，核实疫情。提出对疫点的控制措施。

暴发调查的内容有：养殖场(户)基本情况，包括场(户)地势类型调查(平原、山川、丘陵或其他)；病史调查，主要了解过去一年内本场疫病发生状况；本次发病情况；环境因素，应注重发病季节和天气状况等气象资料。

①全面调查：简称普查，是对动物群体中全部成员进行的调查。全面调查的主要目的是了解动物群体中是否存在某种疫病，是否存在畜群潜在的检疫对象，评价畜群健康水平，净化畜群。全面调查要有针对性，并划定范围，确定全面调查动物的数量。若全面调查范围过大，不仅工作量大、费用高，而且也易造成漏检，很难达到预期效果。

②抽样调查：简称抽查，是调查有关动物群体中的部分动物，即样本。通过对部分动物的调查了解，估计某病在全群中发生发展趋向，以少窥多。在调查的同时，完成样品采集工作（表 1-1）。

表 1-1　养殖场（户）畜群发病情况调查表

调查日期：　年　月　日				
场（户、舍）名称（或编号）：				
发病基本情况	动物种类： 发病日期： 开始死亡日期：	存栏数： 发病数： 死亡数：	日（年）龄： 发病率： 死亡率：	致死率：
典型症状：				
剖检变化：				
诊断印象或结论：				
建议：				
调查人：				
备注：				

在对某动物群体发病情况调查时，了解人群和邻地其他动物群体有无同一疫病病例出现，以推测是否为畜禽共患病或人畜共患病，疫源地是否在不断扩大。

(2)深入调查　最初调查无法排除某疫病时，对疫情暴发的养殖场(户)作进一步诊断和调查，以便确诊疫情，分析可能的传染来源、传播途径及传染维持的方法，为控制和消灭疫情提供技术依据。

调查内容有:发病情况、传染来源、传播途径等。除调查发病一般情况外，要进行病理剖检及实验室检查。要查明近期内畜禽及其产品调入、有关人员出入、饲养管理改变等情况，以了解传染来源及传播途径，尤其要搞清第一例病畜来源。同时调查养殖场(户)周围环境及生态因素(表 1-2)。

表 1-2　养殖场(户)周围环境因素调查表

调查项目	调查结论(回答是或否即可)	备注
靠近屠宰场或农贸市场		
靠近交通干线		
靠近山谷或森林		
有野生动物出没		
有静止水源或流动水源		
远离居民区		
与周边养殖场间距		
周边养殖场畜禽有无相同病例		

(3)追踪调查　追踪疫点传染源和传播媒介的扩散趋势。对曾从疫点向外流动的有关人员、可疑感染畜禽、可疑污染畜禽产品及其他污染物品进行追踪调查，了解其去向和去过的地方，为可能扩大的流行和可能出现的公共卫生危害提供预警预报。

追踪调查的关键是查明接触者。通常，从第一个病畜发病之日向前推一个潜伏期起到该养殖场被封锁之前止，在这段时间内曾与病畜有过接触的动物和人视为接触者，如与病畜同圈饲养、同槽饲喂的动物以及饲养人员。对接触者进行适当的隔离观察和控制，严防疫情扩散。

第三节　生物安全措施

一、生物安全措施概念

目前我国规模化养殖生产中疫病种类多、复杂程度不断加剧，继发感染、混合感染日益严重，新的疫病未了、旧的疫病又复发，免疫抑制现象的病症也层出不穷。规模化养殖场要控制上述这些问题，应建立完善的生物安全体系。生物安全是杜绝或减少致病微生物的传播和扩散，从而防止或减少对动物的致病攻击的一系列相关管理措施。

二、养殖场(养殖小区)生物安全的具体内容

(一)规模化养殖场的规划和布局

在现代化养殖业中，动物遗传性能的发挥、饲料质量的体现以及疾病控制措施的效果都离不开良好舒适的动物饲养环境。因此，养殖场的规划、选址和布局应严格遵循兽医防疫卫生的要求，使其有利于动物疫病综合性防治措施的执行。

1. 养殖场的规划

在进行养殖场规划时，饲养场场址远离铁路、公路、城镇、居民区、村庄和公共场所 500 m 以上；远离屠宰厂(场)、畜产品加工厂、垃圾和污水处理场所、风景旅游区和水源地 2 000 m 以上。从防疫角度上通常还要考虑具体地区的生态环境、周围各场区的关系和兽医综合性服务等问题；在地方区域规划上要符合要求，保持区域养殖场容纳量符合环保要求和地方经济区域规划要求；一个区域内畜牧场与畜牧场之间的距离至少保持在 5～10 km 或以上。

2. 养殖场的选址场址的选择

要依据本地的地理位置、地形地貌和水文气象资料来进行。因此应注意以下几点：

(1)场址应选在地势高燥、向阳避风、较易设防且交通便利的地方。

(2)场区地面应开阔、平坦并有适度坡度，以利于养殖场布局和污水排放。

(3)大型养殖场还必须有一个安全的生态环境，即远离居民区、旅游点以及化工厂、化肥厂、玻璃厂、造纸厂、制革厂、畜产品加工厂、屠宰场等，以防止有害化学物质及病原微生物的污染。

(4)养殖场应与交通干道、河流和水渠、污水沟等保持足够距离。

(5)养殖场的场址应位于居民区的下风处，地势尽量低于居民区，以防止养殖场对环境的污染。

(6)场地的土壤以透气性和透水性好、容水量和吸水性小、导热性小的沙壤土为最好，而且要求没有被有机物和病原微生物污染。

但由于受客观条件限制，很难发现完全达到上述标准的场址。如果场址选择不理想，则需要在场房及圈舍设计、施工和管理等方面付出努力，以便符合动物疫病综合防治的要求。

3.场区的布局和建筑设计

场内分区是否合理、各区建筑物的布局是否得当,对场区环境卫生状况、兽医疫病综合性防治措施的执行和生产管理的组织等有直接的影响。规模化养殖场通常应分为相互隔离的3个功能区,即管理区、生产区和疫病处理区。布局时应从人和动物保健的角度出发,建立最佳的生产联系和兽医卫生防疫条件,并根据地势和主风向,合理安排各个功能区的位置。

(1)管理区　主要进行经营管理、职工生活福利等活动,在场外运输的车辆和外来人员只能在此区活动。由于该区与外界联系频繁,应在其大门处设立消毒池、门卫室和消毒更衣室等。除饲料库外,车库和其他仓库应设在管理区。

(2)生产区　是养殖场的核心,该区的规划与布局要根据生产规模确定。生产规模较大的综合性养殖场,其内部不同生长阶段的动物群应实行隔离饲养,相邻动物圈舍间应有足够的安全距离(间距10 m以上为好),并需要根据生产的特点和环节确定各建筑物之间的最佳生产联系,不能混杂交错配置。场区内要求道路直而线路短,运送饲料、动物及其产品的道路不能与除粪道通用或交叉。饲料库是生产区的重要组成部分,其位置应安排在生产区与管理区的交界处,这样既方便饲料由场外运入,又可避免外面车辆进入生产区。贮粪场或粪尿处理场应设置在与饲料调制间相反的一侧,并使之与各个动物圈舍的总距离最短。生产区与患病动物处理区以及管理区之间的距离至少应相隔300 m,各区之间还应根据条件建立隔离网、隔离墙、防疫沟等隔离设施,防止外界的野生动物、各种驯养动物和无关人员进入生产区,同时防止生活区、管理区的生活污水和地面水流入生产区。

(3)患病动物隔离与处理区　包括兽医室、隔离舍、病死动物无害化处理间、剖检室等,应设在全场下风向和地势最低处,并与生产区保持一定的卫生间距,周围应有天然的或人工的隔离屏障,如深沟、围墙、栅栏或浓密的乔、灌木混合林等。该区应设单独的通道与出入口,处理病死动物尸体的尸坑或焚尸炉应严密防护和隔离,以防止病原体的扩散和传播。

(二)、规模化养殖场的隔离制度和设施

1.建设完善的隔离设施

养殖场的场界要划分明确,四周应建有较高的围墙或坚固的防疫沟。场内各区之间,特别是生产区周围应依据具体条件建立隔离设施。为了防疫的需要,生产区应设置一个专供生产人员及车辆出入的大门,一个只供进出动物及其产品的运输通道和一个专门进行粪便收集和外运的通道。在养殖场大门、各区入口处及各圈舍入口处,均应设有相应的消毒设施,如车辆消毒池、脚踏消毒槽、喷雾消毒室和更衣间等。

2.建立配套的防疫制度

为了使隔离设施充分发挥作用，各种隔离措施得到贯彻落实，养殖场必须依据本企业的具体条件制定严格的隔离制度，其中应包括本场工作人员、车辆出入场区或生产区的管理；外来人员或车辆进场的隔离和消毒制度；场内动物流动或出入生产区的规定；生产区内人员活动、工具使用的管理；粪便污物和环境的管理；场内禁养其他动物及禁止携带动物、动物产品进场的要求；新购入种用动物的隔离观察以及患病动物或其尸体处理的管理规定等。在日常工作中还应加强对出入场区的人员和车辆、进出生产区的物品和饲料、疫病诊断和防治操作等有关内容的生产记录和报表制度，以便对出现的问题进行及时准确的调查和分析。

3.全进全出制和良种繁育体系建设

从防疫的要求出发，在养殖场的经营管理中必须高度重视动物全进全出的生产制度和种用动物群的繁育体系建设。前者是指在生产线的各主要环节上分批安排生产，做到全进全出，使每批动物的生产在时间上有一定的间隔，便于对动物舍栏进行彻底的清扫和消毒处理，便于有效切断疫病的传播途径，防止病原微生物在不同批次群体中形成连续感染或交叉感染。动物良种多级繁育体系的建设则可以使规模化、集约化养殖企业或地区具有自己的良种动物群。

三、强化动物群的饲养管理

影响疾病发生和流行的饲养管理因素，主要包括饲料营养、饮水质量、饲养密度、通风换气、防暑或保温、粪便和污物处理、环境卫生和消毒、动物圈舍管理、生产管理制度、技术操作规程以及患病动物隔离、检疫等内容。这些外界因素常常可通过改变动物群与各种病原体接触的机会、改变动物群对病原体的一般抵抗力以及影响动物群产生特异性的免疫应答等作用，使动物机体表现出不同的状态。实践证明，规范化的饲养管理是提高养殖业经济效益和兽医综合性防疫水平的重要手段；在饲养管理制度健全的养殖场中，动物体的生长发育良好、抗病能力强、人工免疫的应答能力高、外界病原体侵入的机会少，因而疫病的发病率及其造成的损失相对较小。各种应激因素，如饲喂不及时、饮水不足、过冷、过热、通风不良导致的有害气体浓度升高、免疫接种、噪声、挫伤、疾病等因素长期持续作用或累积相加，达到或超过了动物能够承受的临界点时，可以导致机体的免疫应答能力和抵抗力下降而诱发或加重疾病。在规模化养殖场，人们往往将注意力都集中到传染病的控制和扑灭措施上，而饲养管理条件和应激因素与机体健康的关系常常被忽略，从而形成了恶性循环。因此，动物传染病的综合防治工作需要在饲养管理条件和管理制度上进一步改善和加强。

四、消毒、杀虫和灭鼠

(一)消毒

消毒是生物安全措施中的一项重要内容。它可将养殖场、交通工具和各种被污染物体中病原微生物的数量减少到最低或无害的程度。及时正确的消毒能有效切断疫病传播途径,阻止疫病的蔓延与扩散,是重要的生物安全措施之一。

1.消毒的种类

消毒是利用物理、化学和生物学的方法清除并杀灭外界环境中所有病原体的技术措施。根据消毒的目的和时机不同分为预防性消毒、随时消毒和终末消毒。

(1)预防性消毒　平时为预防疫病的发生而对动物圈舍及空气、饲养用具、医疗器具、屠宰车间、运输工具、道路或动物群等进行定期或不定期的各种消毒措施。

(2)随时消毒　在动物群发生疫病期间,为及时清除、杀灭患病动物排出的病原体而采取的消毒措施。如在隔离封锁期间,对患病动物的排泄物、分泌物污染的环境及一切用具、物品、设施等进行的多次、反复消毒。

(3)终末消毒　在动物疫病控制、平息之后,或在疫区解除封锁前,为了消灭疫区或动物隔离舍内可能残留的病原体而采取全面彻底的大消毒。也用于全进全出制的生产系统中,当动物群全部出栏后对全场或生产区、畜舍所进行的消毒。

2.消毒的方法及其选择

可供选择的消毒方法主要有物理消毒法、化学消毒法、生物消毒法。

(1)物理消毒法　是指通过机械清除、冲洗、通风换气、热力、光线等物理方法对环境和物品中病原体的清除或杀灭。

①机械清除、冲洗和通风换气。清扫、洗刷圈舍地面,清除粪尿、垫草、饲料残渣,洗刷畜体被毛,除去体表污物及附在污物上的病原体,注意圈舍通风换气。这种机械性清除的方法虽然不能杀灭病原体,但可以有效地减少畜禽圈舍及体表的病原微生物,若再配合其他消毒方法,常可获得较好的效果。

②日光、紫外线和其他射线消毒。日光照射具有加热和干燥作用,自然光谱中的紫外线具有较强的杀菌消毒作用。在直射阳光下经过几小时可杀死一般病毒和非芽孢病原菌;若在强烈阳光下反复暴晒还可使芽孢病原菌的致病力大大降低甚至死亡。但日光中的紫外线在通过大气层时,经散射和被吸收后损失很多,到达地面的紫外线波长在 300 nm 以上,其杀菌消毒作用相对较弱,所以,要在阳光下照射较长时间才能达到消毒作用。

③干热消毒。用于染疫的畜禽尸体、病畜的垫草、病料以及污染的垃圾、废弃物等物品的消毒,可直接点燃或在焚烧炉内焚烧。地面、墙壁等耐火处可以用火焰

喷灯进行消毒。

④湿热消毒。

a. 煮沸消毒法：是最常用的消毒方法之一，此法操作简便、经济、实用且效果比较可靠，适用于一般器械如刀剪、注射器、针头等消毒。一般沸腾（100℃）后再煮 5～15 min，能杀死所有病原体的繁殖体，但不能保证杀灭细菌芽孢。如在水中加入 2%碳酸钠，可增强杀菌作用，同时还可减缓金属氧化；若在水中加入 1%～5%石炭酸，煮沸 5 min 可杀死炭疽杆菌的芽孢。对不耐热的物品，在水中加入 2%甲醛或 0.01%升汞，80℃维持 60 min，也可达到灭菌的目的。

煮沸消毒时，消毒时间应从水煮沸后开始计算，各种器械煮沸时间参考表1-3。煮沸过程中不要加入新的消毒物品。被消毒物品应全部浸入水中，消毒注射器时，针筒、针芯、针头都应拆开分放。一次消毒物品不宜过多，一般应少于消毒容器的 3/4。煮沸消毒棉织物时，应适当搅拌。

表 1-3　各类器械煮沸消毒时间

消毒对象	时间/min
玻璃类器械	20～30
橡胶及电木类器材	5～10
金属类及搪瓷类器材	5～15
接触过疫病的器材	30 以上

b. 流通蒸汽消毒法：又称为常压蒸汽消毒法，是在 1 个标准大气压（1×10^5 Pa）下，用 100℃左右的水蒸气进行消毒。这种消毒方法常用于不耐高温高压物品的消毒。流通蒸汽消毒时，消毒时间应从水沸腾后有蒸汽冒出时开始计算，消毒时间同煮沸法。消毒物品包装不宜过大、过紧，吸水物品不要浸湿后放入。

在常压下，蒸汽温度达到 100℃，维持 30 min，能杀死细菌的繁殖体，但不能杀死细菌的芽孢和霉菌孢子。所以有时必须采用间歇灭菌法，即将蒸汽灭菌器或蒸笼加热约 100℃维持 30 min，每天进行一次，连续 3 d。应用间歇灭菌法，在间歇期必须提供芽孢发芽所需的条件。对不具备芽孢发芽条件的物品，则不能用此法灭菌。

c. 巴氏消毒法：是利用热力杀死物品中的病原菌及其他细菌的繁殖体（不包括芽孢和嗜热菌）而不致严重损害物品质量的一种方法，广泛应用于牛奶等消毒。

d. 高压蒸汽灭菌法：利用高压灭菌器进行，是杀菌效果最好的灭菌法。在密闭条件下，蒸汽压力越大，则灭菌器内温度越高，杀菌效力越强。通常压力达到 1×10^5 Pa 时，温度为 121.3℃，经过 30 min 即可杀灭所有的繁殖体和芽孢。此法常用于耐高热的物品，如普通培养基、金属器械、敷料、针头等的灭菌。

(2)化学消毒法　是指用化学药物(消毒剂)杀灭病原体的方法。在疫病防治过程中，常常利用各种化学消毒剂对病原微生物污染的场所、物品等进行清洗、浸泡、喷洒、熏蒸，以达到杀灭病原体的目的。各种消毒剂除对病原微生物具有广泛的杀伤作用外，对人和动物的组织细胞也有损伤作用，使用时应予注意。

(3)生物消毒法　是指通过堆积发酵、沉淀池发酵、沼气池发酵等产热或产酸，以杀灭粪便、污水、垃圾及垫草等内部病原体的方法。在发酵过程中，由于粪便、污物等内部微生物产生的热量可使温度升高达70℃以上。经过一段时间后便可杀死病毒、病原菌、寄生虫卵等病原体，从而达到消毒的目的。

3.不同消毒对象的消毒方法

(1)空场舍消毒　任何规模和类型的养殖场，其场舍在下次启用之前必须空出一定时间(15～30 d或更长时间)。经多种方法全面彻底消毒后，方可正常启用。

①机械清除：首先对空舍顶棚、墙壁、地面彻底打扫，将垃圾、粪便、垫草和其他各种污物全部清除，定点堆放，生物热消毒处理。料槽、水槽、围栏、笼具、网床等设施用自来水洗刷；最后冲洗地面、走道、粪槽等，待干后用化学法消毒。

②药物喷洒：常用3%～5%来苏儿、0.2%～0.5%过氧乙酸、20%石灰乳或5%～20%漂白粉等喷洒消毒。地面用药量800～1 000 mL/m^2，舍内其他设施200～400 mL/m^2。为了提高消毒效果，应使用2种或3种不同类型的消毒药进行2～3次消毒。因为不同的病原体对不同的消毒剂敏感性不同，一次消毒不能杀死所有病原体。每次消毒要等地面和物品干燥后再进行下次消毒。必要时，对耐燃物品还可使用酒精或煤油喷灯进行火焰消毒。

③熏蒸消毒：常用福尔马林熏蒸，用量为28 mL/m^3，密闭1～2周，或按每立方米25 mL福尔马林、12.5 mL水、25 g高锰酸钾的比例进行熏蒸。但墙壁及顶棚易被熏黄，用等量生石灰代替高锰酸钾可消除此缺点。熏蒸消毒完成后，应通风换气。等对动物无刺激后，方可启用。

(2)场舍门口消毒　消毒池内常用2%～4%氢氧化钠或1%农福，每周定时更换或添加消毒液，冬天可加8%～10%的食盐防止结冰。

(3)带畜禽圈舍消毒　每天要清除舍内排泄物和其他污物，保持料槽、水槽和用具清洁卫生，做到勤洗、勤换、勤消毒。尤其仔畜禽的水槽、料槽每天要清洗消毒一次。应根据季节和温度变化，适时调整通风，保持舍内空气新鲜。墙壁、地面和设施每周至少用0.1%～0.2%过氧乙酸或0.1%次氯酸钠喷雾消毒一次。

(4)地面、土壤消毒　病畜禽停留过的圈舍、运动场地面等被一般病原体污染的，将表土铲除并按粪便消毒处理，地面用消毒液喷洒。若被含炭疽等芽孢杆菌污染时，铲除的表土与漂白粉按1∶1混合后深埋，地面以5 kg/m^2 漂白粉撒布。若为水泥地面被一般病原体污染，用常用消毒药喷洒；若为芽孢菌污染，则用10％氢氧化钠喷洒。土壤、运动场地面大面积污染时，可将地深翻，并同时撒上漂白粉，一般病原体污染时用量为0.5 kg/m^2，炭疽芽孢杆菌等污染时的用量为5 kg/m^2，加水湿润压平。牧场被污染后，一般利用阳光或种植某些对病原体有杀灭力的植物（如大蒜、大葱、小麦、黑麦等），连种数年，土壤可发生自洁作用。

(5)动物体表消毒　正常动物体表可携带多种病原体，尤其动物在换羽、脱毛期间，羽毛可成为一些疫病的传播媒介。做好动物体表的消毒，对预防一般疫病的发生有一定作用，在疫病流行期间采取此项措施意义更大。对动物体表消毒也称带畜禽消毒。常选用对皮肤、黏膜无刺激性或刺激性较小的药品用喷雾法消毒，能杀灭动物体表多种病原体。主要药物有0.015％百毒杀、0.1％新洁尔灭、0.2％～0.3％次氯酸钠以及过氧乙酸等。

(6)畜产品外包装消毒　目前畜产品外包装物品和用具反复使用的越来越多，因此必须对外包装妥善消毒。

①塑料包装制品消毒：常用0.04％～0.2％过氧乙酸或1％～2％氢氧化钠溶液浸泡消毒。操作时先用自来水洗刷，除去表面污物，干燥后再放入消毒液中浸泡10～15 min，取出用自来水冲洗，干燥后备用。也可在专用消毒房间用0.05％～0.5％的过氧乙酸喷雾消毒，喷雾后密封1～2 h。

②金属制品消毒：自来水刷洗干净，干燥后用火焰喷烧消毒，或用4％～5％的碳酸钠喷洒或洗刷，对染疫制品要反复消毒2～3次。

③其他制品（木箱、竹筐等）消毒：因其耐腐蚀性差，一般不采用浸泡法。可在专用消毒间熏蒸消毒。用福尔马林42 mL/m^3 熏蒸2～4 h或以上。对染疫的此类包装物，必要时焚烧销毁。

(7)运载工具消毒　运载工具包括各种车、船、集装箱和飞机等，在装运动物及其产品之后，都要先将污物清除，洗刷干净。清除的污物在指定地点进行生物热消毒，对染疫的污物采取焚烧法处理。然后可用2％～5％的漂白粉澄清液、2％～4％氢氧化钠溶液、0.5％的过氧乙酸等喷洒消毒。消毒后用清水洗刷一次，再用清洁的抹布擦干净。对有密封仓的车辆包括集装箱，还可用福尔马林熏蒸消毒，其方法和要求同畜舍消毒。对染疫运载工具要进行2～3次反复消毒。

(8)粪便消毒　动物的粪便中有多种病原体，染疫动物的粪便中病原体的含量急剧增加，是土壤、水源、草料、居住环境的主要污染源。及时妥善做好粪便的消毒，对切断疫病的传播途径有重要的意义。

①生物热消毒法：常用的有堆粪法和发酵池法 2 种。

堆粪法：选择远离人、畜居住地并避开水源处，在地面挖一深 20～25 cm 的长形沟或一浅圆形坑，沟的宽窄长短、坑的大小视粪便量的多少自行设定。先将非传染性粪便或麦草、谷草、稻草等堆至 25 cm 于底层，上面堆放欲消毒的粪便，高 1～1.5 m，当粪便过稀时应混合一些其他干粪土，过干时应加适量的水。含水量应在 50%～70%之间，在粪堆表面覆盖 10～20 cm 的健康畜禽粪便，最外层抹上 10 cm 厚草泥涂封。冬季不短于 3 个月，夏季不短于 3 周，即可作肥料用。

发酵池法：选择发酵池的地点要求与堆粪法相同。先在粪池底层放一些干粪，再将欲消毒的畜禽粪便、垃圾、垫草倒入池内，快满的时候在粪堆表面再盖一层泥土封好。经 1～3 个月，即可出粪清池。此法适合于饲养数量较多、规模较大的猪、鸡场。

②掩埋法：漂白粉或生石灰与粪便按 1∶5 混合，然后深埋地下 2 m 左右。本法适合于烈性疫病病原体污染的少量粪便的处理。

③焚烧法：少量的带芽孢粪便可直接与垃圾、垫草和柴草混合焚烧。必要时地上挖一个坑，宽 75～100 cm、深 75 cm，以粪便多少而定，在距坑底 40～50 cm 处加一层铁梁（相当于炉箅子，以不漏粪土为宜），铁梁下放燃料，梁上放欲消毒的粪便。如粪便太湿，可混一些干草，以便烧毁。

(9)人员、衣物等消毒　饲管管理人员进出场舍应洗澡更衣。工作服、靴、帽等，用前先洗干净，然后放入消毒室，用福尔马林 28～42 mL/m^3 熏蒸 30 min 后备用。

4.影响消毒效果的因素

(1)消毒的时间、剂量和浓度　如紫外线照射的强度和时间达不到规定要求、消毒剂量过小、浓度过高或过低、作用时间短等都会影响消毒效果。

(2)温度、湿度　大部分消毒剂在较高温度和湿度环境中可提高消毒效果，如福尔马林熏蒸时，舍内温度在 18℃以上、相对湿度在 60%～80%，消毒效果最好。

(3)酸碱度　如新洁尔灭、度米芬、洗必泰等阳离子消毒剂，在碱性环境中消毒力强；石炭酸、来苏儿等阴离子消毒剂在酸性环境中消毒作用强。

(4)有机物的存在　如粪便、饲料残渣、分泌物等大量污染时，可降低消毒效果。因此，消毒前先清除干净，再进行化学消毒可提高效果。

(二)杀虫和灭鼠

杀灭蚊、蝇、蜱、虻等媒介昆虫和鼠类并防止它们的出现，在消灭传染源、切断传播途径、阻止传染病流行、保障人和动物健康等方面具有非常重要的意义，是兽医综合性防疫体系中的重要组成部分。

1. 杀虫

动物传染病学中重要的害虫包括蚊、蝇、虻和蜱等节肢动物的成虫、幼虫和虫卵。常用的杀虫方法分为物理性、化学性和生物性3种。

(1)物理杀虫法　在规模化养殖场中对昆虫聚居的墙壁缝隙、用具和垃圾等可用火焰喷灯喷烧杀虫，用沸水或蒸汽烧烫车船、动物圈舍和工作人员衣物上的昆虫或虫卵。当有害昆虫聚集数量较多时，也可选用电子灭蚊、灭蝇灯具杀虫。

(2)生物杀虫法　主要是通过改善饲养环境，阻止有害昆虫的滋生达到减少害虫的目的。通过加强环境卫生管理、及时清除圈舍地面中的饲料残屑和垃圾以及排粪沟中的积粪，强化粪污管理和无害化处理，填埋积水坑注，疏通排水及排污系统等措施来减少或消除昆虫的滋生地和生存条件。条件许可时，可通过雄虫绝育技术和昆虫病害微生物的感染来控制昆虫的泛滥。生物学方法由于具有无公害、不产生抗药性等优点，日益受到人们的重视。

(3)化学杀虫法　是指在养殖场舍内外的有害昆虫栖息地、滋生地大面积喷洒化学杀虫剂，以杀灭昆虫成虫、幼虫和虫卵的措施。常见的杀虫剂包括有机磷杀虫剂如倍硫磷、马拉硫磷等；除虫菊酯类杀虫剂如胺菊酯等；硫酸烟碱类以及多种驱避剂等。

2. 灭鼠

鼠类除了给人类的经济生活带来巨大的损失外，对人和动物的健康威胁也很大。作为人和动物多种共患病的传播媒介和传染源，鼠类可以传播的传染病有炭疽、鼠疫、布鲁氏菌病、结核病、野兔热、李斯特菌病、钩端螺旋体病、伪狂犬病、口蹄疫、猪瘟、猪丹毒、巴氏杆菌病、衣原体病和立克次体病等，因此灭鼠对兽医防疫和公共卫生都具有重要的现实意义。

在规模化生产实践中，防鼠灭鼠工作要根据害鼠的种类、密度、分布规律等生态学特点，在动物圈舍墙基、地面和门窗的建造方面加强投入，让鼠类难以藏身和滋生；在管理方面，应从动物圈舍内外环境的整洁卫生等方面着手，让其难以得到食物和藏身之处，并且要做到及时发现漏洞及时解决。由于规模化养殖中的场区占地面积大、建筑物多，生态环境非常适合鼠类的生存，要有效地控制鼠害，必须动员全场人员挖掘、填埋、堵塞鼠洞，破坏其生存环境。

通过灭鼠药灭鼠是目前应用较广的方法，按照灭鼠药物进入鼠体的途径将其分为经口灭鼠药和熏蒸灭鼠药两类，前者主要有杀鼠灵、安妥、敌鼠钠盐；后者包括三氯硝基甲烷和灭鼠烟剂等。通过烟熏剂熏杀洞中鼠类，使其失去栖身之所，同时在场区内大面积投放各类灭鼠剂制成的毒饵，常常能收到非常显著的灭鼠效果。

五、规模化养殖的环境保护和传染病控制

随着养殖业的发展和集约化、规模化生产的不断扩大，动物粪便在局部区域内大量积累，加上运输、农时和季节等方面的矛盾，造成粪尿腐败、流失现象十分严重。从防疫角度看，大多数传染病的病原体都可通过患病动物的分泌物、排泄物排出体外，因此那些流入江河、湖等处的大量污水粪尿势必要造成水体污染和病原体的传播，如水中的细菌总数、大肠杆菌指数等指标常常严重超过《我国生活饮用水卫生标准》的规定，这种状况给污染区周围养殖业的传染病防治和公共卫生安全造成了很大威胁。因此，加强养殖业的环境治理和环境保护，发展生态型养殖业，保护人类和动物赖以生存的生态环境已成为人类共同的目标。

目前人们对养殖业中动物粪尿污水处理的研究仍在不断深入，但现阶段的处理方法主要包括：沼气发酵；用做有机肥料；通过化学法、电解法、渗透法或生物化学法进行污水的净化；粪便经过微波、热喷炉、转炉等干燥消毒或固液分离、自然好氧发酵等处理重新用做饲料或肥料等。

第二章　动物防疫技术

知识目标

- 理解动物疫病发生的条件与动物疫病流行的特征及疫病监测的内容与方法。
- 掌握动物疫病的流行过程的规律，采用生物安全措施防制动物疫病。

第一节　动物免疫技术

一、动物免疫的概念、意义和分类

（一）免疫接种概念

免疫接种是根据特异性免疫的原理，采用人工的方法给动物接种疫苗、类毒素或免疫血清，可以激发动物机体产生特异性免疫力，使易感动物转化为非易感动物的重要手段，是预防和控制动物疫病的重要措施之一。

（二）意义

在控制疫病的诸多措施中，特别是对于病毒性疾病，实践证明，有计划、有目的、有组织地进行免疫接种是最经济、最有效、最方便的手段，对于防控动物疫病以及保障人类健康具有重要的意义。

（三）分类

免疫接种可分为预防接种、紧急免疫接种和临时免疫接种。

1. 预防免疫接种

经常发生某些疫病的地区，或某些疫病潜在的地区，或受到邻近地区某些疫病经常威胁的地区，为了预防疫病的发生，平时使用疫苗、类毒素等生物制剂有计划地给健康动物群进行的免疫接种，称为预防接种。实施预防接种要具有科学性和针对性。具体表现在：要拟订每年的预防接种计划；因地时宜制订科学合理的免疫程序；免疫前的准备工作，如事先准备好接种用的疫苗、器械，检查被接种动物的健康状况和数量，疫苗的选择使用等；统筹领导，明确分工，做好宣传，确定时间地点；明确接种方法，最终提高免疫接效果。

2.紧急免疫接种

发生疫病时，为迅速控制和扑灭疫病的流行，对疫区和受威胁地区尚未发病的动物进行的免疫接种，称为紧急免疫接种。其目的是建立“免疫带”，以包围疫区，防止疫情向外扩散。紧急接种常使用高免血清(或卵黄)，具有安全、产生免疫快的特点，但保护期短，用量大，价格高。因此，除非是贵重动物才予以使用，影响使用效果。实践证明，发生某些疫病(新城疫、猪瘟、口蹄疫、猪繁殖与呼吸综合症、鸭瘟等)时使用疫苗对健康畜群紧急接种，可取得较好效果。但是使用疫苗产生免疫力的时间比潜伏期短时，且必须与隔离、封锁、消毒等综合措施配合使用，才能提高免疫接种效果。

3.临时免疫接种

临时为避免某些疫病发生而进行的免疫接种，称为临时免疫接种。如在从外地引种、运输动物时，为避免途中或到达目的地后暴发某些疫病而临时进行的免疫接种。又如动物去势、手术时，为防止发生某些疫病而进行的临时免疫接种等。

4.免疫隔离屏障

为防止某些疫病从有疫情国家向无该病国家扩散，而对国境线周围地区动物进行的免疫接种。

二、疫苗类型

疫苗是指由病原微生物或其组分、代谢产物经过特殊处理所制成的，用于人工主动免疫的生物制品。质量好的疫苗应是接种动物后能产生持久而坚强的免疫力，对机体无毒害作用。疫苗包括细菌、支原体、螺旋体或其组分等制成菌苗，由病毒、立克次氏体或其组分制成的疫苗和某些细菌外毒素脱毒后制成的类毒素。习惯上人们将疫苗、菌苗和类毒素统称为疫苗。按疫苗的构成成分及其特性，可分为常规疫苗、亚单位疫苗和生物技术疫苗三大类。

(一)常规疫苗

常规疫苗是指由细菌、病毒、立克次氏体、螺旋体、支原体等完整微生物制成的疫苗。又分为灭活苗和弱毒苗两种。

1.灭活苗

灭活苗是指选用免疫原性强的病原体或其弱毒株经人工培养,用物理或化学方法致死(灭活),使其毒性被破坏而保留免疫原性的疫苗称为灭活苗,又称死苗。灭活苗保留的免疫原性物质在细菌主要为细胞壁,在病毒主要为结构蛋白。

灭活苗的优点:安全,无全身毒副作用,无返祖现象;容易制成联苗和多价苗;制品稳定,受外界影响小,便于保存和运输;激发机体产生特异性抗体持续时间短,利于确定某种传染病是否被消灭。

灭活苗的缺点:①不能在体内增殖,免疫期短,常需多次免疫,使用剂量大且只能注射,工作量大;②不产生局部免疫,引起细胞介导免疫的能力较弱;③免疫力产生较慢,通常2～3周才能获得良好免疫力,故不适用于作紧急免疫使用;④需要佐剂增强免疫效应。

生产实践中还常使用自家灭活苗和组织灭活苗。前者是指用本场分离的病原体制成的灭活苗;后者是指将含有病原体的患病或死亡动物脏器制成乳剂,经过灭活后制成的疫苗,主要用于本场传染病的控制,如猪链球菌自家灭活苗、禽霍乱组织灭活苗等。

2.弱毒苗

弱毒苗又称活苗,是指通过人工诱变获得的弱毒株、筛选的天然弱毒株或失去毒力但仍保持抗原性的无毒株制成的疫苗。又可分为同源疫苗和异源疫苗。同源疫苗是指用同种病原体的弱毒株或无毒变异株制成的疫苗称同源疫苗,如猪瘟兔化弱毒苗、猪流行性腹泻疫苗等。异源疫苗是指通过含交叉保护性抗原的非同种微生物制成的疫苗称异源疫苗,如预防鸡马立克氏病的火鸡疱疹病毒疫苗和预防鸡痘的鸽痘病毒疫苗等。

弱毒苗的优点:①接种一次即可成功,接种途径多样化,可采取注射、饮水、滴鼻、点眼等途径接种;②可通过母畜禽免疫接种而使幼畜禽获得被动免疫;③可引起局部和全身性免疫应答,免疫力持久,有利于清除野毒;④生产成本低。

弱毒苗的缺点:①散毒,如FMDV常规疫苗散毒。②残余毒力,弱毒苗残余毒力较强者其保护力强,但副作用也较明显,如新城疫Ⅰ系苗弱毒苗,对雏鸡使用可引起不良反应,有时大鸡接种后排毒可使小鸡感染,甚至死亡。③某些弱毒苗或疫苗佐剂可引发接种动物免疫抑制,如犬细小病毒疫苗可诱导犬的免疫抑制;在PCV2感染早期,所有佐剂(油包水、氢氧化铝、Carbop01)都会加重PCV2感染引起的淋巴组织缺损的严重程度。④有返祖危险。

3.类毒素

类毒素是指由某些细菌产生的外毒素,经适当浓度(0.3%～0.4%)甲醛脱毒后而制成的生物制品，称为类毒素。细菌外毒素为蛋白质，兼有毒性及抗原性，能刺激机体产生特异性的中和其本身的抗体-抗毒素，如破伤风类毒素。

4.生态制剂或生态疫苗

动物机体的消化道、呼吸道和泌尿生殖道等处具有正常菌群，它们是机体的保护屏障，是机体非特异性天然抵抗力的重要因素，对一些病原体具有拮抗作用。由正常菌群微生物所制成的生物制品称为生态制剂或生态疫苗，也有人称为活菌剂或生理疫苗。

5.寄生虫疫苗

由于寄生虫大多生活史和虫体抗原比较复杂，且有高度多变性，迄今仍无理想的寄生虫疫苗。多数研究者认为，只有活的虫体才能诱使机体产生保护性免疫，而死虫体则无免疫保护作用。国际市场上有抗球虫活苗出售，商品名为 Coccivac，这种疫苗是依靠所有致病种的低剂量的活球虫使鸡产生较好的免疫力。缺点是可能将场地中不曾有过的球虫引进鸡舍。球虫的基因工程苗也正在研制之中。近年报道的寄生虫疫苗还有旋毛虫虫体组织佐剂苗、弓形虫佐剂苗和伊氏锥虫致弱苗等。

6.联苗和多价苗

不同种微生物或其代谢产物组成的疫苗称为联合疫苗或联苗，如猪瘟、猪丹毒、猪肺疫三联苗；同种微生物不同型或株制成的疫苗称为多价苗，如大肠杆菌 K88、K99、987P 三价苗。应用联苗或多价苗，可减少接种次数，节约人力和物力、减少应激，所以很多国家都在大力研究和开发联苗及多价苗。但联苗若想达到单项疫苗完全相同甚至更好的免疫效果，必须解决抗原间相互干扰的问题。

(二)亚单位苗

亚单位苗是指用理化方法提取病原微生物中一种或几种具有免疫原性的成分所制成的疫苗。此类疫苗接种动物能诱导产生对相应病原微生物的免疫性抵抗力，如巴氏杆菌的荚膜抗原苗和大肠杆菌的菌毛疫苗等。此类苗去除了病原体中与激发保护性免疫无关的成分，又没有病原微生物的遗传物质，故副作用小、安全性高，具有广阔的应用前景。目前，已投入使用的有脑膜炎球菌的荚膜多糖疫苗、A 族链球菌 M 蛋白疫苗、沙门氏菌共同抗原疫苗、大肠杆菌菌毛疫苗及百日咳杆菌组分疫苗等。但其生产工艺复杂，生产成本较高。

(三)生物技术疫苗

现代生物技术是直接操作有机体细胞和基因的一种全新技术，近 10 年来，在全球 HGP 计划的推动下，转基因动物、克隆技术等方面的研究取得了突破性进展，为生物技术在预防性和治疗性疫苗领域的应用打下了坚实的基础，带来了无限光明的前景。经典的疫苗主要是灭活和减毒的致病微生物，其生产方式存在着成本高、疫苗有效期短、运输不便等明显缺点。从20世纪80年代中期以来，随着DNA克隆重组技术的日益成熟，特别是基因工程的发展，人们开发生产新疫苗的有效途径大为拓展。

1. 基因工程亚单位苗

将病原微生物中编码保护性抗原的基因，通过基因工程技术导入细菌、酵母或哺乳动物细胞中，使该抗原高效表达，产生大量保护性肽段，提取此保护性肽段，加佐剂后制成的疫苗。如生长抑素基因工程亚单位苗、CAV基因工程亚单位苗、大肠杆菌K99-F41基因工程亚单位苗等。由于目前该类疫苗的免疫原性弱，往往达不到常规疫苗的免疫水平，且生产工艺复杂，尚未被广泛使用。

2. 合成肽苗

合成肽苗是指根据病原微生物中保护性抗原的氨基酸序列，人工合成免疫原性多肽并连接到载体蛋白后制成的疫苗。该类疫苗性质稳定、无病原性、能够激发动物机体的免疫保护性反应，且可将具有不同抗原性的短肽段连接到同一载体蛋白上构成多价苗。如口蹄疫合成肽苗。但缺点是免疫原性较差，合成成本昂贵。

3. 基因工程活载体苗

基因工程活载体苗是指将病原微生物的保护性抗原基因，插入到病毒疫苗株等活载体的基因组或细菌质粒中，利用这种能表达该抗原但不影响载体抗原性和复制能力的重组病毒或质粒制成的疫苗。该类活载体疫苗具有容量大，可以插入多个外源基因、应用剂量小而安全、能同时激发体液免疫和细胞免疫、生产和使用方便、成本低等优点，它是目前生产生物工程疫苗研究的主要方向之一，并已有多种产品成功地用于生产实践。如生长抑素基因工程活载体苗。

4. 基因缺失苗

基因缺失苗是指通过基因工程技术在DNA或CDNA水平上去除与病原体毒力相关的基因，但仍保持复制能力及免疫原性的毒株制成的疫苗。特点是毒株稳定，不易返祖，故可制成免疫原性好、安全性高的疫苗。目前生产中使用的有伪狂犬病基因缺失苗。

5. DNA疫苗

DNA疫苗是指用编码病原体有效抗原的基因与细菌质粒构建的重组体。用该重组体可直接免疫动物机体，通过转染宿主细胞后表达的保护性抗原能够诱导机体特异性免疫应答反应。目前研制中的有禽流感HA7亚型DNA疫苗、禽传染性支气管炎DNA疫苗、猪瘟病毒E2基因DNA疫苗等。

6. 抗独特型疫苗

抗独特型疫苗是根据免疫调节网络学设计的疫苗。由于抗体分子的可变区不仅有抗体活性，而且也具有抗原活性，故任何一种抗体的 Fab 段不仅能特异地与抗原结合，同时其本身也是一种独特的抗原决定簇，能刺激自身淋巴细胞产生抗体，即抗独特型抗体。这种抗独特型抗体与原始抗原免疫原性相同，故可作为抗独特型疫苗而激发机体对相应的病毒体的免疫力。如抗猪带绦虫六钩蚴独特型抗体疫苗、兔源抗 IBDV 独特型抗体疫苗等。

三、疫苗的运送、保存和使用注意事项

（一）疫苗的运送

运送前，药品要逐瓶包装，衬以厚纸或软草后装箱，防止碰坏瓶子和散播活的弱毒病原体。运送途中要避免高温、暴晒和冻融。若是活苗需低温保存，可先将药品装入盛有冰块的保温瓶或保温箱内运送；北方寒冷地区要避免液体制剂冻结，尤其要避免由于温度高低不定而引起的反复冻结和融化。切忌把药品放在衣袋内，以免由于体温较高而降低药品的效力。大批量运输的生物制品应放在冷藏箱内，用冷藏箱运输则更好，要以最快速度运送生物制品。

（二）疫苗的保存

各种疫苗应保存于低温、阴暗及干燥的场所。灭活苗和类毒素应保存在 2～8℃的环境中，防止冻结；大多数弱毒冻干苗应放于－15℃以下保存。不同温度条件下，不得超过所规定的期限。如猪瘟兔化弱毒冻干苗，在－15℃可保存 1 年以上，0～8℃只能保存 6 个月，若放在 25℃左右，最多 10 d 即失去效力。一些国家的冻干苗因使用耐热保护剂而保存于 4～6℃；多数活湿苗只能现制现用，在 2～8℃仅短期保存。

（三）疫苗的使用注意事项

(1)使用前，应对疫苗进行认真检查，有下列异常情况者，不得使用。无标签或标签内容模糊不清，没有产地、批号、有效期等说明。疫苗质量与说明书不符，如色泽、性状有变化，疫苗内有异物、发霉和有异味的。瓶塞松动或瓶壁破裂的。未按规定方法和要求保存的，过期失效的。

(2)疫苗使用前，湿苗要充分摇匀；冻干苗按瓶签规定进行稀释，充分溶解后使用。

(3)吸取疫苗时，先除去封口上的火漆、石蜡或铝箔，用酒精棉球消毒瓶塞表面，然后用灭菌注射器吸收。如一次不能吸完，则不要把针头拔出，以便继续吸取。

(4)接种时要注意动物的营养和健康状况。凡疑似病畜和发热病畜不进行免疫接种,待病愈后补种。妊娠后期的家畜应谨慎使用,以免流产和对胎儿产生毒害作用。

(5)同时接种两种以上的不同疫苗时,应分别选择各自的途径、不同部位进行免疫。注射器、针头、疫苗不得混合使用。

(6)使用活疫苗时,严防泄漏,凡污染之处,均要消毒。用过空瓶及废弃的疫苗应高压消毒后深埋。

(7)免疫接种后要有详细登记,如疫苗种类、接种日期、头数、接种方法、使用剂量以及接种后的反应等。还应注明对漏免者补种的时间。

四、免疫方法

科学合理的免疫接种途径可以充分发挥体液免疫和细胞免疫的作用,大大提高动物机体的免疫应答能力。常用的免疫接种方法有以下几种。

1. 注射免疫法

可用于灭活苗和弱毒苗的免疫接种。分为皮下接种、皮内接种、肌肉接种和静脉接种 4 种。注射接种剂量准确、免疫密度高、效果确实可靠,在实践中应用广泛。但费时费力,消毒不严格时容易造成病原体人为传播和局部感染,而且捕捉动物时易出现应激反应。

(1)皮下接种　多用于灭活苗的接种。选择皮薄、被毛少、皮肤松弛、皮下血管少的部位。马、牛等大家畜宜在颈侧中 1/3 部位,猪在耳根后方或股内侧,犬、羊宜在股内侧,家禽在胸部、大腿内侧。注射部位消毒后,注射者右手持注射器,左手食指与拇指将皮肤提起呈三角形,沿三角形基部刺入皮下约注射针头的 2/3,将左手放开,再推动注射器活塞将疫苗徐徐注入。然后用酒精棉球按住注射部位,将针头拔出。

优点:操作简单,吸收较皮内接种为快。缺点:使用剂量多。而且同一疫苗,应用皮下接种时,其反应较皮内大。大部分常用的疫苗和免疫血清,一般均采用皮下接种。

(2)皮内接种　选择皮肤致密、被毛少的部位。马在颈侧、眼睑部位。牛、羊在颈侧,也可在尾根或肩胛中央部位。猪大多在耳根后。鸡在肉髯部位。左手将皮肤捏起形成皱褶或以左手绷紧固定皮肤,右手持注射器,将针斜面朝上,针头几乎与皮面平行轻轻刺入皮内 0.5 cm 左右,放松左手,左手在针头和针筒交接处固定针头,右手持注射器,徐徐注入药液。如针头确在皮内,则注射器推进时感觉有较大的阻力，同时注射处形成一个圆丘，突出于皮肤表面。皮内接种疫苗的使用剂量和局部副作用小，相同剂量疫苗产生的免疫力比皮下接种高。

生产中仅有羊痘弱毒菌苗、猪瘟结晶紫疫苗等少数制品进行皮内接种，其他均属于诊断液。

优点：使用药液少，同样的疫苗皮内注射较之于皮下注射反应小。同时，真皮层的组织比较致密，神经末梢分布广泛，特别是猪的耳根皮内比其他部位容易保持清洁。同量药液皮内注射时所产生的免疫力较皮下注射为高。缺点：操作比较麻烦。

(3)肌肉接种　肌肉注射接种操作简单、应用广泛、副作用小，药液吸收快，免疫效果好。应选择肌肉丰满、血管少、远离神经干的部位。马、牛、猪、羊的肌肉接种，一律采用臀部和颈部两个部位。鸡在胸肌部接种。多用于一些弱毒苗的免疫接种。如猪瘟兔化弱毒疫苗。

优点：药液吸收快，注射方法也较简便。缺点：在一个部位不能大量注射，同时臀部接种如部位不当，易引起跛行。

(4)静脉接种　主要用于抗血清进行紧急免疫预防或治疗。马、牛、羊在颈静脉，猪在耳静脉。鸡在翼下静脉。疫苗、菌苗、诊断液一般不作静脉注射。优点：可使用大剂量，奏效快，可以及时抢救病畜。缺点：手续比较麻烦，如设备与技术不完备时，难以进行。此外，如所应用的血清为异种动物者，可能引起过敏反应(血清病)。

2. 口服免疫法

该法效率高、省时省力、操作方便，全群动物能在同一时间内共同被接种，且对群体的应激反应小，但动物群中抗体滴度不均匀，免疫持续期短，免疫效果易受到其他多种因素的影响。分饮水免疫和喂食免疫两种。接种疫苗时必须用活苗，灭活苗免疫力差，不适合于口服。加入的水量要适中，保证在最短的时间内饮用完毕，并在水中加入适当浓度的疫苗保护剂。选用的水质要清洁，禁用含漂白粉的自来水，而且水温不宜过高，以免影响抗原的活性。已稀释的疫苗，应迅速饮喂。优点：省时、省力，能产生局部免疫，适用规模化畜禽场的免疫。缺点：由于畜、禽的饮水量或采食量有多有少，因此进入每头畜、禽体内的疫苗量不同，免疫后畜禽的抗体水平不均匀，较离散，不能像其他免疫法那样准确一致。

3. 气雾免疫法

此法是用气泵产生的压缩空气通过气雾发生器，将稀释疫苗喷出去，使疫苗形成直径 0.01～10 μm 的雾化粒子，均匀地浮游在空气之中，畜、禽通过呼吸道吸入肺内，以达到免疫。鸡感染支原体病时禁用气雾免疫，以免激发支原体病发生，雏鸡首免时使用气雾免疫应慎重，以免发生呼吸道疾病而造成损失。

雾化粒子大小与免疫效果有很大关系。一般粒子大小在 1～101 μm 为有效粒子。气雾发生器的有效粒子在 70%以上者为合格。测定雾化粒子大小时，用一拭好的盖玻片，周围涂以凡士林油，在盖玻片中央滴一小滴机油，用拇指和食指持盖玻片，机油液面朝喷头，在距喷头 10～30 cm 处迅速通过，使雾化粒子吹于机油面上，然后将盖玻片液面朝下放于凹玻片上，在显微镜下观察，移动视野，用目测微尺测量其大小，并计算其有效粒子率。

气雾免疫时，如雾化粒子过大或过小，温度过高，湿度过高或过低，均可影响免疫效果。本法具有省时、省力的优点，适于大群动物的免疫，缺点是需要的疫苗数量较多。

4.滴鼻、点眼免疫法

鼻腔黏膜下有丰富的淋巴群组织，禽类眼部有哈德氏腺，对抗原的刺激都能产生很强的免疫应答反应，操作时用乳头滴管吸取疫苗滴于眼内或鼻孔内，如鸡新支二联苗的免疫接种。

5.刺种免疫法

常用于禽痘、禽脑脊髓炎等疫病的弱毒疫苗接种。将疫苗稀释后，用刺种针或沾水笔尖蘸取疫苗并刺入禽类翅膀内侧无血管处的翼膜下即可。刺种免疫操作相对较为繁琐，应用范围较小。

6.其他免疫法

如鸡传染性喉血管炎的擦肛免疫接种、皮肤涂擦免疫接种等，目前很少使用。

五、强制免疫和免疫计划

(一)强制免疫

强制免疫是国家预防动物疫病发生的主要措施。自 2008 年 1 月 1 日起施行的新《动物防疫法》第十三条规定，“国家对严重危害养殖业生产和人体健康的动物疫病实施强制免疫”。实施强制性免疫可保证动物的健康生长；促进畜牧业稳定健康发展；减少人畜共患病的发生，保证人类不感染或少感染动物传播的疫病；保证人民食用放心的动物产品；保证社会的稳定，创建和谐社会；为我国动物产品的出口创汇奠定基础；是做好三农工作，保证农民养殖业创收、农民致富、建设小康社会的有力保证。在这方面，我国已有不少实践经验，如狂犬病、牲畜布鲁氏菌病等疫病在某些地区呈暴发流行态势，严重影响人畜安全，我国部分省市通过颁布法规或规章的形式将这些疫病的免疫预防纳入了强制免疫范围，很好地预防了上述动物疫病的传播。

1.强制免疫概念

国家对严重危害养殖业生产和人体健康的动物疫病(如口蹄疫、禽流感、猪瘟、新城疫、布氏杆菌病、结核病、炭疽、狂犬病、血吸虫病等)实行计划免疫制度,实施强制性免疫。强制免疫制度是指国家对严重危害养殖业生产和人体健康的动物疫病,采取制定强制免疫计划,确定免疫用生物制品和免疫程序,以及对免疫效果进行监测等一系列预防控制动物疫病的强制性措施,以达到有计划按步骤地预防、控制、扑灭动物疫病的目的的制度。这项制度,是动物防疫法制化管理的重要标志,充分体现了动物防疫法预防为主的基本方针。

2.强制免疫的病种目录

实施强制免疫的病种是严重危害养殖业生产和人体健康的动物疫病。因此,对严重危害养殖业生产和人体健康的动物疫病病种和区域的确认,是实施强制免疫的关键。新《动物防疫法》第十三条规定:“由国务院兽医主管部门确定应实施强制免疫的动物疫病病种和区域,实行强制免疫制度。”国务院兽医主管部门应当根据动物疫病对养殖业生产发展和人体健康的危害程度需要和疫苗研制水平,抓住重点来具体确定全国范围内强制免疫病种,如高致病性禽流感、口蹄疫(O型、亚洲Ⅰ型)。省、自治区、直辖市人民政府兽医主管部门也可以根据本行政区域内动物疫病流行情况增加实施强制免疫的动物疫病病种和区域。目前各地强制免疫的对象不尽相同,有高致病性禽流感、口蹄疫(O型、亚洲Ⅰ型)、猪瘟、高致病性猪蓝耳病、新城疫、狂犬病、乙脑等。2007年,国务院兽医主管部门根据猪“无名高热”病(后经确诊为高致病性猪蓝耳病)在各省份大面积流行,造成猪大量死亡,与研制开发高致病性猪蓝耳病疫苗情况,将高致病性猪蓝耳病列入强制免疫对象。由国务院兽医主管部门确定强制免疫的动物疫病病种和区域。兽医主管部门应当定期公布国家、省确定的动物强制免疫病种名录,加强有关动物强制免疫权利和义务的宣传工作,提高动物饲养者、销售者和公众的动物强制免疫意识。

强制免疫对象主要是动物重大疫病,包括猪、牛、羊、宠物、禽类及动物园内的相关野生动物等,并且对流浪动物和农村散养犬将也将逐步实施强制免疫政策。经强制免疫的动物,应当按照国务院兽医主管部门的规定统一建立免疫档案,加施畜禽标识,实施可追溯管理。

3.免疫费用

实行强制免疫费用由中央财政和地方财政承担。省财政将根据动物疫情需要,保证疫苗费用。各市县要承担注射疫苗等相应免疫工作经费,畜禽饲养户不必承担此项费用。

4. 动物疫病强制免疫流程图

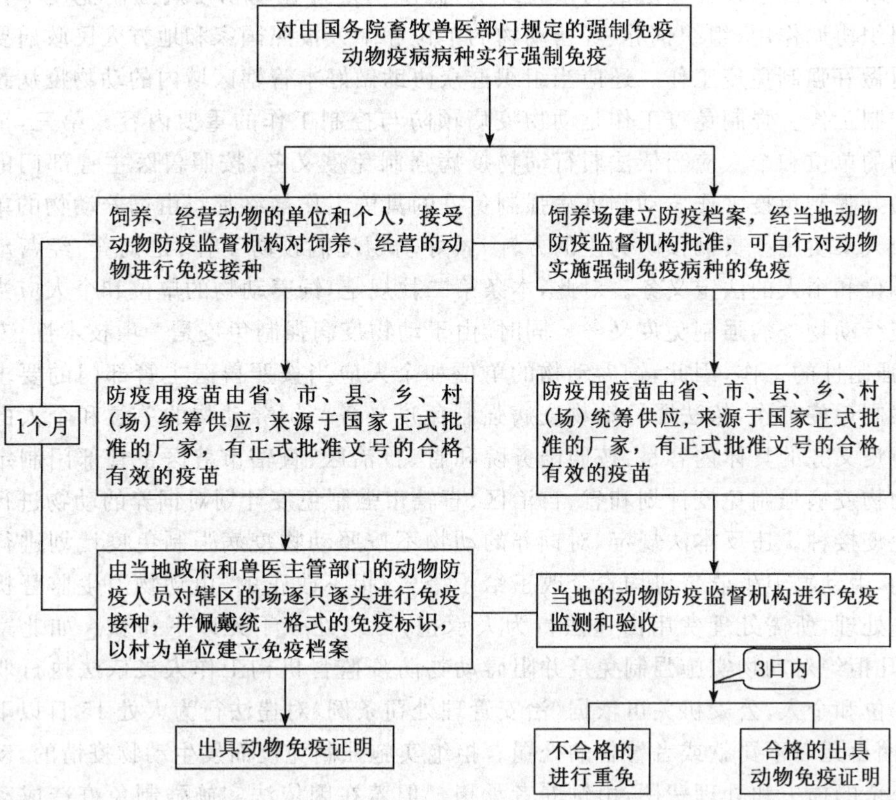

5. 法律责任

按照新《动物防疫法》规定，政府、部门及公众在实行动物疫病强制免疫制度中的主要职责和义务是：第一，国务院兽医主管部门或者省、自治区、直辖市人民政府确定强制免疫的动物疫病病种和区域；国务院兽医主管部门会同国务院有关部门制定国家动物疫病强制免疫计划，省、自治区、直辖市人民政府兽医主管部门根据国家动物疫病强制免疫计划，制定本行政区域的强制免疫计划，报本级人民政府批准后执行，并报国务院兽医主管部门备案。第二，县级以上地方人民政府兽医主管部门组织实施动物疫病强制免疫计划；乡级人民政府、城市街道办事处应当组织本管辖域区内饲养动物的单位和个人做好强制免疫工作。实践中强制免疫工作要紧紧围绕国家制定的强制免疫计划的实施来展开。也就是说，县级以上人民政府兽医主管部门要严格按照国家和省、自治区、直辖市制定的强制免疫计划，负责组织做好实施工作。建立动物防疫目标管理责任制，落实动物防疫工作的经费和物质，协调各有关单位各负其责，依法做好强制免疫工作。同时，乡级人民政府和城市街道办事处是国家设在基层的行政管理机构，应当发挥在动物疫病强制免疫工作中的组织协调作用，组织饲养、经营动物的单位和个人按照国家和地方人民政府要求及时做好强制免疫工作。还应当组织群众协助做好本管辖区域内的动物疫病预防与控制工作。强制免疫工作是动物疫病预防与控制工作的重要内容。第三，饲养动物的单位和个人应当依法履行动物疫病强制免疫义务，按照兽医主管部门的要求做好强制免疫工作。动物疫病强制免疫的具体工作最终都将由饲养动物的单位和个人来实施。贯彻预防为主的方针，做好动物疫病预防工作，是饲养、经营动物的单位和个人的法定义务。对此，本条第二款规定，饲养动物的单位和个人应当依法履行动物疫病强制免疫义务。同时，由于动物疫病强制免疫是一项技术性、专业性、强制性的工作，因此，饲养动物的单位和个人应当按照兽医主管部门的要求做好强制免疫工作，依法履行动物疫病强制免疫义务。饲养动物的单位和个人的强制免疫义务的具体内容是：按照国务院和省、自治区、直辖市兽医主管部门制定国家动物疫病强制免疫计划和省、自治区、直辖市强制免疫计划对饲养的动物进行强制免疫接种。违反本法规定，对饲养的动物不按照动物疫病强制免疫计划进行接种的，由动物卫生监督机构责令改正给予警告；拒不改正的，由动物卫生监督机构代作处理，所需处理费用由违法行为人承担，可以处一千元以下罚款。如北京提出：凡拒绝对动物实施强制免疫并阻碍动物防疫监督机构工作人员依法执行职务的单位和个人，公安机关可依据《治安管理处罚条例》对违法行为人处 15 日以下拘留、两百元以下罚款或者警告的处罚。拒绝实施强制免疫而发生动物疫情的，动物被扑杀的损失和处理费用，由饲养者承担。但若在因依法实施强制免疫造成动物应激死亡的，给予补偿。具体补偿标准和办法由国务院财政部门会同有关部门制定。

(二)强制免疫计划

国家动物疫病强制免疫计划是国务院兽医主管部门会同国务院有关制定国家动物疫病强制免疫计划。国务院兽医主管部门根据国内外动物疫情和保护养殖业生产及人体健康的需要，会同国务院有关部门(主要是财政部门)依法制定动物疫病强制免疫计划。在政府的统一领导下，各有关部门各负其责，密切配合，统一行动，才能使动物疫病强制免疫工作落到实处。

省级动物疫病强制免疫计划是省、自治区、直辖市人民政府兽医主管部门根据本行政区域内的疫情情况，在国家强制免疫计划的基础上对本地区存在的动物疫病提出强制免疫计划，在同级人民政府批准后组织实施，并报国务院主管部门备案。

(三)强制免疫动物的可追溯管理

1.建立动物疫病可追溯管理制度的意义

为切实保证强制免疫预防措施的落实,要建立畜禽标识和免疫档案为基础的动物疫病可追溯管理制度。这对于动物疫病的风险评估和疫情控制,准确掌握动物群体和个体的免疫、监测和移动状况有着十分重要的流行病学意义,也必将对我国动物防疫和动物源性食品安全管理工作带来重大而深远的影响。因此,经强制免疫的动物,应当按照国务院兽医主管部门的规定建立免疫档案,加施畜禽标识,实施可追溯管理。

2.免疫档案是动物疫病可追溯管理的基础

建立免疫档案是实行对强制免疫动物及动物产品全过程监管,建立强制免疫动物可追溯管理的基础。在畜禽养殖过程中,免疫情况是养殖档案的一项重要内容。按照《畜牧法》第四十一条的规定,畜禽养殖场应当建立养殖档案,载明以下内容:①畜禽的品种、数量、繁殖记录、标识情况、来源和进出场日期;②饲料、饲料添加剂、兽药等投入品的来源、名称、使用对象、时间和用量;③检疫、免疫、消毒情况;④畜禽发病、死亡和无害化处理情况等内容;⑤国务院畜牧兽医主管部门规定的其他内容。2006年6月,农业部已经颁布了《畜禽标识和养殖档案管理办法》,规定畜禽养殖场应当建立养殖档案,载明畜禽的品种、数量、繁殖记录、标识情况、来源和进出场日期,以及检疫、免疫、监测、消毒情况和畜禽发病、诊疗、死亡和无害化处理情况等内容。有关单位及个人对经强制免疫的动物,都应当按照上述国务院兽医主管部门的规定建立免疫档案,以便对动物及动物产品实施可追溯管理。同时,按照《畜禽标识和养殖档案管理办法》的规定,县级动物疫病预防控制机构应当建立畜禽防疫档案,载明以下内容:一是畜禽养殖场(名称、地址、畜禽种类、数量、免疫日期、疫苗名称、畜禽养殖代码、畜禽标识顺序号、免疫人员以及用药记录等);二是畜禽散养户(户主姓名、地址、畜禽种类、数量、免疫日期、疫苗名称、畜禽标识顺序号、免疫人员以及用药记录等)。

3.畜禽标识是动物疫病可追溯管理的基础

畜禽标识既是实行对强制免疫动物及动物产品全过程监管,建立强制免疫动物可追溯管理的基础也是建立畜禽档案的基础。免疫信息是畜禽标识的重要内容。在发生疯牛病疫情后,欧美一些国家为应对这一危机,逐步建立了动物个体标识和追溯系统,这一系统的应用被证实是成功的。该系统能及时进行全程疫病净化,消除了疫病风险,恢复了民众的消费信心,保护了肉牛产业。目前,根据畜产品质量安全和防疫工作的需要。我国已开展了畜禽标识和疫病可追溯体系建设工作。根据《畜牧法》第四十五条的规定:畜禽养殖者应当按照国家关于畜禽标识管理的规定，在应当加施标识的畜禽的指定部位加施标识。这里的畜禽标识，是指经农业部批准使用的耳标、电子标签、脚环 以及其他承载畜禽信息的标识物。其特点是带有唯一的识别号码，易于识读，作为建立畜禽档案的基础，畜禽标识制度的建立有利于动物疫病的检测、控制和消灭，为建立全国性有效的动物疫病应急反应机制提供了技术上的保障。2002 年 5 月，农业部发布了《动物免疫标识管理办法》对猪、牛、羊佩戴免疫耳标作出的规定。2006 年 6 月，农业部又发布了《畜禽标识和养殖档案管理办法》，同时废止了《动物免疫标识管理办法》在标识称谓上以畜禽标识代替了免疫标识。按照《畜禽标识和养殖档案管理办法》的规定，畜禽标识制度应当坚持统一规划、分类指导、分步实施、稳步推进的原则。畜禽标识实行一畜一标，编码应当具有唯一性。畜禽标识编码由畜禽种类代码、县级行政区域代码、标识顺序号共 15 位数字及专用条码组成。畜禽养殖者应当向当地县级动物疫病预防控制机构申领畜禽标识，并按照规定对畜禽加施畜禽标识。从 2008 年 1 月 1 日起，所有牲畜均应按照规定加施牲畜耳标，并凭此进入流通等环节。这一举措必将对我国动物防疫和动物源性食品安全管理工作带来重大而深远的影响。同时，按照新《动物防疫法》第七十四条的规定，违反本法规定，对经强制免疫的动物未按照国务院兽医主管部门规定建立免疫档案、加施畜禽标识的，依照畜牧法的有关规定处罚。《畜牧法》第六十六条、第六十八条规定，畜禽养殖场未建立养殖档案的，或者未按照规定保存养殖档案的，由县级以上人民政府畜牧兽医行政主管部门责令限期改正，可以处一万元以下罚款；重复使用畜禽标识的，由县级 以上地方人民政府畜牧兽医行政主管部门或者工商行政管理部门责令改正，可以处二千元以下罚款；使用伪造、变造的畜禽标识的，由县级以上人民政府畜牧兽医行政主管部门没收伪造、变造的畜禽标识和违法所得，并处三千元以上三万元以下罚款。

六、免疫程序

根据一定地区或养殖场内不同传染病的流行情况及疫苗特性为特定动物制定的疫苗接种类型、次序、次数、途径及间隔时间，称为免疫程序。

(一)制定免疫程序的原则

目前没有一个能够适合所有地区或养殖场的标准免疫程序。其他养殖场或书本上的免疫程序只能起参考作用。而且同一养殖场的免疫程序也不是固定不变的。免疫程序的制定，应根据不同动物或不同传染病的流行特点和生产实际情况，充分考虑本地区常发多见或威胁大的传染病分布特点、疫苗类型及其免疫效能和母源抗体水平等因素，以便选择适当的免疫时间，有效地发挥疫苗的保护作用。

1. 根据传染病的三间分布特征决定

由于动物传染病在地区、时间和动物群中的分布特点和流行规律不同，它们对动物造成的危害程度也会随之发生变化，一定时期内兽医防疫工作的重点就有明显差异，因此需要根据具体情况随时调整。有些传染病流行持续时间长、危害程度大，应制定长期的免疫防制对策。

2. 根据疫苗的免疫学特性决定

疫苗的种类、接种途径、产生免疫力需要的时间、免疫力的持续期等差异是影响免疫效果的重要因素，在制定免疫程序时要进行充分的调查、分析和研究。

3. 具有相对的稳定性

如果没有其他因素的参与，某地区或养殖场在一定时期内动物传染病分布特征是相对稳定的。因此，若实践证明某一免疫程序的应用效果良好，则应尽量避免改变这一免疫程序。如果发现免疫程序执行过程中仍有某些传染病的流行，则应及时查明原因（疫苗、接种时机或病原体变异等），并适时调整。

（二）免疫程序制定的方法和程序

1. 掌握威胁本地区或养殖场的主要疫病种类及其分布特点

要根据疫病监测和流行病学调查结果，分析该地区或养殖场内常发多见动物传染病的危害程度及周围地区威胁性较大的传染病流行和分布特征，并根据动物的类别确定哪些传染病需要免疫或终生免疫，哪些传染病需要根据季节或动物年龄进行免疫防制。对本场或本地区从未发生过的疫病，一般不进行免疫接种，有威胁时确想接种最好使用灭活苗，以免引起人为散毒。对某些季节性比较强的传染病如乙脑，可以流行季节到来前1～2个月进行免疫接种；对年龄侵害有特点的疫病，如猪大肠杆菌病，可在母猪产仔前接种。接种的次数则由疫苗的特性和该病的危害程度来定。

2. 了解疫苗的免疫学特性

疫苗特性是制定免疫程序的重要依据。由于疫苗的种类、适用对象、保存、接种方法、使用剂量、接种后免疫力产生所需的时间、免疫保护效力及其持续期、最佳接种时机及间隔等疫苗特性是制定免疫程序的重要内容，因此，只有在对这些特性进行充分的研究和分析后，才能制定出科学、合理的免疫程序。一般来说，弱毒苗的起效时间是5～7 d，灭活苗2～3周产生保护力。

3. 血清学抗体监测是重要依据

因年龄分布范围较广的传染病需要终生免疫，因此应根据定期测定的抗体消长规律确定首免日龄和加强免疫的时间。初次使用的免疫程序应定期测定动物群的免疫水平，发现问题要及时调整并采取补救措施。新生动物的免疫接种应根据母源抗体的消长规律来确定，首次免疫接种的时间，以防止母源抗体干扰，影响接种效果。

七、影响免疫效果的因素和免疫效果的评价

（一）影响免疫效果的因素

影响免疫效果的因素是多方面的，概括来说主要有以下几个方面：疫苗质量、动物机体状况、外界环境因素、病原体特性等。

1. 被免动物群的机体状况

动物的品种、年龄、体质、免疫密度等对免疫效果影响较大。幼龄、体弱、生长发育差以及慢性病的动物，用苗后疫苗接种反应明显，抗体上升缓慢。若动物群免疫密度较高时，那些免疫动物在群体中能够形成屏障，从而保护动物群不被感染；相反，若动物群的免疫接种率低或不进行免疫接种，由于易感动物集中，病原体一旦传入即可在群体中造成流行。但免疫接种疫苗过多，接种过于频繁，会引起动物群出现免疫麻痹，造成免疫失败。

2. 外界环境因素

若免疫动物群动物福利程度不高，环境条件恶劣，卫生消毒制度不健全、饲养营养不全面、动物圈舍寒冷、潮湿、闷热、空气污浊、饲养密度大、嘈杂等应激因素存在时，会降低机体的免疫应答反应。

3. 疫苗株与病原体血清型不一致及病原变异

某些病原体的血清型较多且之间无交叉保护力，如大肠杆菌、传染性支气管炎病毒，在免疫接种时若使用的疫苗血清型与当地流行毒（菌）株不符，则严重影响免疫效果。某些病原体又容易发生变异，或毒力增强、或出现新毒株，如禽流感、传染性法氏囊病、马立克氏病等，常造成免疫接种失败。

4. 免疫抑制因素的影响

近年来关于免疫抑制因素对免疫效果的影响研究已成为热门课题。某些传染病如猪繁殖与呼吸综合征、猪瘟、圆环病毒感染、伪狂犬病、链球菌病、传染性法氏囊病、马立克氏病、白血病、传染性贫血、网状内皮增殖症、呼肠孤病毒感染、新城疫等，或其他如霉菌毒素、营养成分缺乏、药物等，会破坏机体的免疫系统，导致动物免疫功能受到抑制和免疫应答能力下降。

5. 免疫程序不合理

免疫程序不合理包括疫苗的种类、生产厂家、接种时机、接种途径和剂量、接种次数及间隔时间等不适当，容易出现免疫效果差或免疫失败的现象。此外，疫病的分布发生变化时，疫苗的接种时机、接种次数及间隔时间等应作适当调整。

6. 母源抗体干扰和超前免疫

由于动物胎盘的特殊结构，胎儿在母体内不能获得免疫抗体，出生后须经吃初乳才能获得被动免疫。一般来说，新生动物未吃初乳前，血清中免疫球蛋白的含量极低，吮吸初乳后血清免疫球蛋白的水平能够迅速上升并接近母体的水平，生后24～35 h达到高峰，随后逐渐下降。降解速度随动物种类、免疫球蛋白的类别、原始浓度等不同有明显差异。由于体内缺乏主动免疫细胞，此时接种弱毒苗时很容易被母源抗体中和而出现免疫干扰现象。但在生产实践中，可采取有针对性措施来减轻母源抗体的干扰。如对雏鸡进行新城疫接种，可采用弱毒苗和灭活苗同时接种，或增大疫苗用量，取得了较好的效果。

此外，在猪瘟多发的地区或养猪场，采取超前免疫也取得了较好的防制效果。即仔猪出生后在未吃初乳前接种猪瘟疫苗，间隔 2～3 h 后再吃初乳，以期产生主动免疫。其机理是胎儿在 70 日龄时的免疫系统已能够对抗原的刺激产生免疫应答；新生仔猪吃初乳后血清中抗体需要 6～12 h 才能达到高峰，因此在仔猪吃乳前接种猪瘟疫苗，有足够时间让病毒在仔猪体内扩散、定居和增殖，从而不会被母源抗体所中和。

7. 疫苗质量存在问题

疫苗分为两类，即冻干苗和液体苗。其保存、运输方法不同。冻干苗需在－15℃以下冷冻保存，运输时也应保持低温。随着保存温度的升高其保存时间会相应缩短，若保存温度不稳定，疫苗出现反复冻融，会严重影响疫苗效力。液体苗又分为油乳佐剂苗和水剂苗，前者应严禁冻结，至于 4～8℃保存，水剂苗应根据不同情况妥善贮存。疫苗使用前检查疫苗，若发现冻干苗失真空、油乳剂苗沉淀、变质或发霉、有异物、过期、无批准文号、生产日期、有效期的三无产品等情况，应予废弃。使用时应严格要求稀释，在规定时间内接种完毕，且对于活疫苗和活菌苗在用苗前后 1 周内禁止使用抗病毒药和抗生素药物。

(二)疫苗免疫效果的评价

疫苗免疫接种的目的是降低动物对某些病的易感性，减少由此带来的经济损失。因此，按照某一免疫程序对特定动物群免疫是否达到了预期的效果，就需要定期对接种对象的实际发病率和抗体水平进行监测和分析，以评价其是否合理。免疫评价的方法主要有兽医流行病学方法、血清学方法和人工攻毒试验。

1. 流行病学评价方法

通过免疫动物群和非免疫动物群的发病率、死亡率等流行病学指标，来比较评价不同疫苗或免疫程序的保护效果。保护率越高，免疫效果越好。常用的指标有：

效果指数＝对照组患病率/免疫组患病率

保护率＝对照组患病率－免疫组患病率/免疫组患病率

当保护效果<2或保护率<50%时，可判定该疫苗或免疫程序无效。

2. 血清学评价

免疫效果的血清学评价是以测定抗体的转化率和几何平均滴度为依据的，但多用后者来进行评价，通过比较接种前后滴度升高的幅度及其持续时间来评价疫苗的免疫效果。如果接种后的平均抗体滴度比接种前高4倍以上，即认为免疫效果良好；如果小于4倍，则认为免疫效果不佳或需要重新进行免疫接种。

3. 人工攻毒试验

通过对免疫动物的人工攻毒试验，可以确定疫苗的免疫保护率、安全性、开始产生免疫力的时间、免疫持续期和保护性抗体临界值等指标。

第二节 药物预防

群体药物预防是动物疫病防治的一个途径。动物可能发生的传染病种类很多，其中有些传染病目前已研制出有效的疫苗来预防，但还有不少传染病尚无疫苗可用，有些虽有疫苗但实际应用还有问题，因此应用药物预防也是一项重要措施。

一、药物预防的概念和选择药物的原则

(一)药物预防的概念

动物在正常的饲养管理状态下，适当地使用抗生素、微生态制剂、中药制剂等加入饲料或饮水中，以调节机体代谢、增强机体抵抗力和预防多种病的发生，称为药物预防。药物应注意使用安全而廉价的化学药物，即所谓的保健添加剂。也可以使用非化学药物，如中药制剂、微生态制剂等。应以不影响动物产品的品质和人的健康为前提。具体使用时应符合中华人民共和国农业部公布的《药物性饲料添加剂使用规范》要求。

(二)选择药物的原则

1. 药物敏感性

应考虑病原体对药物的敏感性和耐药性，选用预防效果最好的药物。长期使用化学药物预防，容易产生耐药性菌株，影响防治效果。因此，使用前最好进行药物敏感性试验，选择高度敏感性的药物用于预防，以期达到良好的预防效果。要适时更换药物，以防止耐药性的产生。

2. 动物敏感性

不同种属的动物对药物的敏感性不同，应区别对待。例如，用3 mg/kg速丹拌料对鸡来说是较好的抗球虫药，但对鸭、鹅均有毒性，甚至引起死亡。某些药物

剂量过大或长期使用会引起动物中毒。待出售的畜禽应有一定的停药期,以免药物残留。例如使用伊维菌素驱虫,休药期至少应达到牛 28 d,羊 8 d,猪 5 d 后才能上市屠宰。在屠宰前休药的同时,有些药物在动物的某一生长阶段不可使用,如洛克沙胂:休药期 5 d,蛋鸡产蛋期禁用;莫能菌素钠:休药期 5 d,蛋鸡产蛋期及奶牛泌乳期禁用;马杜霉素:休药期 5 d,蛋鸡产蛋期禁用等。

3. 有效剂量

药物必须达到最低有效剂量,才能收到应有的预防效果。因此,要按规定的剂量,均匀地拌入饲料或完全溶解于饮水中。有些药物的有效剂量与中毒剂量之间距离太近,如喹乙醇,掌握不好就会引起中毒。有些药物低浓度时具有预防和治疗作用,而在高浓度时会变成毒药,使用时要加倍小心。

4. 注意配伍禁忌

两种或两种以上的药物配合使用时,有的会产生理化性质改变,使药物产生沉淀或分解、失效或分解甚至产生毒性。如硫酸新霉素、庆大霉素与替米考星、罗红霉素、盐酸多西环素、氟苯尼考配伍时疗效会降低;和维生素 C、磺胺类配伍时会沉淀,分解失效。在进行药物预防时,一定要注意配伍禁忌。

5. 药物成本

在集约化养殖场中,畜禽数量多,预防药物用量大,若药物价格较高,则增加了药物成本。因此应尽可能使用价廉易得而又确有预防作用的药物。

6. 安全性

要合理使用药物添加剂,以保证动物本身的安全,并确保动物产品品质,最终保障人的健康和生命安全。

二、预防动物疫病常用的药物及用药方法

(一)常用药物

为加强兽药的使用管理,进一步规范和指导饲料药物添加剂的合理使用,防止滥用饲料药物添加剂,农业部 2001 年 9 月 4 日发布了《饲料药物添加剂使用规范》。根据其使用情况,将饲料药物添加剂分为两类:

1. 具有预防动物疾病、促进动物生长作用,可在饲料中长时间添加使用的饲料药物添加剂,其产品批准文号须用“药添字”

这些产品必须在产品标签中标明所含兽药成分的名称、含量、适用范围、停药期规定及注意事项等,共 33 种。其中具防病治病作用的有 22 种。

(1)二硝托胺预混剂　有效成分二硝托胺,用于防治鸡球虫病。混饲,每 1 000 kg 饲料添加本品 500 g。产蛋期禁用;休药期 3 d。

(2)马杜霉素铵预混剂　有效成分马杜霉素铵，用于防治鸡球虫病。混饲，每1 000 kg饲料添加本品500 g。产蛋期禁用；不得用于其他动物；在无球虫病时，含6×10^{-6} mg/kg以上马杜霉素铵盐的饲料对生长有明显抑制作用，也不改善饲料报酬；休药期5 d。

(3)尼卡巴嗪预混剂　有效成分尼卡巴嗪，用于防治鸡球虫病。混饲，每1 000 kg饲料添加本品100～125 g。产蛋期禁用；高温季节慎用；休药期4 d。

(4)尼卡巴嗪、乙氧酰胺苯甲酯预混剂　有效成分为尼卡巴嗪和乙氧酰胺苯甲酯，用于防治鸡球虫病。混饲，每1 000 kg饲料添加本品500 g。产蛋期和种鸡禁用；高温季节慎用；休药期9 d。

(5)甲基盐霉素预混剂　有效成分甲基盐霉素，用于防治鸡球虫病。混饲，每1 000 kg饲料添加本品600～800 g。产蛋期禁用；马属动物禁用；禁止与泰妙菌素、竹桃霉素并用；休药期5 d。

(6)甲基盐霉素、尼卡巴嗪预混剂　有效成分甲基盐霉素和尼卡巴嗪，用于防治鸡球虫病。混饲，每1 000 kg饲料添加本品310～560 g。产蛋期禁用；马属动物忌用；禁止与泰妙菌素、竹桃霉素并用；高温季节慎用；休药期5 d。

(7)拉沙诺西钠预混剂　有效成分拉沙诺西钠，用于防治鸡球虫病。混饲，每1 000 kg饲料添加75～125 g(以有效成分计)。马属动物禁用；休药期3 d。

(8)氢溴酸常山酮预混剂　有效成分氢溴酸常山酮，用于防治鸡球虫病。混饲，每1 000 kg饲料添加本品500 g。产蛋期禁用；休药期5 d。

(9)盐酸氯苯胍预混剂　有效成分盐酸氯苯胍，用于防治鸡、兔球虫病。混饲，每1 000 kg饲料添加本品，鸡300～600 g，兔1 000～1 500 g。产蛋期禁用。休药期鸡5 d，兔7 d。

(10)盐酸氨丙啉、乙氧酰胺苯甲酯预混剂　有效成分盐酸氨丙啉和乙氧酰胺苯甲酯，用于禽球虫病防治。混饲，每1 000 kg饲料添加本品500 g。产蛋期禁用；每1 000 kg饲料中维生素B_1大于10 g时明显拮抗；休药期3 d。

(11)盐酸氨丙啉、乙氧酰胺苯甲酯、磺胺喹恶啉预混剂　有效成分盐酸氨丙啉、乙氧酰胺苯甲酯和磺胺喹恶啉，用于禽球虫病防治。混饲，每1 000 kg饲料添加本品500 g。产蛋期禁用；每1 000 kg中维生素B_1大于10 g时明显拮抗；休药期7 d。

(12)氯羟吡啶预混剂　有效成分氯羟吡啶，用于禽、兔球虫病防治。混饲，每1 000 kg饲料添加本品，鸡500 g，兔800 g。产蛋期禁用；休药期5 d。

(13)海南霉素钠预混剂　有效成分海南霉素钠，用于鸡球虫病防治。混饲，每1 000 kg饲料添加本品500～750 g。产蛋期禁用；休药期7 d。

(14)地克珠利预混剂　有效成分地克珠利，用于畜禽球虫病防治。混饲，每1 000 kg饲料添加1 g(以有效成分计)。蛋鸡产蛋期禁用。

(15)盐霉素钠预混剂　有效成分盐霉素钠，用于鸡球虫病和促进畜禽生长。混饲，每1 000 kg饲料添加，鸡50～70 g；猪25～75 g；牛10～30 g。产蛋期禁用；马属动物禁用；禁止与泰妙菌素、竹桃霉素并用；休药期5 d。

(16)硫酸黏杆菌素预混剂　有效成分硫酸黏杆菌素，用于革兰氏阴性杆菌引起的肠道感染，并有一定的促生长作用。混饲，每1 000 kg饲料添加，犊牛5～40 g，仔猪2～20 g，鸡2～20 g。产蛋期禁用；休药期7 d。

(17)牛至油预混剂　有效成分5-甲基-2-异丙基苯酚和2-甲基-5-异丙基苯酚，用于预防及治疗猪、鸡大肠杆菌、沙门氏菌所致的下痢，促进畜禽生长。混饲，每1 000 kg饲料添加本品，用于预防疾病，猪500～700 g，鸡450 g；用于治疗疾病，猪1 000～1 300 g，鸡900 g，连用7 d；用于促生长，猪、鸡50～500 g。

(18)杆菌肽锌、硫酸黏杆菌素预混剂　有效成分杆菌肽锌和硫酸黏杆菌素，用于革兰氏阳性菌和阴性菌感染，并具有一定的促生长作用。混饲，每1 000 kg饲料添加，猪2～40 g(2月龄以下)、2～20 g(4月龄以下)，鸡2～20 g。以上均以有效成分计。产蛋期禁用；休药期7 d。

(19)土霉素钙　有效成分土霉素钙，抗生素类药。对革兰氏阳性菌和阴性菌均有抑制作用，用于促进猪、鸡生长。混饲，每1 000 kg饲料添加，猪10～50 g(4月龄以内)，鸡10～50 g(10周龄以内)。产蛋期禁用；添加于低钙饲料(饲料含钙量0.18%～0.55%)时，连续用药不超过5 d。

(20)吉他霉素预混剂　有效成分吉他霉素，用于防治畜禽慢性呼吸系统疾病，也用于促进畜禽生长。混饲，每1 000 kg饲料添加，用于促生长，猪5～55 g，鸡5～11 g；用于防治疾病，猪80～330 g，鸡100～330 g，连用5～7 d。产蛋期禁用；休药期7 d。

(21)金霉素(饲料级)预混剂　有效成分金霉素，对革兰氏阳性菌和阴性菌均有抑制作用，用于促进猪、鸡生长。混饲，每1 000 kg饲料添加，猪25～75 g(4月龄以内)，鸡20～50 g(10周龄以内)。产蛋期禁用；休药期7 d。

(22)恩拉霉素预混剂　有效成分恩拉霉素，对革兰氏阳性菌有抑制作用，用于促进猪、鸡生长。混饲，每1 000 kg饲料添加，猪2.5～20 g，鸡1～10 g。产蛋期禁用；休药期7 d。

2.用于防治动物疾病，并规定疗程，仅是通过混饲给药的饲料药物添加剂(包括预混剂或散剂)，其产品批准文号须用“兽药字”

各畜禽养殖场及养殖户须凭兽医处方购买、使用，所有商品饲料中不得添加这些药物。兽药不得直接加入饲料中使用，必须制成药物预混剂。共24种。其中具防病治病作用的有18种。

(1)磺胺喹恶啉、二甲氧苄啶预混剂　有效成分磺胺喹恶啉、二甲氧苄啶，用于防治鸡球虫病。混饲，每1 000 kg饲料添加本品500 g。连续用药不得超过5 d；产蛋期禁用；休药期10 d。

(2)越霉素A预混剂　有效成分越霉素A，主用于猪蛔虫病、鞭虫病及鸡蛔虫病。混饲，每1 000 kg饲料添加5～10 g(以有效成分计)，连用8周。产蛋期禁用；休药期，猪15 d，鸡3 d。

(3)潮霉素B预混剂　有效成分潮霉素B，用于驱除猪蛔虫、鞭虫及鸡蛔虫。混饲，每1 000 g饲料添加，猪10～13 g，育成猪连用8周，母猪产前8周至分娩，鸡8～12 g，连用8周。产蛋期禁用；休药期猪15 d，鸡3 d。

(4)地美硝唑预混剂　有效成分地美硝唑，用于猪密螺旋体性痢疾和禽组织滴虫病防治。混饲，每1 000 kg饲料添加本品，猪1 000～2 500 g，鸡400～2 500 g。产蛋期禁用；鸡连续用药不得超过10 d；休药期猪3 d，鸡3 d。

(5)磷酸泰乐菌素预混剂　有效成分磷酸泰乐菌素，主用于畜禽细菌及支原体感染。混饲，每1 000 kg饲料添加，猪10～100 g，鸡4～50 g。连用5～7 d。休药期5 d。

(6)硫酸安普霉素预混剂　有效成分硫酸安普霉素，用于猪肠道革兰氏阴性菌感染。混饲，每1 000 kg饲料添加80～100 g(以有效成分计)，连用7 d。休药期21 d。

(7)盐酸林可霉素预混剂　有效成分盐酸林可霉素，用于畜禽革兰氏阳性菌感染，也可用于猪密螺旋体、弓形虫感染。混饲，每1 000 kg饲料添加，猪44～77 g，鸡2.2～4.4 g，连用7～21 d。产蛋期禁用；禁止家兔、马或反刍动物接近含有林可霉素的饲料；休药期5 d。

(8)赛地卡霉素预混剂　有效成分赛地卡霉素，主用于治疗猪密螺旋体引起的血痢。混饲，每1 000 kg饲料添加75 g(以有效成分计)，连用15 d。休药期1 d。

(9)伊维菌素预混剂　有效成分伊维菌素，对线虫、昆虫和螨均有驱杀活性，主要用于治疗猪的胃肠道线虫病和疥螨病。混饲，每1 000 kg饲料添加本品330 g，连用7 d。休药期5 d。

(10)延胡索酸泰妙菌素预混剂　有效成分延胡索酸泰妙菌素，用于猪支原体肺炎和嗜血杆菌胸膜性肺炎，也可用于猪密螺旋体引起的痢疾。混饲，每1 000 kg饲料添加40～100 g(以有效成分计)，连用5～10 d。禁止与莫能菌素、盐霉素等聚醚类抗生素混合使用；休药期5 d。

(11)环丙氨嗪预混剂　有效成分环丙氨嗪,用于控制动物厩舍内蝇幼虫的繁殖。混饲,每1 000 kg饲料添加本品500 g,连用4～6周。

(12)氟苯咪唑预混剂　有效成分氟苯咪唑,用于驱除畜禽胃肠道线虫及绦虫。混饲,每1 000 kg饲料,猪30 g,连用5～10 d;鸡30 g,连用4～7 d。休药期14 d。

(13)复方磺胺嘧啶预混剂　有效成分磺胺嘧啶和甲氧苄啶,用于链球菌、葡萄球菌、肺炎球菌、巴氏杆菌、大肠杆菌和李氏杆菌等感染。混饲,每1 kg体重,每日添加本品,猪0.1～0.2 g,连用5 d;鸡0.17～0.2 g,连用10 d。产蛋期禁用;休药期猪5天,鸡1 d。

(14)盐酸林可霉素、硫酸大观霉素预混剂　有效成分盐酸林可霉素和硫酸大观霉素,用于防治猪赤痢、沙门氏菌病、大肠杆菌肠炎及支原体肺炎。混饲,每1 000 kg饲料添加本品1 000 g,连用7～21 d。休药期5 d。

(15)硫酸新霉素预混剂　有效成分硫酸新霉素,用于治疗畜禽的葡萄球菌、痢疾杆菌、大肠杆菌、变形杆菌感染引起的肠炎。混饲,每1 000 kg饲料添加本品,猪、鸡500～1 000 g,连用3～5 d。产蛋期禁用;休药期猪3 d,鸡5 d。

(16)磷酸替米考星预混剂　有效成分磷酸替米考星,主用于治疗猪胸膜肺炎放线杆菌、巴氏杆菌及支原体引起的感染。混饲,每1 000 kg饲料添加本品2 000 g,连用15 d。休药期14 d。

(17)磷酸泰乐菌素、磺胺二甲嘧啶预混剂　有效成分磷酸泰乐菌素和磺胺二甲嘧啶,用于预防猪痢疾,用于畜禽细菌及支原体感染。混饲,每1 000 kg饲料添加本品200 g(100 g泰乐菌素+100 g磺胺二甲嘧啶),连用5～7 d。休药期15 d。

(18)磺胺氯吡嗪钠可溶性粉　有效成分磺胺氯吡嗪钠,用于鸡、兔球虫病(盲肠球虫)。混饲,每1 000 kg饲料添加:肉鸡、火鸡600 mg连用3 d,兔600 mg连用15 d(以有效成分计)。休药期火鸡4 d,肉鸡1 d,产蛋期禁用。

(二)预防性药物的给药方法

不同的给药方法可以影响药物的吸收速度、利用程度、药效出现时间及维持时间。药物预防一般采用群体给药法,将药物添加于饲料中,或溶解到饮水中,让畜禽服用,有时也采用气雾法给药。

1.拌料给药

拌料给药即将药物均匀地拌入饲料中,让畜禽自由采食。该法简便易行,节省人力,应激小。主要适用于预防性用药,尤其是长期给药。对于患病的畜禽,当其食欲下降时,不宜应用。拌料给药时应注意以下几点:

(1)准确掌握用量　应严格按照畜禽群体重,计算准确称量药物,以免造成药量过小不起作用或药量过大引起中毒。

(2)确保搅拌均匀　通常采用分级混合法,即将全部用量的药物加到少量饲料中,充分混合后,再加到一定量饲料中,再充分混匀,然后再拌入到计算所需的全部饲料中。大批量饲料拌药更需多次分级扩充,以达到充分混匀的目的。切忌把全部药量一次加到所需饲料中,简单混合,否则会造成部分畜禽药物中毒,而大部分畜禽吃不到药物,达不到防止疫病的目的。

(3)注意不良反应　有些药物混入饲料后,可与饲料中的某些成分发生提起拮抗作用。如饲料中长期混合磺胺类药物,就容易引起鸡维生素 B 或维生素 K 缺乏。应密切注意并及时纠正不良反应。

2.饮水给药

饮水给药是指将药物溶解到饮水中,让畜禽在饮水时饮入药物,发挥药理效应,常用于预防和治疗疫病。饮水给药所用的药应是水溶性的。为了保证全群内绝大部分个体在一定时间内喝到一定量的药水,应考虑畜禽的品种、畜舍温度、温度、饲料性质、饲养方法等因素,严格掌握畜禽一次饮水量,然后按照药物浓度,准确计算用量剂量,以保证药饮效果。

在水中不易被破坏的药物,可以让畜禽长时间自由饮用;而对于一些容易被破坏或失效的药物,应要求畜禽在一定时间内全部饮完。为此,在饮水给药前常停水一段时间,气温较高的季节停水 1～2 h,以提高动物饮欲。然后给予加有药物的饮水,让畜禽在一定时间内充分喝到药水。

3.气雾给药

气雾给药是指用药物气雾器械,将药物弥散到空气中,让畜禽通过呼吸作用吸入体内或作用于畜禽皮肤及黏膜的一种方法。气雾给药时,药物吸收快,作用迅速节省人力,尤其适用于现代化大型养殖场,但需要一定的气雾设备,且畜舍门窗能密闭。

并不是所有的药物都可通过气雾途径给药。可应用于气雾途径给药的应该是无刺激性,易溶解于水。有刺激性的药物不应通过气雾给药。若欲使药物作用于肺部,应选用吸湿性较差的药物,而欲使药物作用于上呼吸道,就应选择吸湿性较强的药物。

气雾给药时,雾粒直径大小与用药效果有直接关系。气雾微粒越细,越容易进入肺泡内,但肺泡表面黏着力小,容易随呼气排出,影响药效。若微粒过大,则不易进入肺泡内。要使药物主要作用于上呼吸道,就应选用雾粒较大的雾化器。大量试验证实,进入肺泡的微粒直径以 0.5～5 μm 最合适。

应用气雾给药时,不要随意套用拌料或饮水给药浓度。应按照畜舍空间和气雾设备。准确计算用药剂量,以免造成不应有的损失。

4. 外用给药

常以喷洒、熏蒸等方法，杀灭动物体外寄生虫或体外致病微生物。应注意掌握药物浓度和作用时间。

三、微生态制剂

微生态制剂又叫活菌制剂、益生菌制剂，是根据动物微生态学理论，利用动物体内正常微生物成员及其代谢产物或生长促进物，经培养、发酵、干燥、加工等特殊工艺制成的生物制剂或活菌制剂。具有补充、调整或维持动物肠道内微生态平衡，达到防病、治病、促进健康和提高生产性能的目的。我国微生态制剂的研究起源于20世纪70年代末至80年代初，90年代以后进入产业化研制、开发及大规模生产期。在近20年的时间内，动物微生态制剂得到了空前发展，在畜牧生产中的应用也日益广泛。

(一)微生态制剂分类

1. 益生菌

益生菌又称作益生素、促生素、生菌素、活菌剂、益菌素等。即一种或多种活微生物及其发酵产物，能在动物肠道内通过自身生长繁殖抑制有害细菌的生长，增强非特异性免疫功能，达到防治疾病、促进生长和提高饲料报酬的目的。益生菌种类很多，有乳酸杆菌、枯草芽孢杆菌、双歧杆菌、肠球菌、大肠杆菌、枯草杆菌、丁酸梭菌、酵母菌等，我国农业部“658”公告中公布的共有16个品种。

2. 益生元

益生元是指选择性促进动物肠道原有的一种或几种有益细菌(益生菌)生长繁殖的物质，通过有益菌的繁殖增多，抑制有害菌的生长，达到调整肠道菌群、促进机体健康的目的。包括双歧因子、有机酸及其盐类和某些中草药。其中双歧因子是发现最早的益生元物质，包括多种寡聚糖或称低聚糖，如乳果糖、蔗糖低聚糖、棉子低聚糖、异麦芽低聚糖、玉米低聚糖、大豆低聚糖等。双歧因子不能被动物消化吸收，只能被双歧杆菌、乳酸杆菌等肠道益生菌利用和分解，具有促进有益细菌生长，抑制有害细菌繁殖，调整肠道正常菌群功效。

3. 合生素

合生素是指益生菌和益生元同时并存的制剂，被摄入动物体内后益生菌在益生元作用下繁殖增多，抗病保健作用加强。合生素结构合理，效果更加优越，成为微生态制剂开发的主要方向。如在双歧杆菌活菌制剂中加入双歧因子，效果会提高10～100倍。

(二)微生态制剂的作用及其作用机理

动物微生态制剂的作用机理尚未完全阐明，目前主有以下几种学说，多以乳酸杆菌和双歧杆菌的作用机制为基础。微生态制剂属营养保健类饲料添加剂，其营养保健作用的发挥，主要有以下几个方面。

1.调节和维持肠道菌群的微生态平衡

胃肠道内厌氧菌占大多数，微生态制剂中有益的需氧微生物在体内定植，可降低局部氧分子的浓度，以扶植厌氧微生物的生长，提高其定植能力，从而调节微生态平衡，达到防病和治疗疾病的目的。即微生物夺氧说。

2.抑制病原菌的繁殖

在微生态系统内少数优势微生物种群对整个种群起控制作用，一旦失去优势种群，就可导致微生态失调。微生态制剂中的活菌大多为机体内正常菌群中的一员，具有定植性、排他性和繁殖性，进入机体后能植入自然的生态系统中，对非正常菌群中的微生物发生拮抗作用；另一些微生物还可产生药理活性物质，直接调节微生物区系，抑制病原菌，控制病害发生；还有一些微生物在发酵或代谢过程中通过提高或降低某些酶的活性，改变有害微生物的代谢，而不利于其生长。即生物拮抗说。

3.提高饲料转化率，促进动物生长

正常微生物群与营养之间有着密切的关系，一些微生物在发酵或代谢过程中会产生生长素等生理活性物质，有助于食物消化和营养吸收、促进代谢。且许多微生物本身就富含营养物质，添加到饲料中，可作为营养物质被动物摄取、吸收，从而促进动物的生长。微生态制剂在肠内定位繁殖，还能产生多种有利于动物机体的物质，如B族维生素、氨基酸、多种淀粉酶、脂肪酶、蛋白酶类和生长刺激因子等，提高饲料转化率，促进动物生长。即营养物质合成理论。

4.增强机体免疫功能，提高群体抗病力

微生态制剂可以成为非特异性免疫调节因子，增强吞噬细胞的吞噬功能和促进细胞产生抗体，激发免疫系统防御能力，减少肠内有毒物质的产生，促进肠蠕动，维持黏膜结构完整，从而保证微生态系统中能量流、物质流和基因流的正常运转。即三流运转说。

5.减少排泄总量，改善畜舍空气质量，净化养殖环境

圈舍里的臭味主要由氨、硫化氢、吲哚、尸胺、腐胺、组胺等有害物质产生，都是大肠杆菌使蛋白质腐败分解所致。有益菌可提高蛋白质的消化吸收率，并将肠道里非蛋白氮合成氨基酸、蛋白质供动物利用。同时，还可抑制大肠杆菌等有害菌的腐败作用，使臭味等有害物质减少；芽孢杆菌等有益菌可产生分解硫化氢的酶类，从而降低粪便中的氨、硫化氢等有害气体的浓度而有除臭作用，使氨浓度降低70%以上，从而起到保护养殖环境、减少呼吸道和眼病的发生，对人的健康和畜产

品的卫生都非常有益。同时对饲料内某些毒素和抗营养因子还有一定的降解和去毒作用。

(三)微生态制剂的应用及其注意事项

1.在畜禽养殖中的应用效果

近年来,国内外学者开发了多种用作饲料添加剂的微生态制剂,在生产实践中取得了较好的使用效果。

(1)猪　在仔猪和母猪饲料中添加微生态制剂,可明显降低仔猪肠道疾病的发生率,对提高仔猪成活率、采食量、增重速度和饲料利用率有显著作用。据梁明振(2003)在"动物微生态制剂的研究进展"中综述,用活菌微生态制剂—益生素饲喂哺乳仔猪,添加组腹泻率明显比对照组减少,成活率提高。在10～28日龄的仔猪饲料中添加益生素,试验组采食量平均比对照组增加70 g/d,增重提高4.2%。在7日龄仔猪日粮中添加低聚果糖防治大肠杆菌病,可以减少其腹泻发生率。在仔猪日粮中添加寡糖,可使仔猪日增重提高6.4%,饲料转化率提高11.7%。

(2)家禽　据司振书(2007)报道,在蛋鸡饲料中添加微生态制剂,可明显提高蛋鸡的产蛋率(5.35%)、蛋重(2.95%),降低料蛋比(9.52%),提高肉鸡免疫器官指数(法氏囊指数、胸腺指数和脾脏指数)和免疫器官中T细胞百分数(胸腺、脾脏),还可提高血清中新城疫血凝抑制抗体水平(25%以上),肠道病的发生率和死淘率分别降低66.67%和68.18%。于卓腾等(2007)报道,可提高肉仔鸡盲肠中总挥发性脂肪酸的含量,增加丁酸的百分比,提高盲肠菌群的多样性和复杂性。据冯敏山等(2007)研究,可提高血清中IgA、IgM、IgG、C3、C4含量及血清总SOD水平。此外还可提高雏鸡消化酶活性,改善肉产品品质和鸡舍内环境,对鸡常见病如大肠杆菌病、鸡白痢也有良效等。

(3)奶牛　微生态制剂在奶牛生产中应用较多的是奶牛专用益生素、EM等主要包括芽孢杆菌和乳酸杆菌、酵母菌等。这些菌种联合使用效果明显。据岳寿松等(2003)报道,在奶牛饲料中添加益生素可提高产奶量7.26%以上,奶重比增加0.048%,同时可激活奶牛免疫活性细胞,增强奶牛的抗病能力,使奶牛腹泻、乳房炎、胎衣滞留等疾病明显减少。还有研究表明,在犊牛日粮中添加剂量为7.5亿个乳酸链球菌的培养物,可使犊牛的增重提高5.3%,饲料利用率改善5.2%。在1～35日龄的新生犊牛的代乳液体饲料中添加寡糖制品,可使犊牛的增重速度比对照提高8%,采食量增加约10%,细菌性肺炎等类疾病的发生率也明显降低。

(4)水产养殖　据报道,在鱼虾饲料中添加微生态制剂,可使鱼虾增重提高10%～20%。李晓英(2007)报道,在对虾养殖中使用复合微生态制剂,可使水中硫化氢和亚硝酸盐含量分别降低0.07 mg/L、0.03 mg/L,提高生长速度(0.03 g/d),

具有明显促生长和生物修复作用。伍莉(2007)用微生态制剂对肉食性鱼类大口鲇和杂食性鱼类鲫鱼试验表明,可提高和改善红细胞数、血红蛋白含量等血液指标,提高机体新陈代谢,加快生长速度。

(5)其他动物　乳酸菌能够改善无菌鼠巨噬细胞的吞噬能力。能增强家兔对较难消化的粗纤维的消化利用,提高日增重,减少腹泻率等。

2.应用注意事项

(1)选用适宜的菌种　菌种的选用应根据使用目的、饲养对象、控制目标的不同来选择适宜的菌种。动物消化道内的微生物具有多样性和特异性,不同动物种类对菌种的要求也各不相同。同一菌株用于不同的动物,产生的效果往往差异很大。使用时一定要了解菌种的性能和作用,充分考虑不同种类动物消化系统的解剖结构和生理生态特点,不同的产品有不同的功效,如选择使用不当,不但达不到应有的效果,有的还会破坏原有的菌群,甚至会引发疾病,所以要选用与自己养殖品种适宜的制剂。如同样是反刍兽,幼龄动物常用乳酸菌制剂,而成年动物则应使用米曲霉、黑曲霉和啤酒酵母制剂。预防疾病选用的是乳酸菌、片球菌、双歧杆菌等产乳酸类细菌制剂;促进生长、提高饲料利用率选用的是芽孢杆菌、乳酸杆菌、酵母菌和霉菌制剂;改善养殖环境选用的是光合细菌、硝化细菌、芽孢杆菌等制剂。防治仔猪腹泻,应首选植物乳酸菌、乳酸片球菌、粪链球菌等产酸细菌制剂;为促进仔猪生长发育、提高日增重和饲料报酬,应选用双歧杆菌制剂;为加速反刍兽消化道内纤维素的分解,应选用曲霉菌制剂。

(2)注意使用剂量及浓度　动物微生态制剂必须含有规定数量的活菌数才能取得应有的使用效果。目前我国正式批准生产的制剂中,对含菌数量及畜禽用量均有明显规定,如芽孢杆菌含量$\geqslant 5\times 10^{8}$个/g。使用时必须按产品中的说明要求应用。

(3)注意抗生素的影响　微生态制剂是活菌制剂,而抗生素具有杀菌作用,一般情况下不可同时使用。但是当肠道内病原体较多,而微生态制剂又不能取代肠道微生物时,注意先用抗生素清理肠道,为益生菌的定植和繁殖清除障碍,然后再服用微生态制剂,这样才能事半功倍。

(4)注意选择适宜使用时间　动物微生态制剂虽然能够长期使用,而且连续使用能产生与使用抗生素近似的防治效果,对于生产无药物残留的产品是个好办法,但是长期使用会增加养殖成本。因此,就目前千家万户小规模饲养的情况而言,将这种制剂作为一种生态调节剂,在饲养过程中适当时间内使用,如病后的康复期,各种应激因素前后等,纠正菌群失调,治疗消化不良等,效果会更好、更实际。

(5)注意制剂的保存期　由于是活菌制剂,在应用中注意其保存期限。随着保存时间的延长，活菌数量也逐渐下降，其下降速度因菌种和保存条件不同而异，因而应注意保存方法及保存期限，过期容易失效。

(四)影响微生态制剂作用效果的因素

影响微生态制剂发挥其功效的因素很多，包括制剂的制备方法、贮藏条件、污染（如杂菌）、不正确的产品菌种组合方式、肠内菌群的状态、使用剂量和使用次数、动物（宿主）的年龄、菌群在肠道中的存活率、饲料成分的变化等，可归纳为三大类因素：

1. 宿主因素

动物年龄和生理状态　对于幼龄畜禽及处于运输、饲料改变、转群或患病等应激条件下使用微生态制剂，比在清洁、合理的环境下使用微生态制剂的效果明显。

2. 菌种因素

制剂类型　微生态制剂有很多类型，对某种特定动物，某一种类型可能比其他类型更适宜。研究表明：适用于单胃动物的菌株多为乳酸菌、芽孢杆菌、酵母菌等；适用于反刍动物的则多为真菌类，以曲霉菌效果为好，它使瘤胃内的总细菌数和纤维分解酶成倍增加，加速纤维分解。

菌株含量和定植能力　复合制剂所含菌株有主次之分，不同菌株协同作用的效果不同，同时菌株在消化道能否定植形成优势菌群也影响使用效果。

制剂质量　微生态制剂只有保证有益菌的活性才能发挥稳定的作用，因此，产品在出厂时应保证有足够菌数，以使其在规定储存期内能够发挥良好作用。瑞典规定乳酸杆菌制剂的活菌数要达到 20×10^9 个/g。我国在正式批准生产的益生素中，对含菌数量也有规定：芽孢杆菌含量 5×10^8 个/g。且由于菌株存在变异现象，因此，微生态制剂生产用菌种必须规定在一定传代范围内。

3. 环境因素

(1)温度　微生物受环境温度影响较大，随着存放时间的延长，活菌数减少，活力下降，使用效果变差，产品一般要求冷藏。贮藏以不高于 25℃为宜。芽孢杆菌能耐受较高温度，52～102℃范围内损失很小。加入配合饲料中，在 102℃条件下制粒，贮藏 8 周后仍然比较稳定。乳酸菌类温度 66℃或更高时几乎完全失去活性。链球菌在 71℃条件下，活菌损失 96%以上；酵母菌在 82～86℃条件下完全失去活性。

(2)pH 值　大多数微生物在 pH 值 4～4.5 时均会自动死亡。因此最好保存于 pH 值 6～7 的条件下，且不宜与酸化剂混合使用。

(3)水分　为了保证微生态制剂的菌群活力，配合饲料的含水量越低越好，含水量低于 10%比较理想。

(4)饲料成分　饲料中矿物质、防霉剂、抗氧化剂、磺胺类药物、不饱和脂肪酸、浓缩料等都属于抑菌物质,对微生物有破坏作用,可使活菌活性降低。

(5)饲用方式与剂量　饮水方式投喂微生态制剂效果较好。可使菌株少受饲料中不良因素的破坏,在使用同一剂量的前提下效果较好。应根据活菌数确定添加量,以确保其相对于其他微生物群落较为适宜的比例。

(五)存在问题及展望

微生态制剂虽然已在畜牧业中蓬勃兴起,但其存在的问题仍不可忽视。主要在以下几方面还有待进一步研究。

(1)确认适宜做微生态制剂的菌种还较少,急需开发筛选出更多适宜动物饲喂的有益菌种。

(2)除乳酸杆菌、双歧杆菌外,其他菌种在体内的作用机制尚不十分清楚。

(3)有益菌的包被抗失活也有待于进一步改进。

(4)安全性、有效性。选用菌种时如何选择安全、无毒副作用的菌株,并且保证这些菌株在长期使用后亦不会发生突变成为对动物、环境有害的菌株。

(5)化学益生素——寡糖的种类和添加剂量、生产新技术等。

微生态制剂虽然存在许多不足,但科学在进步,相信在不久的将来,一定会有更适合于动物生长,并能防病治病的有益菌株大量出现,更好地促进世界畜牧业的发展。

第三节　动物疫病区域化管理

一、动物疫病区域化管理概述

实行动物疫病区域化管理,积极推进无规定动物疫病区建设,是国际动物卫生组织(OIE)要求和国际上多数国家的通行做法。我国从 1998 年开始无规定动物疫病区建设,新修订的《动物防疫法》借鉴国外成功经验,第二十四条明确规定:国家对动物疫病实行区域化管理,逐步建立无规定动物疫病区。无规定动物疫病区应当符合国务院兽医主管部门规定的标准,经国务院兽医主管部门验收合格予以公布。

(1)无规定疫病区　是指在规定期限内没有发生过口蹄疫、猪瘟、新城疫、禽流感等国家规定的动物疫病,同时在该区域及其边界和外围一定范围内,对动物和动物产品、动物源性饲料、动物遗传材料、动物病料、兽药(包括生物制品)的流通实施官方有效控制并获得国家认可的特定地域。包括非免疫无规定疫病区和免疫无规定疫病区两种。

加强无规定疫病区建设，对完善畜产品监管，促进农业发展由数量型向质量型转变，培育出口创汇的优质名牌产品，对发展农村经济、增加农民收入、开拓国际市场、提高人民健康水平等方面具有十分重要的意义。

防疫法还规定，输入到无规定动物疫病区的动物、动物产品，货主应当按照国务院兽医主管部门的规定向无规定动物疫病区所在地动物卫生监督机构申报检疫，经检疫合格的，方可进入；检疫所需费用纳入无规定动物疫病区所在地地方人民政府财政预算。

(2)非免疫无规定疫病区　在规定期限内，某一划定的区域没有发生过某种或某几种动物疫病，且该区域及其周围一定范围内停止免疫的期限达到规定标准，并对动物和动物产品及其流通实施官方有效控制。

(3)免疫无规定疫病区　在规定期限内，某一划定的区域没有发生过某种或某几种疫病，对该区域及其周围一定范围内允许采取免疫措施，对动物和动物产品及其流通实施官方有效控制。

(4)监测区　环绕某疫病非免疫无规定疫病区，依据自然环境、地理条件和疫病种类所划定的按非免疫无疫区标准进行建设的，对非免疫无规定疫病区有缓冲作用的足够面积的地域，且该地域必须有先进的疫病监控计划，实行与非免疫无规定疫病区相同的防疫监督措施。

(5)缓冲区　环绕某疫病免疫无规定疫病区而对动物进行系统免疫接种的地域，是依据自然环境和地理条件所划定的，按免疫无规定疫病区标准进行建设的对免疫无规定疫病区有缓冲作用的一定地域，且该地域必须有先进的疫病监控计划，实行与免疫无规定疫病区相同的防疫监督措施。

(6)感染区　是指有疫病存在或感染的一定地域，由国家依据当地自然环境、地理因素、动物流行病学因素和畜牧业类型而划定公布的一定范围。

(7)自然屏障　是指自然存在的具有阻断某种疫情传播、人和动物自然流动的地理阻隔，包括大江、大河、湖泊、沼泽、海洋、山脉、沙漠等。

(8)人工屏障　是指为建设无疫区需要，限制动物和动物产品自由流动，防止疫病传播，由省级人民政府批准建立的动物防疫监督检查站、隔离设施、封锁设施等。

二、无规定动物疫病建设标准

根据国家试行的《无规定动物疫病区管理技术规范》，其中已制定出无口蹄疫、禽流感、新城疫、猪瘟 4 种病的标准。

(一)无口蹄疫区标准

1.免疫无口蹄疫区

达到国家无规定疫病区基本条件。与国内其他地区或毗邻 FMD 感染国家间设有缓冲区,或具有人工屏障或地理屏障,以有效防止病毒入侵。过去 24 个月内未发生过口蹄疫;有定期、快速的动物疫情报告记录。无 FMD 区及缓冲区实施强制免疫,免疫密度 100%,所用 FMD 疫苗符合国家规定。设有运行有效的监测体系,并按规定的频率和密度实施了 FMD 监测。过去 12 个月内实施监测,未检出病原或无 FMD 病毒感染的任何证据。执行预防和控制 FMD 的常规措施。所有报告及免疫、监测记录等材料准确、翔实、齐全。

若该区域内发生口蹄疫时,最后一例病畜扑杀后 6 个月,经实施有效的疫情监测确认后,方可重新申请免疫无口蹄疫区。

2.非免疫无口蹄疫区

达到国家无规定疫病区基本条件。过去 12 个月内未发生过口蹄疫,且未进行过免疫接种;且该区域停止免疫接种后,未引进免疫接种过的动物。有定期、快速的动物疫情报告记录。设有效的监测体系和监测区,过去 12 个月内实施疫病监测,未检出病原。所有预防和控制 FMD 的规定措施都得以执行,并得到有效监督。所有报告及监测记录等材料准确、翔实、齐全。

若该区域内发生口蹄疫时,在采取扑杀措施及血清学监测的情况下,但不采取紧急免疫措施,最后一例病例扑杀后 3 个月;或在采取扑杀措施、血清学监测及紧急免疫的情况下,最后一头免疫动物屠宰后 3 个月,经实施有效的疫情监测和血清学确认后,方可重新申请非免疫无口蹄疫区。

(二)无新城疫区标准

1.免疫无新城疫区

达到国家无规定疫病区基本条件。至少在过去 12 个月内未发生过新城疫。有定期、快速的动物疫情报告记录。无 ND 区和缓冲区实施强制免疫,免疫密度 100%,所用疫苗必须为符合国家规定的弱毒疫苗(ICPI 小于或等于 0.4)或灭活疫苗。具有运行有效的监测体系,过去 3 年内实施监测,未检出 ICPI 大于 0.4 的病原,免疫效果确实。所有的报告及免疫、监测记录等材料准确、翔实、齐全。

若免疫无新城疫区内发生新城疫时,最后一只病禽扑杀后 6 个月,经实施有效的疫情监测确认后,方可重新申请免疫无新城疫区。

2.非免疫无新城疫区

达到国家无规定疫病区基本条件。至少过去 12 个月内没有暴发过新城疫,并且在过去 6 个月内，未进行过免疫接种；停止免疫接种后，未引进免疫接种过的禽类。有定期、快速的动物疫情报告记录。有效的监测体系和监测区，过去 3 年内实施疫病监测，未检出 ICPI 大于 0.4 的病原或 HI 滴度不大于 2^3(1∶8)。所有报告及监测记录等材料准确、翔实、齐全。

若非免疫无新城疫区内发生新城疫时，在采取扑杀措施及血清学监测情况下，最后一只病禽扑杀后 6 个月；或采取扑杀措施、血清学监测及紧急免疫情况下，最后一只免疫禽屠宰后 6 个月，经实施有效的疫情监测和血清学检测确认后，方可重新申请非免疫无新城疫区。

（三）无猪瘟区标准

1.免疫无猪瘟区

达到国家无规定疫病区基本条件。过去 12 个月内未发生过猪瘟。有定期、快速的动物疫情报告记录。实施强制免疫，免疫密度 100%，所用疫苗符合国家规定。具有运行有效的监测体系，过去 2 年内实施监测，未检出病原，免疫效果确实。所有报告，免疫、监测记录等有关材料准确、翔实、齐全。

若免疫无猪瘟区内发生猪瘟时，最后一例病猪扑杀后 12 个月，经实施有效的疫情监测，确认后方可重新申请免疫无猪瘟区。

2.非免疫无猪瘟区

达到国家无规定疫病区基本条件。在过去 6～12 个月内没有暴发过猪瘟，并且在过去 12 个月内，未进行过免疫接种；停止免疫接种后，未引进免疫接种过的猪。有定期、快速的动物疫情报告记录。具有有效的监测体系和监测区，过去 2 年内实施疫病监测，未检出病原。所有的报告及监测记录等有关材料准确、翔实、齐全。

若非免疫无猪瘟区内发生猪瘟时，在采取扑杀措施及血清学监测的情况下，最后一例病猪扑杀后 6 个月；或在采取扑杀措施、血清学监测及紧急免疫的情况下，最后一例免疫猪屠宰后 6 个月，经实施有效的疫情监测和血清学检测确认后，方可重新申请非免疫无猪瘟区。

（四）无高致病性禽流感区标准

达到国家无规定疫病区基本条件。有定期、快速的动物疫情报告记录。过去 3 年内没有发生过高致病性禽流感，并且在过去 6 个月内，未进行过免疫接种；另外，该地区在停止免疫接种后，未引进免疫接种过的禽类。具有有效的监测体系和监测区，过去 3 年内实施疫病监测，未检出 H5、H7 病原或 H5、H7 禽流感 HI 试验阴性。所有的报告，监测记录等材料准确、翔实、齐全。

若发生高致病性禽流感时，在采取扑杀措施及血清学监测的情况下，最后一只病禽扑杀后6个月；或采取扑杀措施、血清学监测及紧急免疫情况下，最后一只免疫禽屠宰后6个月，经实施有效的疫情监测和血清学检测确认后，方可重新申请无高致病性禽流感区。

三、无规定动物疫病区的建立

(一)区域要求

(1)区域规模　无规定疫病区的区域应集中连片，有足够的缓冲区或监测区，具备一定的自然或人工屏障的区域。

(2)社会经济条件　无规定疫病区必须是动物饲养相对集中。无规定疫病区的建设必须在当地政府领导下，有关部门积极参与，并得到社会各界的广泛支持。社会经济水平和政府财政具有承担无疫区建设的能力，承受短期的、局部的不利影响，并在维持方面提供经费等保障。无规定疫病区的建立能带来显著的经济和社会生态效益。

(3)防疫屏障　无规定疫病区与相邻地区间必须有自然屏障和人工屏障。

(4)非免疫无规定疫病区外必须建立监测区，免疫无规定疫病区外必须建立缓冲区。

(5)免疫无规定疫病区必须实行免疫标识制度、实施有计划的疫病监控措施和网络化管理　免疫无规定疫病区引入易感动物及其产品只能来自于相应的免疫无规定疫病区或非免疫无规定疫病区。对进入免疫无规定疫病区的种用、乳用、役用动物，应先在缓冲区实施监控，确定无疫后，并按规定实施强制免疫，标记免疫标识后，方可进入。

(6)非免疫无规定疫病区必须采取有计划的疫病监控措施和网络化管理　非免疫无规定疫病区引入易感动物及其产品只能来自于相应的其他非免疫无规定疫病区。对进入非免疫无规定疫病区的种用、乳用、役用动物，应先在监测区按规定实施监控，确定符合非免疫无规定疫病区动物卫生要求后，方可进入。

(二)法制化、规范化管理

由省级人大或者人民政府制定并颁布实施与无规定疫病区建设相关的法规规章。省级人民政府制定并实施有关疫病防治应急预案，并下达无规定疫病区动物疫病防治规划。

依据国家或地方法律法规和规章的有关规定，省级畜牧兽医行政管理部门必须严格实施兽医从业许可、动物防疫条件审核、动物免疫、检疫、监督、监督检查站、疫情报告、畜禽饲养档案、机构队伍和动物防疫工作档案等具体的管理规定；必须严格实施动物用药、动物疫病监控、防治等技术规范。

(三)良好的基础设施条件

(1)区域内应有稳定健全的各级动物防疫监督机构和专门的乡镇畜牧兽医站，并有与动物防疫工作相适应的冷链体系。区域内的实验室应具备相应疫病的诊断、监测、免疫质量监控和分析能力，以及与所承担工作任务相适应的设施设备。

(2)动物防疫监督机构具备与检疫、消毒工作相适应的检疫、检测、消毒等仪器设备。具有与动物防疫监督工作相适应的设施、设备和监督车辆，保证省、市、县三级动物防疫监督机构有效开展检疫、执法、办案和技术检测等工作。具备对动物或动物产品在饲养、生产、加工、储藏、销售、运输等环节中实施动物防疫有效监控的能力。有相应的无害化处理设施设备，具备及时有效地处理病害动物和动物产品以及其他污染物的能力。

(3)省、市、县、乡有完备的疫情信息传递和档案资料管理设备，具有对动物疫情准确、迅速报告的能力。

(4)在无规定疫病区与非无规定疫病区之间建立防疫屏障，在运输动物及其产品的主要交通路口设立动物防疫监督检查站，并配备检疫、消毒、交通和及时报告有关情况的设施设备。具有对进入本区域的动物及其产品、相关人员和车辆等进行有效监督和控制疫病传入传出的能力。

(四)健全的管理机构与技术队伍

1.组织机构

有职能明确的兽医行政管理部门；统一的、稳定的、具有独立法人地位的省、市、县三级动物防疫监督机构；健全的乡镇动物防疫组织。

2.技术队伍

有与动物防疫工作相适应的动物防疫人员。动物防疫监督员必须具备兽医相关专业大专以上学历，动物检疫员必须具备兽医相关专业中专以上学历。从事动物防疫监督、动物检疫及实验室检验的专业技术人员比率不得低于80%。

兽医行政管理部门及动物防疫监督机构应制定并实施提高人员素质的规划，有组织、有计划地开展培训和考核，并具有相应的培训条件和考核机制。

(五)其他保障条件

由动物防疫监督机构依法实施动物产地检疫和屠宰检疫。有处理紧急动物疫情的物资、技术、资金和人力储备。有足够的资金支撑，在保证基础设施、设备投入和更新的同时，保证动物免疫、检疫、消毒、监督、诊断、监测、疫情报告、扑杀、无害化处理等工作经费。

复习思考题

1. 何谓动物免疫，有何意义？
2. 疫苗类型有哪些？如何做好疫苗的运送、保存？使用注意事项有哪些？
3. 如何做好强制免疫动物的可追溯管理？
4. 怎样制定某一畜牧场的免疫程序？
5. 影响免疫效果的因素有哪些？
6. 如何做好群体药物预防？
7. 如何建立无规定疫病区？

第三章 重大动物疫情应急管理

知识目标

- 理解重大动物疫情应急预案的制定和疫情报告程序。
- 掌握隔离、封锁、扑杀与无害化处理的方法。

第一节 重大动物疫情应急管理概述

一、重大动物疫情

重大动物疫情是指高致病性禽流感等发病率或者死亡率高的动物疫病突然发生，迅速传播，给养殖业生产安全造成严重威胁、危害，以及可能对公众身体健康与生命安全造成危害的情形，包括特别重大动物疫情。

二、重大动物疫情应急预案

为了及时有效地预防、控制和扑灭突发重大动物疫情，最大限度地减轻突发重大动物疫情对畜牧业及公众健康造成的危害，保持经济持续稳定健康发展，保障人民身体健康安全。依据《中华人民共和国动物防疫法》、《中华人民共和国进出境动植物检疫法》和《国家突发公共事件总体应急预案》，县级以上人民政府应制定重大动物疫情应急预案。

1. 重大动物疫情应急预案的主要内容

(1)应急指挥部的职责、组成以及成员单位的分工；

(2)重大动物疫情的监测、信息收集、报告和通报；

(3)动物疫病的确认、重大动物疫情的分级和相应的应急处理工作方案；

(4)重大动物疫情疫源的追踪和流行病学调查分析；

(5)预防、控制、扑灭重大动物疫情所需资金的来源，物资和技术的储备与调度；

(6)重大动物疫情应急处理设施和专业队伍建设。

2.突发重大动物疫情分级

根据突发重大动物疫情的性质、危害程度、涉及范围，将突发重大动物疫情划分为特别重大（Ⅰ级）、重大（Ⅱ级）、较大（Ⅲ级）和一般（Ⅳ级）四级。

3.应急指挥机构

(1)农业部在国务院统一领导下，负责组织、协调全国突发重大动物疫情应急处理工作。

(2)县级以上地方人民政府兽医行政管理部门在本级人民政府统一领导下，负责组织、协调本行政区域内突发重大动物疫情应急处理工作。

(3)国务院和县级以上地方人民政府根据本级人民政府兽医行政管理部门的建议和实际工作需要，决定是否成立全国和地方应急指挥部。

4.日常管理机构

(1)农业部负责全国突发重大动物疫情应急处理的日常管理工作。

(2)省级人民政府兽医行政管理部门负责本行政区域内突发重大动物疫情应急的协调、管理工作。

(3)市（地）级、县级人民政府兽医行政管理部门负责本行政区域内突发重大动物疫情应急处置的日常管理工作。

三、重大动物疫情应急管理环节

发生突发重大动物疫情时，事发地的县级、市（地）级、省级人民政府及其有关部门按照分级响应的原则作出应急响应。同时，要遵循突发重大动物疫情发生发展的客观规律，结合实际情况和预防控制工作的需要，及时调整预警和响应级别。要根据不同动物疫病的性质和特点，注重分析疫情的发展趋势，对势态和影响不断扩大的疫情，应及时升级预警和响应级别；对范围局限、不会进一步扩散的疫情，应相应降低响应级别，及时撤销预警。

(一)特别重大突发动物疫情（Ⅰ级）的应急响应

确认特别重大突发动物疫情后，按程序启动本预案。

1.县级以上地方各级人民政府

(1)组织协调有关部门参与突发重大动物疫情的处理。

(2)根据突发重大动物疫情处理需要，调集本行政区域内各类人员、物资、交通工具和相关设施、设备参加应急处理工作。

(3)发布封锁令,对疫区实施封锁。

(4)在本行政区域内采取限制或者停止动物及动物产品交易、扑杀染疫或相关动物,临时征用房屋、场所、交通工具,封闭被动物疫病病原体污染的公共饮用水源等紧急措施。

(5)组织铁路、交通、民航、质检等部门依法在交通站点设置临时动物防疫监督检查站,对进出疫区、出入境的交通工具进行检查和消毒。

(6)按国家规定做好信息发布工作。

(7)组织乡镇、街道、社区以及居委会、村委会,开展群防群控。

(8)组织有关部门保障商品供应,平抑物价,严厉打击造谣传谣、制假售假等违法犯罪和扰乱社会治安的行为,维护社会稳定。

必要时,可请求中央予以支持,保证应急处理工作顺利进行。

2. 兽医行政管理部门

(1)组织动物防疫监督机构开展突发重大动物疫情的调查与处理,划定疫点、疫区、受威胁区。

(2)组织突发重大动物疫情专家委员会对突发重大动物疫情进行评估,提出启动突发重大动物疫情应急响应的级别。

(3)根据需要组织开展紧急免疫和预防用药。

(4)县级以上人民政府兽医行政管理部门负责对本行政区域内应急处理工作的督导和检查。

(5)对新发现的动物疫病,及时按照国家规定开展有关技术标准和规范的培训工作。

(6)有针对性地开展动物防疫知识宣教,提高群众防控意识和自我防护能力。

(7)组织专家对突发重大动物疫情的处理情况进行综合评估。

3. 动物防疫监督机构

(1)县级以上动物防疫监督机构做好突发重大动物疫情的信息收集、报告与分析工作。

(2)组织疫病诊断和流行病学调查。

(3)按规定采集病料,送省级实验室或国家参考实验室确诊。

(4)承担突发重大动物疫情应急处理人员的技术培训。

4. 出入境检验检疫机构

(1)境外发生重大动物疫情时,会同有关部门停止从疫区国家或地区输入相关动物及其产品,加强对来自疫区运输工具的检疫和防疫消毒,打击非法走私入境动物或动物产品等违法活动。

(2)境内发生重大动物疫情时,加强出口货物的查验,会同有关部门停止疫区和受威胁区的相关动物及其产品的出口,暂停使用位于疫区内的依法设立的出入境相关动物临时隔离检疫场。

(3)出入境检验检疫工作中发现重大动物疫情或者疑似重大动物疫情时,立即向当地兽医行政管理部门报告,并协助当地动物防疫监督机构做好疫情控制和扑灭工作。

(二)重大突发动物疫情(Ⅱ级)的应急响应

确认重大突发动物疫情后,按程序启动省级疫情应急响应机制。

1.省级人民政府

省级人民政府根据省级人民政府兽医行政管理部门的建议,启动应急预案,统一领导和指挥本行政区域内突发重大动物疫情应急处理工作,组织有关部门和人员扑疫;紧急调集各种应急处理物资、交通工具和相关设施设备;发布或督导发布封锁令,对疫区实施封锁;依法设置临时动物防疫监督检查站查堵疫源;限制或停止动物及动物产品交易、扑杀染疫或相关动物;封锁被动物疫源污染的公共饮用水源等。按国家规定做好信息发布工作,组织乡镇、街道、社区及居委会、村委会开展群防群控;组织有关部门保障商品供应,平抑物价,维护社会稳定。必要时,可请求中央予以支持,保证应急处理工作顺利进行。

2.省级人民政府兽医行政管理部门

重大突发动物疫情确认后,向农业部报告疫情;必要时,提出省级人民政府启动应急预案的建议;同时迅速组织有关单位开展疫情应急处置工作;组织开展突发重大动物疫情的调查与处理;划定疫点、疫区、受威胁区;组织对突发重大动物疫情应急处理的评估;负责对本行政区域内应急处理工作的督导和检查;开展有关技术培训工作;有针对性地开展动物防疫知识宣教,提高群众防控意识和自我防护能力。

3.省级以下地方人民政府

疫情发生地人民政府及有关部门在省级人民政府或省级突发重大动物疫情应急指挥部的统一指挥下,按照要求认真履行职责,落实有关控制措施,具体组织实施突发重大动物疫情应急处理工作。

4.农业部门

加强对省级兽医行政管理部门应急处理突发重大动物疫情工作的督导,根据需要组织有关专家协助疫情应急处置,并及时向有关省份通报情况。必要时,建议国务院协调有关部门给予必要的技术和物资支持。

（三）较大突发动物疫情（Ⅲ级）的应急响应

1. 市（地）级人民政府

市（地）级人民政府根据本级人民政府兽医行政管理部门的建议，启动应急预案，采取相应的综合应急措施。必要时，可向上级人民政府申请资金、物资和技术援助。

2. 市（地）级人民政府兽医行政管理部门

对较大突发动物疫情进行确认，并按照规定向当地人民政府、省级兽医行政管理部门和农业部报告调查处理情况。

3. 省级人民政府兽医行政管理部门

省级兽医行政管理部门要加强对疫情发生地疫情应急处理工作的督导，及时组织专家对地方疫情应急处理工作提供技术指导和支持，并向本省有关地区发出通报，及时采取预防控制措施，防止疫情扩散蔓延。

（四）一般突发动物疫情（Ⅳ级）的应急响应

县级地方人民政府根据本级人民政府兽医行政管理部门的建议，启动应急预案，组织有关部门开展疫情应急处置工作。

县级人民政府兽医行政管理部门对一般突发重大动物疫情进行确认，并按照规定向本级人民政府和上一级兽医行政管理部门报告。

市（地）级人民政府兽医行政管理部门应组织专家对疫情应急处理进行技术指导。

省级人民政府兽医行政管理部门应根据需要提供技术支持。

（五）非突发重大动物疫情发生地区的应急响应

应根据发生疫情地区的疫情性质、特点、发生区域和发展趋势，分析本地区受波及的可能性和程度，重点做好以下工作：

（1）密切保持与疫情发生地的联系，及时获取相关信息。

（2）组织做好本区域应急处理所需的人员与物资准备。

（3）开展对养殖、运输、屠宰和市场环节的动物疫情监测和防控工作，防止疫病的发生、传入和扩散。

（4）开展动物防疫知识宣传，提高公众防护能力和意识。

（5）按规定做好公路、铁路、航空、水运交通的检疫监督工作。

（六）突发重大动物疫情应急响应的终止

1. 突发重大动物疫情应急响应的终止条件

突发重大动物疫情应急响应的终止需符合的条件是疫区内所有的动物及其产品按规定处理后，经过该疫病的至少一个最长潜伏期无新的病例出现。

2.特别重大突发动物疫情

特别重大突发动物疫情由农业部对疫情控制情况进行评估,提出终止应急措施的建议,按程序报批宣布。

3.重大突发动物疫情

重大突发动物疫情由省级人民政府兽医行政管理部门对疫情控制情况进行评估,提出终止应急措施的建议,按程序报批宣布,并向农业部报告。

4.较大突发动物疫情

较大突发动物疫情由市(地)级人民政府兽医行政管理部门对疫情控制情况进行评估,提出终止应急措施的建议,按程序报批宣布,并向省级人民政府兽医行政管理部门报告。

5.一般突发动物疫情

一般突发动物疫情由县级人民政府兽医行政管理部门对疫情控制情况进行评估,提出终止应急措施的建议,按程序报批宣布,并向上一级和省级人民政府兽医行政管理部门报告。

第二节 疫情报告

根据《中华人民共和国动物防疫法》第二十六条规定:“从事动物疫情监测、检验检疫、疫病研究与诊疗以及动物饲养、屠宰、经营、隔离、运输等活动的单位和个人,发现动物染疫或者疑似染疫的,应当立即向当地兽医主管部门、动物卫生监督机构或者动物疫病预防控制机构报告,并采取隔离等控制措施,防止动物疫情扩散。其他单位和个人发现动物染疫或者疑似染疫的,应当及时报告。接到动物疫情报告的单位,应当及时采取必要的控制处理措施,并按照国家规定的程序上报。”明确了动物疫情责任报告主体,有利于督促当事人增强动物疫情报告意识和责任意识,也有利于追究违法行为人的法律责任。明确疫情报告责任人意义首先是由动物疫情的重要性决定的。动物疫情绝不仅仅是养殖者等从业者自己的事情,而且关系到社会公共利益和公众安全,一旦发现,必须报告。其次是由动物疫情报告的重要性决定的。动物疫情报告制度是动物疫情防控的首要环节,而责任报告人又是动物疫情报告的关键环节。只有首先明确责任报告人,才能尽快发现疫情,从而及时采取科学的、有力的控制措施,将疫情带来的危害降到最低。再次规定责任报告人使动物疫情报告更具有可操作性。因为这些主体直接接触动物,他们会在第一时间发现动物的异常情况,与其他人相比,他们最清楚动物的发病情况,只有他们及时报告,才能尽早发现动物疫情。

一、疫情报告责任人

动物疫情报告责任人，主要指以下的单位和个人。

(1)从事动物疫情监测的单位和个人　是指从事动物疫情监测的各级动物疫病预防控制机构及其工作人员，接受兽医主管部门及动物疫病预防控制机构委托从事动物疫情监测的单位及其工作人员，对特定出口动物单位进行动物疫情监测的进出境动物检疫部门及其工作人员。

(2)从事检验检疫的单位和个人　是指动物卫生监督机构及其检疫人员，也包括从事进出境动物检疫的单位及其工作人员。

(3)从事动物疫病研究的单位和个人　是指从事动物疫病研究的科研单位和大专院校等。

(4)从事动物诊疗的单位和个人　主要是指动物诊所、动物医院以及执业兽医等。

(5)从事动物饲养的单位和个人　包括养殖场、养殖小区、农村散养户以及饲养实验动物等各种动物的饲养单位和个人。

(6)从事动物屠宰的单位和个人　是指各种动物的屠宰厂及其工作人员。

(7)从事动物经营的单位和个人　是指在集市等场所从事动物经营的单位和个人。

(8)从事动物隔离的单位和个人　是指开办出入境动物隔离场的经营人员。有的地方建有专门的外引动物隔离场，提供场地、设施、饲养有食宿等服务，例如奶牛隔离场。隔离期内没有异常、检疫合格，畜主才能将奶牛运至自家饲养场。

(9)从事动物运输的单位和个人　包括公路、水路、铁路、航空等从事动物运输的单位和个人。

(10)责任报告人以外的其他单位和个人　发现动物染疫或者疑似染疫的，也有报告动物疫情的义务，但该义务与责任报告人的义务不同，性质上属于举报，他们不承担不报告动物疫情的法律责任。

二、疫情报告程序与时限

(一)疫情报告程序

1. 动物疫情责任报告人的报告时机

报告时机是指“发现动物染疫或者疑似染疫”时。染疫是指动物患传染性疾病；疑似染疫是指尚未确诊，但有症状或征候表明动物可能染疫。由于动物疫病，不仅该个体患病，而且与该患病个体直接接触或间接接触的同群动物、周边易感动物也发生此病。通常动物疫病具有传染性强，易感动物发病率高，死亡率高，生产性能受到严重影响，以及可能对公众身体健康与生命安全造成危害等特点。动物疫情的报告时机，是十分必要的，是控制动物疫情“早”字方针的体现。动物疫情责任报告人发现传播快、死亡率高、生产性能下降明显、常规治疗和防控措施无效等异常情况时，必须立即报告。

2.疫情报告程序

动物疫情责任报告人“发现动物染疫或者疑似染疫”时，必须履行动物疫情报告义务，可以向当地兽医主管部门、动物卫生监督机构或者动物疫病预防控制机构三个机构之一报告，也可以向县区兽医主管部门在乡镇或区域的派出机构报告，向官方兽医部门或者当地乡镇人民政府聘用的村动物防疫员报告。接到疫情报告的乡镇或区域派出机构或村动物防疫员，应立即向当地兽医主管部门、动物卫生监督机构或者动物疫病预防控制机构报告。非上述三个机构的其他单位和个人获取有关动物疫情信息的，应当立即向当地三个兽医机构之一报告，并移送有关材料。不得未经兽医主管部门公布，直接散布动物疫情信息。

动物疫情责任报告人在报告动物疫情的同时，应当立即主动采取隔离、消毒等防控措施，不得转移、出售、抛弃该疫点动物，防止疫情传播蔓延。

当地兽医主管部门、动物卫生监督机构或者动物疫病预防控制机构中的任何单位，接到动物疫情报告后，应当立即派技术人员以及动物卫生监督执法人员赶赴现场，按有关规定及时采取必要的行政和技术控制处理措施，例如疫点封锁、染疫动物隔离、病死动物暂控、场所及周边环境的消毒等，防止疫情传播蔓延。还要按照农业部《动物疫情报告管理办法》规定的程序和内容上报。

(二)疫情报告时限

根据农业部制定的《动物疫情报告管理办法》，动物疫情报告实行快报、月报和年报制度。

1.快报

所谓快报，就是在发现某些传染病或紧急疫情时，应以最快的速度向有关部门报告，以便迅速启动应急机制，将疫情控制在最小的范围，最大限度地减少疫病造成的经济损失，保护人畜健康。

县级动物防疫监督机构和国家测报点确认发现一类或者疑似一类动物疫病，二类、三类或者其他动物疫病呈暴发性流行，新发现的动物疫情，已经消灭又发生的动物疫病等时，应在 24 h 之内快报至全国畜牧兽医总站。全国畜牧兽医总站应在 12 h 内报国务院畜牧兽医行政管理部门。

如果属于重大动物疫情的，应按照国务院《重大动物疫情应急条例》的规定上报。该条例第十七条规定：县(市)动物防疫监督机构接到报告后，应当立即赶赴现场调查核实。初步认为属于重大动物疫情的，应当在 2 h 内将情况逐级报省、自治区、直辖市动物防疫监督机构，并同时报所在地人民政府兽医主管部门；兽医主管部门应当及时通报同级卫生主管部门。省、自治区、直辖市动物防疫监督机构应当在接到报告后 1 h 内，向省、自治区、直辖市人民政府兽医主管部门和国务院兽医主管部门所属的动物防疫监督机构报告。省、自治区、直辖市人民政府兽医主管部门应当在接到报告后 1 h 内报本级人民政府和国务院兽医主管部门。重大动物疫情发生后，省、自治区、直辖市人民政府和国务院兽医主管部门应当在 4 h 内向国务院报告。

2. 月报

月报即按月逐级上报本辖区内动物疫病情况，为上级部门掌握分析疫情动态、实施防疫监督与指导提供可靠依据。县级动物防疫监督机构对辖区内当月发生的动物疫情，于下一个月 5 日前将疫情报告地(市)级动物防疫监督机构，地(市)级动物防疫监督机构每月 10 日前报告省级动物防疫监督机构，省级动物防疫监督机构于每月 15 日前报全国畜牧兽医总站，全国畜牧兽医总站将汇总分析结果于每月 20 日前报国务院畜牧兽医行政管理部门。

3. 年报

实行逐级上报制。县级动物防疫监督机构应在每年 1 月 10 日前将辖区内上一年的动物疫情报告地(市)级动物防疫监督机构，地(市)级动物防疫监督机构应当在 1 月 20 日前报省级动物防疫监督机构，省级动物防疫监督机构应当在 1 月 30 日前报全国畜牧兽医总站，最后由全国畜牧兽医总站将汇总分析结果于 2 月 10 日前报国务院畜牧兽医行政管理部门。

三、疫情报告形式和内容

1. 基层动物疫情责任报告人的报告形式与内容

报告的形式可以是电话报告，到当地兽医主管部门、动物卫生监督机构或者动物疫病预防控制机构的办公地点报告，找有关人员报告，书面报告等。

报告的内容为疫情发生的时间、地点，染疫、疑似染疫动物种类和数量，同群动物数量，免疫情况，死亡数量，临床症状，病理变化，诊断情况，流行病学和疫源追踪情况，已采取的控制措施，疫情报告的单位、负责人、报告人及联系方式。

2. 动物防疫监督机构进行快报、月报、年报

以报表形式上报，动物疫情快报、月报、年报报表由全国畜牧兽医总站统一制

定。利用动物防疫网络系统进行上传。

疫情报告工作中,要严格执行国家有关疫情报告的规定及本省动物防疫网络化管理办法,认真统计核实有关数据,防止误报、漏报,严禁瞒报、谎报。保证做到及时上报、准确无误。

第三节 隔 离

一、隔离的概念

隔离是将病畜和可疑感染的病畜与健康家畜分别隔离管理,防止病原扩散传播,以便将疫情控制在最小范围内加以就地扑灭。隔离是控制传染源,防制动物疫病扩散的重要措施之一。

在发生传染病流行时,应首先查明在畜群中蔓延的程度,逐头检查临诊症状,必要时进行血清学检测和变态反应检查。

二、隔离的对象和方法

根据诊断检疫的结果,可将全部受检家畜分为病畜、可疑感染家畜和假定健康家畜三类,应分别对待。

1. 病畜

包括有典型症状或类似症状或其他特殊检查呈阳性的家畜。它们是危险性最大的传染源,应选择不易散播病原体、消毒处理方便的场所或房舍进行隔离。如病畜数量较多,可集中隔离在原来的畜舍里。特别注意严密消毒,加强卫生和护理工作,须有专人看管和及时进行治疗。隔离场所禁止闲杂人畜出入和接近。工作人员出入应遵守消毒制度。隔离区内的用具、饲料、粪便等,未经彻底消毒处理不得运出,没有治疗价值的家畜,由兽医根据国家有关规定进行严密处理。

2. 可疑感染家畜

未发现任何症状,但与病畜及其污染的环境有过明显的接触,如同群、同圈、同槽、同牧,使用共同的水源、用具等。这类家畜有可能处在潜伏期,并有排菌(毒)的危险,应在消毒后另选地方将其隔离、看管,限制其活动,详加观察,出现症状的则按病畜处理。有条件时应立即进行紧急免疫接种或预防性治疗。隔离观察时间的长短,根据该种传染病的潜伏期长短而定,经一定时间不发病者,可取消其限制。

3.假定健康家畜

除上述两类外,疫区内其他易感家畜都属于此类,应与上述两类严格隔离饲养,加强防疫消毒和相应的保护措施,立即进行紧急免疫接种,必要时可根据实际情况分散喂养或转移至偏僻牧地。

第四节 封 锁

一、封锁的对象、原则

(一)封锁

封锁是指在发生严重危害人与动物健康的动物疫病时,由有权实施封锁的人民政府对疫区实行封锁,禁止染疫、疑似染疫和易感染动物以及相关人员、车辆等物品随意出入,以切断动物疫病的传播途径,是迅速扑灭疫情的一项严厉的行政措施。

(二)封锁的对象

封锁的对象是一类动物疫病或当地新发现传染病,对人与动物危害严重,需要采取紧急、严厉的强制预防、控制、扑灭等措施,防止疫病向安全区散播和健康动物误入疫区而被传染,以达到保护其他地区动物的安全和人体健康,迅速控制疫情和集中力量就地扑灭。

根据《中华人民共和国动物防疫法》第三十一条的规定,当确诊为口蹄疫、猪水疱病、猪瘟、非洲猪瘟、非洲马瘟、牛瘟、牛传染性胸膜肺炎、牛海绵状脑病、痒病、蓝舌病、小反刍兽疫、绵羊痘和山羊痘、禽流行性感冒、鸡新城疫等一类传染病或当地新发现传染病时,当地县级以上地方人民政府兽医主管部门应当立即派人到现场,划定疫点、疫区、受威胁区,调查疫源,并及时报请本级人民政府对疫区实行封锁。疫区范围涉及两个以上行政区域的,由有关行政区域共同的上一级人民政府对疫区实行封锁,或者由各有关行政区域的上一级人民政府共同对疫区实行封锁。必要时,上级人民政府可以责成下级人民政府对疫区实行封锁。

实行封锁时应掌握"早、快、严"的原则,即发现疫情时报告和执行封锁要早,行动要快,封锁措施要严格。

二、疫点、疫区、受威胁区、调查疫源、封锁区的划分

1.疫点

疫点是指患病动物所在的地点。相对独立的规模化养殖场(户),以患病动物

所在地养殖场(户)为疫点;散养动物以患病动物所在的自然村为疫点;放牧的动物以患病动物所在的牧场及其活动场所为疫点;动物在运输过程中发生的疫情,以运载动物的车、船、飞行器等为疫点;在市场发生疫情,以患病动物所在市场为疫点;在屠宰加工过程中发生疫情,以屠宰加工厂所为疫点。

2.疫区

疫区是指以疫点为中心的一定范围内的区域,一般为疫点边缘向外延伸 3 km 的区域。疫区划分时应注意考虑当地饲养环境和天然屏障(如河流、山脉等)和交通因素。

3.受威胁区

受威胁区是指疫区外一定范围内的区域。一类动物疫病中不同的动物疫病病种,其划定的受威胁区范围也不相同,如高致病性禽流感、猪瘟和新城疫应划定的受威胁区为从疫区边缘向外延伸 5 km 的区域,而口蹄疫则为 10 km。

4.调查疫源

调查疫源是指兽医技术人员到疫点实地调查所发生疫病的传染来源、传播方式以及传播途径。

5.封锁区的划分

封锁区是为扑灭疫病采取封锁措施而划出的一定区域。封锁区的划分,应根据该病流行规律、当时流行特点、动物分布、地理环境、居民点以及交通条件等具体情况确定疫点、疫区和受威胁区。

三、封锁的实施

(一)启动封锁的程序

在发生一类动物疫病时,二类、三类动物疫病呈暴发流行时,当地新发现的动物疫病呈暴发流行时,或发生重大动物疫情时,由兽医主管部门划定疫点、疫区、受威胁区,并及时报请本级人民政府对疫区(疫点边缘向外延伸 3 km 的区域)实行封锁。县级以上人民政府接到本级兽医主管部门对疫区实行封锁的请示后,应当在 24 h 内立即以政府的名义发布封锁令,对疫区实行封锁(除上述情况外,不得随意采取封锁措施)。发布封锁令的地方人民政府应当启动相应的应急预案,立即组织有关部门和单位采取封锁、隔离、扑杀、销毁、消毒、无害化处理、紧急免疫接种等强制性措施,迅速扑灭疫病,并通报毗邻地区。

(二)封锁区应采取的控制措施

1.封锁疫点内

(1)扑杀疫点内所有的患病动物(高致病性禽流感为疫点内所有禽只、口蹄疫为疫点内所有病畜及同群易感动物、猪瘟为所有病猪和带毒猪、新城疫为所有的病禽和同群禽只),销毁所有病死动物、被扑杀动物及其产品。

(2)对动物的排泄物、被污染饲料、垫料、污水等进行无害化处理。

(3)对被污染的物品、交通工具、用具、饲养场所、场地进行彻底消毒。

(4)对发病期间及发病前一定时间内(高致性禽流感为发病前 21 d,口蹄疫为发病前 14 d)售出的动物及易感动物进行追踪,并做扑杀和无害化处理。

2.封锁疫区内

(1)在疫区周围设置警示标志,在出入疫区的交通路口设置动物检疫消毒站,执行监督检查任务,对出入车辆和有关物品进行消毒。

(2)所有易感动物进行紧急强制免疫,建立完整的免疫档案,但发生高致病性禽流感时,疫区内的禽只不得进行免疫,所有家禽必须扑杀,并进行无害化处理,同时销毁相应的禽类产品;其他一类动物疫病发生后,必要时可对疫区内所有易感染动物进行扑杀和无害化处理。

(3)关闭畜及其产品交易市场,禁止活畜进出疫区及产品运出疫区,但发生高致病性禽流感时,要关闭疫点及周边 13 km 内所有家禽及其产品交易市场。

(4)对所有与患病动物、易感动物接触过的物品、交通工具、畜禽舍及用具、场地进行彻底消毒。

(5)对易感染动物进行疫情监测,及时掌握疫情动态。

(6)对排泄物,被污染饲料、垫料,污水等进行无害化处理。

3.受威胁区内

(1)对所有易感动物进行紧急强制免疫,建立完善的免疫档案。

(2)加强疫情监测和免疫效果监测,掌握疫情动态。

4.隔离

隔离是指发生一类动物疫病时,对疫区内的疑似染疫动物与健康动物隔开,阻止动物疫病扩散的强制性行政措施。隔离期间严禁无关人员、动物出入隔离场所。疑似疫病动物应另选场所,严格消毒后进行隔离并采取紧急预防措施。疫区内易感动物应与患有疫病或疑似疫病的动物分开,并采取预防接种等预防措施。隔离场所的废弃物,应进行无害化处理,同时,密切注意观察和监测,加强保护措施。

5.消毒

发生动物疫病时,消毒工具有喷雾器、火焰喷射枪、消毒车辆、消毒防护用具(如防护服、口罩、防护靴、手套、护目镜等)、消毒容器等,清洗工具有扫帚、叉子、铲子、锹和冲洗用水管。消毒药品应当安全、有效、无污染。消毒范围包括饲养圈舍、交通工具、牲畜市场、屠宰加工、储藏等场所，饲养和饮水等用具以及运输等设施设备和其他一切可能被污染的场所和设施设备。消毒采用机械、生物、物理和化学等方法。

6.紧急免疫接种

紧急免疫接种是指发生动物疫病时，为了迅速控制疫病防止扩散流行，对疫区和受威胁区的易感动物进行应急性免疫接种。其目的是保护免疫的动物不发病，同时建立“免疫带”或“免疫屏障”包围疫区，防止扩散。

7.发生二、三类动物疫病时应当采取的措施

(1)发生二类动物疫病时，应当采取下列控制和扑灭措施。一是当地县级以上地方人民政府兽医主管部门应当划定疫点、疫区、受威胁区。二是县级以上地方人民政府根据需要组织有关部门和单位采取隔离、扑杀、销毁、消毒、无害化处理、紧急免疫接种、限制易感染的动物和动物产品及有关物品出入等控制、扑灭措施。

(2)发生三类动物疫病时，应当采取防治和净化措施，当地县级、乡级人民政府应当按照国务院兽医主管部门的规定组织防治和净化。

四、解除封锁

根据《中华人民共和国动物防疫法》第三十三条规定：“疫点、疫区、受威胁区的撤销和疫区封锁的解除，按照国务院兽医主管部门规定的标准和程序评估后，由原决定机关决定并宣布。”

疫区的封锁对控制、扑灭动物疫病将起到重要作用，但同时给人们的生活及其他活动带来了诸多不便。为此，当达到控制、扑灭动物疫病目的时，划定疫点、疫区和受威胁区的兽医主管部门应当按照国务院兽医主管部门规定的标准和程序，对动物疫情的控制、扑灭情况进行评估，评估后认为达到控制或扑灭动物疫病目的，应当撤销疫点、疫区和受威胁区，或报请原发布机关解除疫区封锁。由于一、二类动物疫病中不同疫病的潜伏期不尽相同，为此，农业部发布了《关于印发〈高致病性禽流感防治技术规范〉等14个动物疫病防治技术规范的通知》(农医发〔2007〕12号)，对撤销疫点、疫区、受威胁区的条件和解除疫区封锁作出了具体规定。例如，《高致病性禽流感防治技术规范》规定的撤销疫点、疫区、受威胁区的条件和解除疫区封锁的程序如下：

1.撤销疫点、疫区、受威胁区的条件

第一，疫点、疫区内所有禽类及其产品按规定处理完毕21 d以上，监测未出现

新的传染源;第二,在当地动物卫生监督机构和动物疫病预防控制机构的监督指导下,完成相关场所和物品终末消毒;第三,受威胁区按规定完成免疫。经上一级动物卫生监督机构和动物疫病预防控制机构评估后,符合上述三个条件的,由兽医主管部门撤销划定的疫点、疫区、受威胁区。

2.解除疫区封锁的程序

当地兽医主管部门撤销疫点、疫区、受威胁区后,向原发布封锁令的人民政府申请发布解除封锁令,接到申请的人民政府发布解除封锁令,并取消所采取的疫情处置措施,同时通报毗邻地区和有关部门。疫区解除封锁后,要继续对该区域进行高致病性禽流感疫情监测,解除疫区封锁 6 个月内未发现新病例,即可宣布该次疫情被扑灭。

如《高致病性猪蓝耳病防治技术规范》对疫区封锁的解除程序规定是:疫区内最后一头病猪扑杀或死亡后 14 d 以上,未出现新的疫情;在当地动物疫病预防控制机构的监督指导下,对相关场所和物品实施终末消毒。经当地动物疫病预防控制机构审验合格,由当地兽医主管部门提出申请,由原发布封锁令的人民政府宣布解除封锁。撤销疫点、疫区、受威胁区以及解除疫区封锁时,应当按照农业部发布的《关于印发〈高致病性禽流感防治技术规范〉等 14 个动物疫病防治技术规范的通知》(农医发〔2007〕12 号)规定的条件和程序执行。

第五节 扑杀与无害化处理

一、扑杀

扑杀是将患有疫病的动物、同群动物或者易感染的动物,人为地致死并予以销毁,以防止疫病扩散的行政性强制措施。决定采取扑杀措施的主体,是发布封锁令的地方人民政府。

扑杀病畜和可疑病畜是迅速、彻底地消灭传染源的一种有效手段。对于一些烈性传染病或烈性人畜共患病的染疫动物要立即扑杀,并按有关规定严格处理。在一个国家或地区新发生某种传染病时,为了迅速消灭疫情,常将最初疫点内的患病与可疑患病动物全部扑杀。在疫区解除封锁前或某地区、某国消灭某种传染病时,为了尽快拔除疫点,也可将带病原的或检疫阳性的动物进行扑杀。对某些慢性经过的传染病,如结核、布鲁氏菌病、鸡白痢等,应每年定期进行检疫。为了净化这些疾病,必须将每次检出的阳性动物扑杀。

二、无害化处理技术

无害化处理技术是指用物理、化学和生物学等方法，使带菌、带毒、带虫的患病动物及其产品和尸体以及污染物失去传染性和毒性而达到无害化处理，是一种特定的处理方法。发生动物疫情后，所有病死畜禽、被扑杀畜禽及其产品、排泄物以及被污染或可能被污染的垫料、饲料和其他物品都必须进行无害化处理。清洗所产生的污水、污物也要进行无害化处理。无害化处理可以选择深埋、焚烧或高温高压等方法，饲料、粪便也可以堆积发酵或焚烧处理。具体的处理措施和程序，按照《畜禽病害肉尸及其产品无害化处理规程》(GB 16548—1996)和农业部发布的《关于印发〈高致病性禽流感防治技术规范〉等 14 个动物疫病防治技术规范的通知》(农医发〔2007〕12 号)的规定执行。

(一)尸体的运送

尸体运送前，工作人员应穿戴工作服、口罩、风镜、胶鞋及手套。运送尸体应用特制的运尸车(车的内壁衬钉铁皮，以防漏水)。装车前将尸体各天然孔用蘸有消毒液的湿纱布、棉花严密填塞，小动物和禽类可用塑料袋盛装，以免流出粪便、分泌物、血液等污染周围环境。在尸体躺过的地方，用消毒液喷洒消毒，如为土壤地面，应铲去表层土，连同尸体一起运走。运送过尸体的用具、车辆及工作人员用过的手套、衣物及胶鞋等均应进行严格消毒。

(二)尸体的处理技术

尸体的处理方法有多种，各具优缺点，在实际工作中应根据具体情况和条件加以选择。

1. 掩埋法

这种方法虽不够可靠，但比较简单，所以在实际工作中仍常应用。

(1)场地的选择　宜选择远离住宅、农牧场、水源、草原及道路的僻静之处，土质干而多孔(沙土最好)，以利于尸体加快腐败分解，要求地势高，地下水位低，并避开山洪的冲刷。

(2)挖坑　坑的大小以能容纳侧卧尸体即可，从坑沿到尸体表面高度不得少于 1.5 m。

(3)掩埋　坑底铺以 2～5 cm 厚的石灰，将尸体放入，使之侧卧，并将污染的土层、捆尸体的绳索一起抛入坑内，然后再铺 2～5 cm 厚的石灰，填土夯实。

2. 焚烧法

这是毁灭尸体最彻底的方法，可在焚尸炉中进行。如无焚尸炉，则可挖掘焚尸坑。焚尸坑有以下几种。

(1)十字坑　按十字形挖两条沟，沟长 2.6 m，宽 0.6 m，深 0.5 m。在两沟交叉处坑底堆放干草和木柴。沟沿横架数条粗湿木头，将尸体放在架上，在尸体的周围及上面再放上木柴，然后在木柴上倒煤油，并压上砖瓦或铁皮，从下面点火，直到把尸体烧成黑炭为止，并把它掩埋在坑内(图 3-1)。

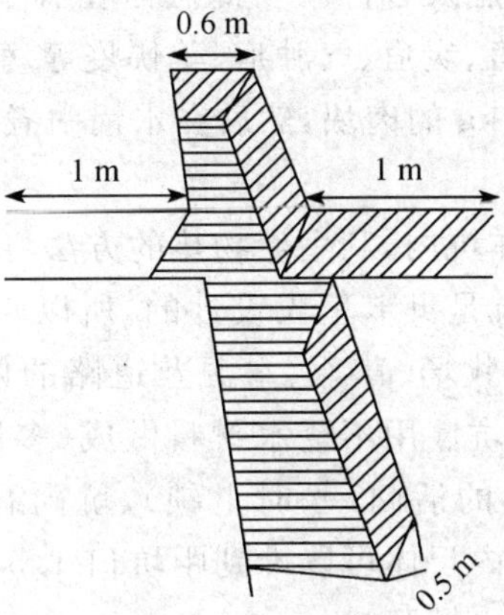

图 3-1　十字坑

(2)单坑　挖一条长 2.5 m，宽 1.5 m，深 0.7 m 的坑，将取出的土堵在坑沿的两侧。坑内用木柴架满，坑沿横架数条粗湿木头，将尸体放在架上，以后处理如十字坑法(图 3-2)。

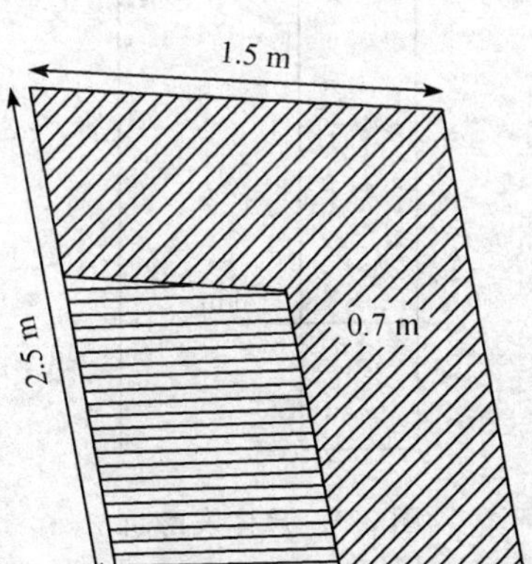

图 3-2　单坑

(3)双层坑　先挖一条长、宽各 2 m，深 0.75 m 的大沟，在沟的底部再挖一条长 2 m,宽 1 m,深 0.75 m 的小沟,在小沟沟底铺以干草和木柴,两端各留出 18～20 cm 空隙,以便吸入空气,在小沟沟沿横架数条粗湿木头,将尸体放在架上,以后处理如十字坑法。

3.化制法

这是一种较好的尸体处理方法,因它不仅对尸体做到无害化处理,并保留了有价值的畜产品,如工业用油脂及骨肉粉。此法需在有一定设备的化制站进行。化制时,对烈性传染病,如鼻疽、炭疽、气肿疽、羊快疫等病畜尸体可用高压灭菌;对于普通传染病可先切成 4～5 kg 的肉块,然后在水锅中煮沸 2～3 h。

4.发酵法

将尸体抛入专门的尸体坑内,利用生物热的方法将尸体发酵分解,以达到消毒的目的。这种专门的尸体坑是贝卡里氏设计的,所以叫做贝卡里氏坑。建筑贝卡里氏坑应选择远离住宅、农牧场、草原、水源及道路的僻静处。尸坑为圆井形,深 9～10 m,直径 3 m,坑壁及坑底用不透水材料做成(多用水泥)。坑口高出地面约 30 cm,坑口有盖,盖上有小的活门(平时上锁),坑内有通气管(图 3-3)。如有条件,可在坑上修一小屋。坑内尸体可以堆到距坑口 1.5 m 处。经 3～5 个月,待尸体完全腐败分解后,可以挖出做肥料。

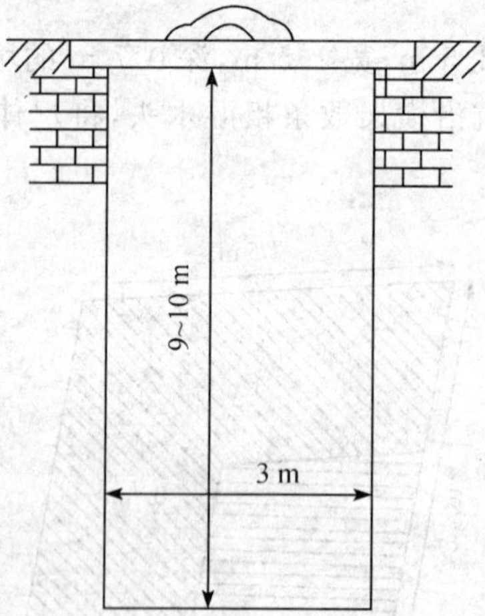

图 3-3 尸体发酵坑

如果土质干硬,地下水位又低,加之条件限制,可以不用任何材料,直接按上述尺寸挖一深坑即可,但需在距坑口 1 m 处用砖头或石头向上砌一层坑缘,上加木盖,坑口应高出地面 30 cm,以免雨水流入。

复习思考题

1.疫情报告在重大动物疫病处理中有何意义?

2.隔离和封锁在实际扑灭传染病措施中有何作用?

3.封锁时应遵守的原则是什么?

4.解除封锁的条件是什么?

5.尸体无害化处理的技术有哪些?各有何优缺点?

6.何谓重大动物疫情?重大动物疫情应急预案主要包括哪些内容?

第四章　动物检疫的技术

知识目标

- 理解动物检疫对象、动物检疫的范围、动物检疫的分类与程序以及动物检疫的主体和官方兽医知识。
- 掌握动物检疫技术、动物检疫的内容及处理。

第一节　动物检疫的范围、对象和分类

一、动物检疫的范围

动物检疫的范围是指动物检疫的责任界限。按照我国动物防疫检疫的有关规定，凡在国内生产流通或进出国境的动物及其产品、运载工具，都属于动物检疫的范围。

(一)动物检疫的实物范围

1.国内动物检疫的范围

主要是指动物和动物产品。动物是指家畜家禽和人工饲养、合法捕获的其他动物。动物产品是指动物的肉、生皮、原毛、绒、脏器、脂、血液、精液、卵、胚胎、骨、蹄、头、角、筋以及可能传播动物疫病的奶、蛋等。

2.进出境动物检疫的范围

主要是动物、动物产品和其他检疫物，以及运输、装载动物、动物产品和其他检疫物的装载工具和容器、包装物。动物是指饲养、野生的活动物，如畜、禽、兽、蛇、龟、虾、蟹、贝、蚕、蜂等。动物产品是指来源于动物未经加工或者虽经加工但仍有可能传播疫病的产品，如生皮张、毛类、肉类、脏器、油脂、动物水产品、乳制品、蛋

类、血液、精液、胚胎、骨、蹄、角等。其他检疫物是指动物疫苗、血清、诊断液、动物性废弃物。

3. 运载饲养动物及其产品的工具

包括车、船、飞机、包装物、饲料和铺垫材料、饲养工具等。

(二)动物检疫的性质范围

(1)生产性检疫 包括农场、牧场、部队、集体、个人饲养的动物。

(2)贸易性检疫 包括进出境、市场贸易、运输、屠宰的动物及其产品。

(3)非贸易性检疫 包括国际邮包、展品、援助、交换、赠送旅客携带的动物及其产品。

(4)观赏性检疫 包括动物园的观赏动物,艺术团的演艺动物。

(5)过境检疫 包括通过国境的列车、汽车、飞机等运载的动物及其产品。

二、动物检疫的对象

动物检疫对象是指动物检疫中政府规定的动物疫病,包括传染病和寄生虫病。动物检疫并不是把所有的动物疫病都作为检疫对象,而是根据国内外动物疫情、养殖业和人、畜健康及疫病净化等需要制定。在我国,全国动物检疫对象由农业部规定和公布,各省、自治区和直辖市农牧部门可从本地区实际需要出发,根据国家规定的检疫对象适当增减,列入本地区检疫对象中。进出境动物的检疫对象由国家出入境检验检疫局规定和公布,贸易双方国家签订的有关协定或贸易合同中也可以规定某种动物疫病为检疫对象。

依据动物检疫的目的任务,动物检疫对象的重点有 4 个方面:一是人畜共患疫病,二是危害性大而目前预防控制困难的动物疫病,三是急性烈性动物传染病,四是我国尚未发现的动物疫病。

(一)全国动物检疫对象

农业部(1999)96 号公告公布全国动物检疫对象共 3 类、116 种。

1. 一类动物疫病(14 种)

这类疫病有口蹄疫、猪水疱病、猪瘟、非洲猪瘟、非洲马瘟、牛瘟、牛传染性胸膜肺炎、牛海绵状脑病、痒病、蓝舌病、小反刍兽疫、绵羊痘和山羊痘、禽流行性感冒(高致病性禽流感)、鸡新城疫。

2. 二类动物疫病(61 种)

(1)多种动物共患疫病(9 种) 伪狂犬病、狂犬病、炭疽、魏氏梭菌病、副结核病、布鲁氏菌病、弓形虫病、棘球蚴病、钩端螺旋体病。

(2)牛病(8 种) 牛传染性鼻气管炎、牛恶性卡他热、牛白血病、牛出血性败血病、牛结核病、牛焦虫病、牛锥虫病、日本血吸虫病。

(3)绵羊和山羊病(2种) 山羊关节炎脑炎、梅迪-维斯纳病。

(4)猪病(10种) 猪乙型脑炎、猪细小病毒病、猪繁殖与呼吸综合征、猪丹毒、猪肺疫、猪链球菌病、猪传染性萎缩性鼻炎、猪支原体肺炎、猪旋毛虫病、猪囊尾蚴病。

(5)马病(5种) 马传染性贫血、马流行性淋巴管炎、马鼻疽、马巴贝斯焦虫病、马伊氏锥虫病。

(6)禽病(14种) 鸡传染性喉气管炎、鸡传染性支气管炎、鸡传染性法氏囊病、鸡马立克氏病、鸡产蛋下降综合征、禽白血病、禽痘、鸭瘟、鸭病毒性肝炎、小鹅瘟、禽霍乱、鸡白痢、鸡败血支原体感染、鸡球虫病。

(7)兔病(4种) 兔病毒性出血病、兔黏液瘤病、野兔热、兔球虫病。

(8)水生动物病(3种) 病毒性出血性败血病、鲤春病毒血症、对虾杆状病毒病。

(9)蜜蜂病(6种) 美洲幼虫腐臭病、欧洲幼虫腐臭病、蜜蜂孢子虫病、蜜蜂螨病、大蜂螨病、白垩病。

3.三类动物疫病(41种)

(1)多种动物共患病(6种) 黑腿病、李氏杆菌病、类鼻疽、放线菌病、肝片吸虫病、丝虫病。

(2)牛病(5种) 牛流行热、牛病毒性腹泻/黏膜病、牛生殖道弯杆菌病、毛滴虫病、牛皮蝇蛆病。

(3)绵羊和山羊病(8种) 绵羊肺腺瘤病、绵羊地方性流产、传染性脓疱皮炎、腐蹄病、传染性眼炎、肠毒血症、干酪性淋巴结炎、绵羊疥癣。

(4)马病(5种) 马流行性感冒、马腺疫、马鼻腔肺炎、溃疡性淋巴管炎、马媾疫。

(5)猪病(3种) 猪传染性胃肠炎、猪副伤寒、猪密螺旋体痢疾。

(6)禽病(5种) 鸡病毒性关节炎、禽传染性脑脊髓炎、传染性鼻炎、禽结核病、禽伤寒。

(7)鱼病(2种) 鱼传染性造血器官坏死、鱼鳃霉病。

(8)其他动物病(7种) 水貂阿留申病、水貂病毒性肠炎、鹿茸真菌病、蚕形多角体病、蚕白僵病、犬瘟热、利什曼病。

(二)不同用途动物的检疫对象

1.种用动物检疫对象(GB 16567—1996)

(1)种马、驴 鼻疽、马传染性贫血、马鼻腔肺炎。

(2)种牛 口蹄疫、布鲁氏菌病、蓝舌病、结核病、牛地方性白血病、副结核病、牛传染性胸膜肺炎(牛肺疫)、牛传染性鼻气管炎、牛病毒性腹泻/黏膜病。

(3)种羊 口蹄疫、布鲁氏菌病、蓝舌病、山羊关节炎脑炎、绵羊梅迪-维斯纳病、羊痘、螨病。

(4)种猪 口蹄疫、猪瘟、猪水疱病、猪支原体肺炎、猪密螺旋体痢疾。

(5)种兔 兔病毒性出血症、兔魏氏梭菌病、兔螺旋体病、兔球虫病。

(6)种禽 鸡新城疫、雏白痢、禽白血病、禽支原体病、鸭瘟、小鹅瘟。

2.乳用动物的检疫对象

奶牛的检疫对象同种牛的检疫对象;奶羊的检疫对象同种羊的检疫对象。

(三)进境动物的检疫对象

共分两类96种(1996年公布)

1.一类(14种)

口蹄疫、非洲猪瘟、猪水疱病、猪瘟、牛瘟、小反刍兽疫、蓝舌病、痒病、牛海绵状脑病、禽流行性感冒(高致病性禽流感)、鸡新城疫、鸭瘟、牛传染性胸膜肺炎、牛结节疹。

2.二类(82种)

(1)共患病(13种) 炭疽、伪狂犬病、心水病、狂犬病、Q热、裂谷热、副结核病、巴氏杆菌病、布鲁氏菌病、结核病、鹿流行性出血热、细小病毒病、梨形虫病。

(2)牛病(11种) 锥虫病、边虫病、牛地方性白血病、牛传染性鼻气管炎、牛病毒性腹泻/黏膜病、牛生殖道弯杆菌病、赤羽病、中山病、水疱性口炎、牛流行热、茨城病。

(3)绵羊和山羊病(6种) 绵羊痘和山羊痘、衣原体病、梅迪-维斯纳病、边界病、绵羊肺腺瘤病、山羊关节炎脑炎。

(4)猪病(6种) 猪传染性脑脊髓炎、猪传染性胃肠炎、猪流行性腹泻、猪密螺旋体痢疾、猪传染性胸膜肺炎、猪繁殖和呼吸综合征。

(5)马病(9种) 马传染性贫血、马脑脊髓炎、委内瑞拉马脑脊髓炎、马鼻疽、马流行性淋巴管炎、马沙门氏菌病、类鼻疽、马传染性动脉炎、马鼻腔肺炎。

(6)禽病(14种) 鸡传染性喉气管炎、鸡传染性支气管炎、鸡传染性法氏囊病、鸭病毒性肝炎、鸡伤寒、禽痘、鹅螺旋体病、鸡马立克氏病、住白细胞原虫病、鸡白痢、鸡败血支原体病、鹦鹉热、鸡病毒性关带炎、禽白血病。

(7)啮齿动物病(3种) 兔病毒性出血症、兔黏液瘤病、野兔热。

(8)水生动物病(11种) 鲑鱼传染性胰腺坏死、鱼传染性造血器官坏死、鲤春病毒病、鲑鳟鱼病毒性出血性败血征、鱼鳔炎症、鱼眩晕病、鱼鳃霉病、鱼疖疮病、异尖线虫病、对虾杆状病毒病、斑节对虾杆状病毒病。

(9)蜜蜂病(5种) 美洲幼虫腐臭病、欧洲幼虫腐臭病、蜂螨病、瓦螨病、蜂孢子虫病。

(10)其他动物病(4种) 蚕微粒子病、水貂阿留申病、犬瘟热、利什曼病。

(四)国际动物检疫对象

国际动物检疫对象是由国际兽疫局成员国根据疫病在国际范围内的流行情况共同商定的。国际动物疫病名录分为A、B两类。疫病名录的确定和划分的原则是:A类疫病是指危害严重、传播迅速、具有穿越国界潜力、可造成严重的社会经济或公共卫生后果以及在动物和动物产品国际贸易中影响较大的传染病;B类疫病是指在某些国家范围内,有社会经济或公共卫生重要性,在动物和动物产品贸易中有一定重要性,其严重程度低于A类传染病。我国借鉴国际经验,参考国际兽医组织制定国际动物疫病名录的原则与方法,制定了《进境动物一、二类传染病、寄生虫病名录》。

三、动物检疫的分类与程序

(一)动物检疫的分类

根据动物及其产品的动态和运转形式,动物检疫可分为国内检疫和国境检疫两大类。

1.国内检疫

为了防止疫病的侵入和蔓延,由各级动物防疫监督机构在畜禽生产、加工、流通等各个环节对动物及其产品进行检疫督导,动物饲养、经营的有关单位和个人,必须按照动物防疫监督机构的检疫部署,协助做好防疫检疫工作,严防动物疫病的发生和传播。动物防疫监督机构或其委托单位应按规定实施监督检查。对于没有检疫证明或检疫证明超过有效期的动物及其产品,应进行补检或重检,对合格者出具检疫证明。

对国内动物及动物产品进行检疫叫国内检疫,简称内检。主要包括产地检疫、屠宰检疫、运输防疫监督和市场防疫监督。动物及其产品在离开饲养、生产地之前所进行的检疫称产地检疫;动物在定点屠宰场被屠宰过程中所进行的检疫称屠宰检疫(包括宰前检疫和宰后检疫);对动物及动物产品在出县境运输过程中所进行的防疫监督检查称运输防疫监督;对动物及其产品在进入市场商品交易时实施的防疫监督检查称市场防疫监督。

2.进出境检疫

进出境检疫又叫国境检疫或口岸检疫。是指为了保护国家不受外来动物疫病的侵袭和防止国内动物疫病的传出,根据我国规定的进境动物检疫对象名录,按照贸易双方签订的协定或贸易合同中规定的检疫条款，对进出境的动物及其产品实施的检疫。我国在各重要口岸设立的出入境检验检疫机关，代表国家执行检疫。国家进出境检验检疫局统一管理全国进出境动物检疫工作，在对外开放的口岸和进出境动物检疫业务集中的地点设口岸动植物检疫机关，代表国家实施进出境动物检疫。外检包括进境检疫、出境检疫、过境检疫、携带及邮寄物检疫和运输工具检疫等。

(二)动物检疫程序

1.检疫审批

检疫审批分为国内检疫审批与进出境检疫审批。

(1)国内检疫审批　跨省、自治区、直辖市引进乳用动物、种用动物及其精液、胚胎、种蛋的，根据《中华人民共和国动物防疫法》第四十六条规定，货主应当先向引进地省、自治区、直辖市动物卫生监督机构申请办理检疫审批手续后，方可凭检疫审批手续到输出地动物卫生监督机构申报检疫。这类检疫审批手续是行政许可证，未经引进地省、自治区、直辖市动物卫生监督机构审批，不得将乳用动物、种用动物及其精液、胚胎、种蛋引进。否则就是违法行为，就要承担相应的法律责任。

另外，若输入到无规定动物疫病区的动物、动物产品，货主应当按照国务院兽医主管部门的规定向无规定动物疫病区所在地动物卫生监督机构办理检疫审批并报检，经检疫合格的，方可进入；检疫所需费用纳入无规定动物疫病区所在地地方人民政府财政预算。

(2)进出境检疫审批　境外引进或出口乳用动物、种用动物及其精液、胚胎、种蛋及其他检疫物的，货主应当先向国务院畜牧兽医行政管理部门申请办理检疫审批手续，方可凭检疫审批手续、贸易合同等单证，到指运地口岸出入境检验检疫机关报检。

2.检疫报检

检疫应当首先由当事人提出申报。检疫是一种行政许可事项，根据《中华人民共和国行政许可法》、《中华人民共和国动物防疫法》规定，应当首先由当事人提出申请，也即申报，没当事人的申请也就不能启动检疫程序。因此，法律规定了国家对检疫工作实行申报检疫制度。

3.动物卫生监督机构具体受理和实施检疫

动物卫生监督机构要按照合理布局、方便群众、方便检疫的原则，设置区域性的动物检疫申报点，在动物检疫申报点路旁设立申报点标牌，标明申报点地址、联系人姓名和联系人电话。动物检疫申报点必须有检疫人员每天 24 h 值班(可电话转接)，以便接待群众报检。接到检疫申报后，应当及时指派官方兽医(未执行官方兽医制度前，仍派动物防疫监督机构的动物检疫员）对动物、动物产品实施现场检疫和按规定必须进行的实验室检疫。

4.检疫结果的判定和出证

检疫结果的判定和出证是动物检疫的最终表现，是进行检疫处理和货主对外索赔的科学依据。这一点在进出境检疫中更加重要。可根据检疫结果，按检疫法规作出放行、截留、处理、退回等评定。

5.检疫处理

检疫处理是整个检疫内容不可分割的重要组成部分，只有实现检疫处理才能达到动物检疫的目标。

四、动物检疫的主体和官方兽医

根据《中华人民共和国动物防疫法》第四十一条规定，动物卫生监督机构是对动物、动物产品实施检疫的主体，动物卫生监督机构的官方兽医具体实施动物、动物产品检疫。

（一）动物检疫机构

1.动物检疫机构

国内检疫机构是动物卫生监督机构，国家或地方（省、市、县）动物卫生监督机构是实施动物、动物产品检疫的主体，也是唯一的检疫执法主体；进出境检疫机构是国家出入境检验检疫机构。

2.动物检疫人员

动物检疫人员是动物卫生监督机构的官方兽医（目前未执行官方兽医制度前，仍是动物防疫监督机构的动物检疫员），具体从事本地区动物、动物产品检疫工作，这是法定义务。除此之外任何公民、法人和其他社会组织都没有资格对动物和动物产品实施检疫。所以，我国建立兽医官制度势在必行，据了解，目前欧洲国家多实行国家一级垂直管理的官方兽医制度，北美多为联邦政府和地方协管的二级垂直管理制度。

（二）官方兽医

1.官方兽医制度

按照国务院关于兽医管理体制改革的要求，我国将实行官方兽医制度。2007年5月25日世界动物卫生组织（OIE）以压倒多数票恢复我国加入该组织，意味着我国的官方兽医制度从此要按照国际规则和国际惯例来运行。官方兽医制度是国际惯例和成功的经验，也是我国与国际惯例接轨的体现。《中华人民共和国动物防疫法》首次以法律形式明确了官方兽医制度和官方兽医的地位。

官方兽医制度定义:由国家畜牧兽医行政管理部门授权的官方兽医,是代表国家和地方政府对动物生产、加工、流通等环节的动物防疫以及与之相关的公共卫生情况进行监督检查,并可签署有关健康证书的国家兽医人员,是一种个人执法主体制度。我国将会采用中央和省二级垂直管理的官方兽医制度。在农业部设立首席兽医官,各省也会设立相关的兽医官。各个官方兽医由各省的首席兽医官派出,只对首席兽医官负责。可以有效摆脱地方的干扰。官方兽医制度有3个特点。

(1)官方兽医将和私人兽医区分开来　官方兽医为国家公务员,代表国家行使法律规定的权力。与官方兽医对应的是私人兽医。他们主要是为企业、动物门诊等提供营利性服务,获取报酬。在发生重大疫情的时候,政府除了动员官方兽医外,还可以雇佣私人兽医有偿参与防疫活动;或者在紧急状态下无偿征用私人兽医。法律要对私人兽医的相关法律义务作出规定。

(2)官方兽医制度将把动物和动物产品的生产和监督分开　长期以来,我国畜牧兽医部门是为了生产服务的,生产大于监督,生产和监督没有区分开来。目前农业部的畜牧兽医局,兽医主要是为畜牧服务,为畜牧生产防病治病。

(3)官方兽医制度强调垂直管理　实行官方兽医制度后,动物和动物产品的生产、加工、流通一直到餐桌都由官方兽医全程监督管理。

2.官方兽医

官方兽医是指具备法定资格并经兽医主管部门任命的,负责出具检疫等证明的国家兽医工作人员。根据《中华人民共和国动物防疫法》第四十一条规定,官方兽医应当具备规定的资格条件,取得国务院兽医主管部门颁发的资格证书。官方兽医有3个重要的职能:①检疫执法、出示检疫证书并对其负责;②负责对动物产品从生产一直到餐桌全过程的卫生监管;③对社会防疫监督,并负责通报给自己的上级首席兽医官。

推行官方兽医制度。2001年,山东省率先推行官方兽医制度,明确了官方兽医制度的法律地位,出台了《山东省官方兽医管理办法》,山东省本着精简高效、权责明确、规范执法、强化服务、完善机构、健全队伍的原则,构建了新型的兽医管理体系,即实行执法与公益性服务分离,推行官方兽医制度。一是严格官方兽医任职条件。官方兽医必须遵纪守法,诚实公正,具有大专以上学历,具有一定的兽医工作实践经验等。二是完善官方兽医管理机制。尽管人事、组织关系由地方管理,但他行使的职能是省畜牧办赋予的,属于独立执法行为,在业务上由省畜牧办直管。设立山东省首席官方兽医官和地区官方兽医官,地区官方兽医官由首席官方兽医官授权。三是明确官方兽医监管职能。对每位官方兽医所履行的职责都进行了明确规定,把官方兽医定位为由省畜牧兽医管理部门授权,代表省畜牧兽医管理部门对所监管的饲养场动物、饲养环节动物防疫卫生实施监督检查，可签署《动物健康监管证》的国家执法人员。四是实行官方兽医述职制度。五是加强官方兽医培训。六是举行授证宣誓仪式，增强官方兽医的严肃性和威严感。

实践证明实施官方兽医制是可行的，是成功的。一是执法力度得到加强。全省各级畜牧部门对出口加工企业的饲养场指派官方兽医对其防疫、用药、用料、无害化处理等进行全面严格的监管，完善监管记录，建立"畜禽健康监管卡"，并将其作为出栏时产地检疫的重要依据。加大了对出栏前畜禽的监控力度，做到批批检测，并完整保留每批出栏畜禽的检测记录。对符合规定要求的畜禽方可进入出口加工企业，否则，不准进厂。严把畜禽质量关，保证了出口企业畜产品的质量和安全。二是人员素质大幅提高。各地在队伍准入上认真考核，严格把关，保证了队伍的高起点、高素质。

第二节　动物检疫技术

一、临诊检疫技术

临诊检疫是应用兽医临诊诊断学的方法对被检动物群体和个体实施疫病检查。根据患病动物在疾病过程中所表现的临诊症状作出初步诊断，或得出诊断印象，为后续诊断奠定基础。有些疾病根据其示病症状可直接建立正确诊断。

临诊检疫的基本方法包括问诊、视诊、触诊、听诊和叩诊。这些方法简单、方便、易行，对任何动物在任何场所均可实施。因此，生产中常和流行病学调查、病理剖检紧密结合，用于动物产地、屠宰、运输、市场及进出境各个流通环节的现场检疫检验，是动物检疫中最常用的一种诊断技术。广泛意义的临诊检疫还包含流行病学调查和病理剖检。

(一)群体检疫

群体检疫是指对待检动物群体进行现场临诊观察。群体检疫以视诊为主，即用肉眼对动物进行整体状态(体格大小、发育程度、营养状况、精神状态、姿势与体态、行为与运动)的观察。必要时对群体动物测体温，如进境动物在进入隔离场的第一周内及隔离期满前一周内，每日逐个测温。

检查时以群为单位，将来自同一地区或同一批的动物划为一群，或将一圈、一舍的动物划为一群。禽、兔、犬等可按笼、箱、舍划分，运输中以同一车、船或机舱的动物为一群。群体检疫的方法内容，一般是先静态检查，再动态检查，后饮食状态检查。

(1)静态检查　在动物安静的情况下，观察其精神状态、外貌、营养、立卧姿势、呼吸、反刍状态、羽、冠、髯等，注意有无咳嗽、气喘、呻吟、嗜睡、流涎、孤立一隅等反常现象，从中发现可疑病态动物。

(2)动态检查　静态检查后，先看动物自然活动，后看驱赶活动。观察其起立姿势、行动姿势、精神状态和排泄姿势。注意有无行动困难、肢体麻痹、步态蹒跚跛行、曲背弓腰、离群掉队及运动后咳嗽或呼吸异常现象，并注意排泄物的质度、颜色、混合物、气味等。

(3)饮食状态检查　检查饮食、咀嚼、吞咽时的反应状态。注意有无不食不饮、少食少饮、异常采食以及吞咽困难、呕吐、流涎、退槽、异常鸣叫等现象。以上各步检查中，有异常表现或症状的动物须标上记号，单独隔离，进一步做个体检疫。

(二)个体检疫

个体检疫是指对群体检疫中检出的可疑病态动物进行系统的个体临诊检查。其目的在于初步鉴定动物是否患病，是否为检疫对象。一般群体检疫无病的也要抽检 5%～20%做个体检疫，若个体检疫发现患病动物，应再抽检 10%，必要时可全群复检。个体检疫的方法内容，一般有视诊、触诊、听诊、检查“三数”等。

1. 视诊

利用肉眼观察动物，要求检疫员有敏锐的观察能力和系统的检查经验。

(1)看精神状态　健康动物两眼有神，反应敏捷，动作灵活，行为正常，若有过度兴奋或抑制，则表示中枢神经机能紊乱。精神兴奋的动物，表现惊恐不安，狂躁不驯，甚至攻击人畜，轻则沉郁，呆立不动，反应迟钝；重则昏睡，只对强烈刺激才产生反应，严重时昏迷，倒地躺卧，意识丧失，对强烈刺激也无反应。见于各种热性病或侵害神经系统的疫病等。

(2)看营养状况　营养良好的动物，肌肉丰满，皮下脂肪丰富，轮廓丰圆，骨骼棱角不显露，被毛有光泽，皮肤富有弹性；营养不良的动物，表现为消瘦，骨骼棱角显露，被毛粗乱无光泽，皮肤缺乏弹性。多见于慢性消耗性疫病（如结核病、肝片吸虫病等）。

(3)看姿态与步样　健康动物姿势自然，动作灵活而协调，步态稳健。患病状态下，有的动物异常站立，如破伤风患畜形似“木马状”，神经型马立克氏病病鸡两腿呈“劈叉”状；有的动物强迫性躺卧，不能站立，如猪传染性脑脊髓炎；有的动物站立不稳，如鸡新城疫病鸡头颈扭转，站立不稳甚至伏地旋转；有的动物盲目转圈，如李氏杆菌病；有的则步态异常，左摇右摆，多是脑部受损所致；跛行则由神经系统受损或四肢病痛所致。

(4)看被毛和皮肤　健康动物的被毛整齐柔顺而有光泽，皮肤颜色正常，无肿胀、溃烂、出血等。患病动物的被毛和皮肤常发生不同的变化而提示某些疫病。若动物被毛粗乱无光泽，脆而易断、脱毛等，可见于慢性消耗性疫病（如结核病）、螨病等；又如猪瘟病猪，在猪四肢、腹部及全身各部皮肤有指压不褪色的小点状出血，而猪丹毒病猪则呈现指压褪色的菱形或多角形红斑。

正常鸡的冠、髯红润，若发白则为贫血的表现，若呈蓝紫色则为缺氧的表现（如鸡新城疫病鸡冠髯黑紫）。

(5)看反刍和呼吸　主要检查呼吸运动（呼吸频率、节律、强度和呼吸方式），看有无呼吸困难，同时检查反刍兽的反刍情况。

(6)看可视黏膜　主要检查眼结膜、口腔黏膜和鼻黏膜，同时检查天然孔及分泌物等。一般的，马的黏膜呈淡红色；牛的黏膜的颜色较马的稍淡，呈淡粉红色（而水牛的呈鲜红色）；猪、羊的黏膜呈粉红色；犬的黏膜为淡红色；鸡的口腔黏膜呈灰红色。

黏膜的病理变化可反映全身的病变情况。黏膜苍白见于各型贫血和慢性消耗性疫病，如马传染性贫血；黏膜潮红，表示毛细血管充血，除局部炎症外，多为全身性血液循环障碍的表现；弥漫性潮红见于各种热性疫病和广泛性炎症；树枝状充血见于心机能不全的疫病等；黏膜发绀见于呼吸系统和循环系统障碍；黄染是血液中胆红素含量增高所致，见于肝病、胆道阻塞及溶血性疫病；黏膜出血，见于有出血性素质的疫病，如马传染性贫血、梨形虫病等。

另外，口腔黏膜有水疱或烂斑，可提示口蹄疫或猪传染性水疱病；鼻盘干燥或干裂，应注意有无热性疫病；马鼻黏膜的冰花样斑痕则是马鼻疽的特征病变。

(7)看检查排泄动作及排泄物　注意排泄动作有无异常及排泄困难。注意粪的颜色、硬度、气味、性状及尿的颜色、数量、清浊度等。便秘见于各种热性疫病（如猪瘟）、胃肠卡他等；腹泻见于侵害胃肠道的疫病（如仔猪副伤寒）；里急后重是胃肠炎的特征。粪尿的颜色性状也能提示某些疫病，如仔猪白痢排白色糊状稀粪，仔猪红痢排红色黏性稀便。

2.触诊

触诊是用手指或手掌或拳头按、压、捏、掐、摸动物体表各部位，感知皮肤、皮下组织、肌肉甚至内脏器官病变等。

(1)触诊耳朵、角根　初步确定体温变化情况。

(2)触摸皮肤弹性　健康动物皮肤柔软，富有弹性。弹性降低，见于营养不良或脱水性疫病。

(3)检查胸廓、腹部敏感性　有时患胸廓或腹部疾病时，动物表现躲闪、反抗、不安等特征。

(4)检查体表淋巴结　触诊检查其大小、形状、硬度、活动性、敏感性等，必要时可穿刺检查。如马腺疫病马下颌淋巴结肿胀、化脓、有波动感，牛梨形虫病则呈现肩前淋巴结急性肿胀的特征。

(5)检查嗉囊　看其内容物性状及有无积食、气体、液体，如鸡新城疫时，倒提鸡腿可从口腔流出大量酸臭气味的液体食糜。

3. 听诊

听叫声、咳嗽声，如牛呻吟见于疼痛或病重期，鸡新城疫时发出“咯咯”声；肺部炎症表现为湿咳。借助听诊器听心、肺、胃肠音有无异常。

4. 检查“三数”

即体温、脉搏、呼吸数，是动物生命活动的重要生理常数，其变化可提示许多疫病。

(1)体温值测定　测温时应考虑动物的年龄、性别、品种、营养、外界气候、使役、妊娠等情况，这些都可能引起一定程度的体温波动，但波动范围一般为0.5℃，最多不会超过1℃。体温测定的方法是猪、羊多采用检温小圈或检温夹道直肠测温，牛、马多采用柱栏保定直肠测温，禽可测翅下温度。

体温升高的程度分为微热、中热、高热和极高热。微热是指体温升高0.5～1℃，见于轻症疫病及局部炎症，如胃肠卡他、口炎等；中热是指体温升高1～2℃，见于亚急性或慢性传染病、布鲁氏菌病、胃肠炎、支气管炎等；高热是指体温升高2～3℃，见于急性传染病或广泛性炎症，如猪瘟、猪肺疫、马腺疫、胸膜炎、大叶性肺炎等；极高热是指体温升高3℃以上，见于严重的急性传染病，如传染性胸膜肺炎、炭疽、猪丹毒、脓毒败血症、日射病和热射病等。体温高者，需重复测试，以排除应激因素（如运动、暴晒、拥挤引起的体温升高）。

体温过低则见于大失血、严重脑病、中毒病及热性病濒死期。

(2)脉搏数测定　在动物充分休息后测定。脉搏加快见于多数发热病、心脏病及伴有心机能不全的其他疫病等；脉搏减慢见于颅内压增高的脑病、胆质血症及有机磷中毒等。

(3)呼吸数测定　宜在安静状态下测定。呼吸数增加见于肺部疫病、高热性疫病、疼痛性疫病等；呼吸数减少见于颅内压显著增高的疫病（如脑炎）、代谢病等。各种动物的正常体温、脉搏和呼吸数见表4-1。

表 4-1 各种动物正常体温、脉搏、呼吸数一览表

动物种类	体温/℃	呼吸/(次/min)	脉搏/(次/min)
猪	38.0～39.5	18～30	60～80
乳牛	37.5～39.5	10～30	60～80
黄牛	37.5～39.5	10～30	40～80
水牛	36.5～38.5	10～50	30～50
牦牛	37.6～38.5	10～24	33～55
绵羊	38.5～40.0	12～30	70～80
山羊	38.5～40.5	12～30	70～80
马	37.5～38.5	8～16	26～42
骆驼	36.0～38.5	6～15	30～60
鹿	38.0～39.0	15～25	36～78
兔	38.0～39.5	50～60	120～140
犬	37.5～39.0	10～30	70～120
猫	38.5～39.5	10～30	110～130
鸡	40.5～42.0	15～30	140
鸭	41.0～43.0	16～30	120～200
鹅	40.0～41.0	12～30	120～200

(三)各种动物临诊检疫特点

1.猪的临诊检疫特点

(1)静态观察　猪群可在车船内或圈舍内休息时进行静态观察。若车船狭窄，猪群拥挤不易观察时，可于卸下休息时观察。动物检疫人员悄悄地接近猪群，站立在全览的位置观察。主要检查站立和睡卧的姿势，呼吸及体表状态。

①健康猪：睡卧常取侧卧，四肢伸展、头侧着地，爬卧时后腿屈于腹下。站立平稳，不断走动和拱食，呼吸均匀、深长，被毛整齐有光泽，反应敏捷，见人接近时警惕凝视。

②病猪：垂头委顿，倦卧呻吟，离群独立，全身颤抖，呼吸促迫或喘息，被毛粗乱无光，肷窝凹陷，鼻盘干燥，颈部肿胀，眼有分泌物，尾部和肛门有粪污。

(2)动态观察　常在车船装卸、驱赶、放出或饲喂过程中观察。

①健康猪：起立敏捷，行动灵活，步态平稳，两眼前视，摇头摆尾或尾巴上卷，随群前进。偶发洪亮叫声，粪软尿清，排便姿势正常。

②病猪：精神沉郁或兴奋，不愿起立，立而不稳。行动迟缓，步态踉跄，弓背夹尾，肷窝下陷，跛行掉队，咳嗽、气喘，叫声嘶哑，粪便干硬或泻痢，尿黄而短。

(3)饮食观察　在猪群按时喂食饮水时或有意给少量水料饲喂时观察。

①健康猪：饿时叫唤，争先恐后奔向食槽抢食吃，嘴伸入槽底，大口吞食并发出声音，耳鬃震动，尾巴自由甩动，时间不长即腹满而去。

②病猪：懒于上槽，食而无力，只吃几口就退槽，有的猪表现闻而不吃，形成“游槽”，甚至躺在稀食槽中形成“睡槽”现象；有的猪饮稀不吃稠，甚至停食，食后腹部仍下陷。

根据我国各地区猪的疫病发生情况，一般以猪瘟、猪肺疫、猪丹毒、猪副伤寒、猪传染性水疱病、猪炭疽、猪口蹄疫、猪密螺旋体痢疾、猪囊尾蚴病、猪旋毛虫病、猪繁殖与呼吸综合征等为重点检疫对象。

2. 牛的临诊检疫特点

(1)静态观察　牛群在车、船、牛栏、牧场上休息时可以进行静态观察。主要观察站立和睡卧的姿态、皮肤和被毛状况以及肛门有无污秽。

①健康牛：睡卧时常呈膝卧姿势，四肢弯曲。站立时平稳，神态安定。鼻镜湿润，眼无分泌物，嘴角周围干净，被毛整洁光亮，皮肤柔软平坦，肛门紧凑，周围干净，反刍正常有力，呼吸平稳，无异常声音，粪不干不稀呈层叠状，尿清，正常嗳气。

②病牛：睡卧时四肢伸开，横卧，久卧不起或起立困难，站立不稳，头颈低伸，拱背弯腰，恶寒战栗或委顿，眼流泪，有黏性分泌物，鼻镜干燥、龟裂，嘴角周围湿秽流涎，被毛粗乱，皮肤局部可有肿胀，反刍迟缓或停止，呼吸增数、困难，呻吟、咳嗽，粪便或稀或干，或混有血液、黏液，血尿，肛门周围和臀部沾有粪便，不嗳气。

(2)动态观察　牛群在车船装卸、赶运、放牧或有意驱赶时进行动态观察。主要观察牛的精神外貌、姿态步样。

①健康牛：精力充沛，眼亮有神，步态平稳，腰背灵活，四肢有力，耳尾灵敏，在行进牛群中不掉队。

②病牛：精神沉郁或兴奋，两眼无神，曲背弓腰，四肢无力，耳尾不动，走路摇晃，跛行掉队。

(3)饮食观察　牛群在采食、饮水时观察。

①健康牛：争抢饲料，咀嚼有力，采食时间长。敢到大群中抢水喝，运动后饮水不咳嗽。

②病牛：厌食或不食，采食缓慢，咀嚼无力，采食时间短，不愿到大群中饮水，运动后饮水咳嗽。

牛的检疫主要以口蹄疫、炭疽、牛肺疫、布氏杆菌病、结核病、副结核病、蓝舌病、地方性白血病、牛传染性鼻气管炎、黏膜病、锥虫病、泰勒虫病为检疫对象。牛的个体检疫除精神外貌、姿态步样、被毛皮肤等与群体检疫基本相同外，还须检查可视黏膜、分泌物、体温和脉搏的变化。

牛的体温检查是牛检疫的重要项目，常需全部逐头测温，并注意脉搏检查。牛的体温升高，常发生于牛的急性传染病。当牛群发现传染病时，更应逐头测温，并根据传染病的性质，对同群牛隔离观察一定时期。

3. 羊的临诊检疫特点

(1)静态观察　羊群可在车、船、舍内或放牧休息时进行静态观察。观察的主要内容是姿态。

①健康羊：常于饱食后合群卧地休息、反刍，呼吸平稳，无异常声音，被毛整洁，口及肛门周围干净，人接近时立即起立走开。

②病羊：常独卧一隅，不见反刍，鼻镜干燥，呼吸促迫、咳嗽、喷嚏、磨牙、流泪，口及肛门周围污秽，精神委靡不振，颤抖，人接近时不起不走。同时应注意有无被毛脱落、痘疹、痂皮等情况。

(2)动态观察　羊群在装卸、赶运及其他运动过程中进行动态观察。主要检查步态。

①健康羊：精神活泼，走路平稳，合群不掉队。

②病羊：精神沉郁或兴奋不安，步态不稳，行走摇摆、跛行，前肢跪地，后肢麻痹，离群掉队。

(3)饮食观察　羊群饮食观察时间同猪。

①健康羊：饲喂、饮水时互相争食，食后肷部臌起，放牧时动作轻快，边走边吃草，有水时迅速抢水喝。

②病羊：食欲不振或停食，放牧吃草时落在后面，吃吃停停，或不食呆立，不喝水更不暴饮，食后肷部仍下凹。

羊的检疫主要以口蹄疫、炭疽、布鲁氏菌病、蓝舌病、山羊关节炎脑炎、绵羊梅迪-维斯那病、羊痘、羊疥癣为检疫对象。羊的个体检疫除姿态步样外，要对可视黏膜、体表淋巴结、分泌物和排泄物性状、皮肤和被毛、体温等进行检查。羊群中发现羊痘和疥癣，同群羊应逐只进行个体检查。患传染病的羊常伴有体温升高症状。

4. 马的临诊检疫特点

(1)静态观察　马群常在圈舍或系马场进行静态观察。主要观察其姿势、体表、天然孔和粪便。

①健康马：昂头站立，机警敏捷，稍有音响，两耳竖起，两眼凝视，多站少卧，若卧地则屈肢，平静似睡，被毛整洁光亮，皮肤无肿胀，鼻眼干净，外阴无异常，粪便呈球形、中等湿度。

②病马：睡卧不安，闭眼横卧，起卧困难，站立不稳，头低耳耷，两眼无神，姿态僵硬，精神委靡，对外界反应迟钝或无反应，被毛粗乱无光，皮屑积聚，皮肤有局部

肿胀，眼鼻流出黏性或脓性分泌物，外阴污秽，粪便干硬或拉稀，混合恶臭脓血，呼吸气喘、嗳气。

(2)动态观察 在马群活动或放牧中观察。

①健康马：行动活泼，步伐轻快有力，昂首蹶尾，挤向群前。运动后呼吸变化不大或很快恢复正常。

②病马：行动迟缓，四肢无力，步伐沉重，有时踉跄，常落在马群后面，运动后呼吸变化大。

(3)饮食观察 采食饮水时观察。

①健康马：放牧时争向草场，舍饲给草料时两眼注意力集中在饲养员身上，有时发出“咴咴”叫声，食欲旺盛，咀嚼音很响，饮水有吮力。

②病马：对草料不理睬，对饲养员无反应，或吃几口即停食，或绝食，咀嚼、咽下困难，不喜饮水。

马的检疫常以鼻疽、马传染性贫血、马鼻腔肺炎、马流行性淋巴管炎等为主要检疫对象。个体检疫主要内容是姿态步样、可视黏膜、分泌物性状、被毛、淋巴结、排泄物、呼吸和体温检测。群体检疫检出的病马要进行体温测量。发现传染病时同群马要逐匹测温。有时还应进行脉搏检查和体温检查。

5.禽的临诊检疫特点

(1)静态观察 禽群在舍内或在运输途中休息时于笼内进行静态观察。主要观察站卧姿态、呼吸、羽毛、冠、髯、天然孔等。

①健康禽：卧时头叠于翅内，站时一肢高收，羽毛丰满光滑，冠髯色红，两眼圆睁，头高举，常侧视，反应敏锐、机警。

②病禽：精神委靡，缩颈垂翅，闭目似睡，反应迟钝或无反应，呼吸急迫或呼吸困难或间歇张口，冠髯发绀或苍白，羽毛蓬松，嗉囊虚软膨大，泄殖孔周围羽毛污秽，有时翅肢麻痹，或呈劈叉姿势，或呈其他异常姿态。

(2)动态观察 可在家禽散放时观察。

①健康禽：行动敏捷，步态稳健。

②病禽：行动迟缓，跛行，摇晃，或麻痹，常落后于群体。

(3)饮食观察 可在喂食时观察。若已喂过食，可触摸鸡嗉囊或鹅、鸭的食道膨大部。

①健康禽：啄食连续，嗉囊饱满，食欲旺盛。

②病禽：啄食异常，嗉囊空虚、充满气体或液体，鸣叫失声，挣扎无力。

禽的检疫以鸡新城疫、禽流感、鸡传染性法氏囊病、鸡白痢、鸡伤寒、禽痘、鸡传染性喉气管炎、禽白血病、鸡马立克氏病、鸭瘟、禽霍乱等为主要检疫对象。禽类个体检疫的重点是精神外貌，行走姿态、冠髯、鼻孔、眼、喙、嗉囊或食道膨大部、颈肢、羽毛、皮肤、泄殖腔、粪便、呼吸及饮食状态。一般不做体温检查。

6. 家兔的临诊检疫特点

(1)健康家兔　精神饱满，反应灵敏，喜欢咬斗。白天大部分时间静伏，闭目休息，呼吸动作轻微。稍有惊吓，立即抬头，两耳直立，两眼圆瞪。全身被毛浓密、匀整光洁。食欲正常，咀嚼迅速，夜间采食频繁。

(2)病兔　精神沉郁，反应迟钝，低头垂耳，耳部颜色苍白或发绀。常伏卧不起或表现行动迟缓，有的出现跛足或异常姿势。食欲不振或厌食，白天常能在舍内发现软粪。被毛粗乱蓬松，缺乏光泽，或有异常脱毛。眼结膜颜色异常。粪球干硬细小或稀薄如水。多有体温异常。

7. 犬的临诊检疫特点

(1)健康犬　活泼好动，反应灵敏，情绪稳定，喜欢亲近人，机灵而警觉性高，稍有音响，常会吠叫。安静时呈典型的犬坐姿势或伏卧。运动姿势协调，能快速奔跑，经训练有很强的跳跃能力。吃食时“狼吞虎咽”，很少咀嚼。眼明亮，无任何分泌物。鼻镜湿润，较凉，无鼻液。口腔清洁湿润，舌色鲜红，被毛蓬松顺滑，富有光泽。

(2)病犬　精神沉郁，眼睛无神，不听使唤，嗜睡呆卧，对外部反应迟钝甚至无反应。有的病犬则表现兴奋不安，无目的地走动，奔跑，转圈，甚至攻击人畜。站立不稳或有异常站立姿势。食欲减退或废绝，饮水增加，呕吐或有腹泻。鼻端干燥，呼吸困难。被毛粗硬杂乱，或见有斑秃、痂皮、溃烂。体温多异常。

二、病理学检查技术

病理学检查技术包括病理解剖学检查技术、病理组织学检查技术。是依据动物体各系统、器官、组织或细胞的病理变化诊断疫病，并据此解释临诊症状，检验活体诊断是否正确。病理学检查是在临诊检疫的基础上进行的，是临诊检疫的继续和补充。

(一)病理解剖学检查技术

病理解剖学检查通常选择病死动物尸体或有典型临诊症状的患病动物进行。用肉眼或借助放大镜、量尺等器械，直接观察和检测器官、组织中的病变部位、病变大小、形态、颜色、质地、分布及切面性状，结合疫病特征性的病理变化，作出检疫结论。

1. 动物尸体剖检的要求

(1)剖检前检查　剖检前仔细检查尸体体表特征（卧位、尸僵情况、腹围大小）

及天然孔有无异常，以排除炭疽等恶性传染病。患炭疽等恶性传染病的动物及其尸体，禁止剖检。若怀疑动物死于炭疽，先采取耳尖血液涂片镜检，排除炭疽后方可解剖。

(2)剖检时间　针对动物尸体，剖检进行得越早越好，尸体久放，容易腐败分解，失去诊断价值。所以，夏季在动物死后不超过 2 h，冬季不超过 24 h。对术者来讲，最好在白天进行剖检，夜间进行剖检，在灯光下，病变的颜色会受到干扰。

(3)剖检地点　有条件的在病理解剖室进行。在野外或其他检疫现场剖检时，应选地势高燥并远离居民区、畜舍及交通要道的地方进行。剖检前挖一深达 2 m 以上的坑，或利用枯井、废旧土坑。坑底撒上生石灰，坑旁铺垫席，在垫席上进行操作。剖检完成后，将动物尸体连同垫席及周围污染的土层，一起投入坑内，撒上生石灰或其他消毒液掩埋，并对周围环境进行消毒。

(4)剖检数量　在畜群发生群体死亡现象时，要剖检一定数量的病死动物。家禽至少剖检 5 只，大中型动物至少剖检 3 头。只有找到共同的特征性病变，才有诊断意义。

(5)剖检术式　动物尸体的剖检，从卧位、剥皮到体内各器官的检查，按一定的术式和程序进行。牛采取左侧卧位，马采取右侧卧位，猪、羊等中小动物和家禽取背卧位。

(6)安全防护　一要做好工作人员的安全防护工作，避免感染；二要防止环境污染。在整个剖检过程中和剖检结束后应注意清洁消毒。

2.外部检查

在剖检剥皮之前要详细检查尸体外部状态，以大致区别是普通病还是疫病，并确定是否进行剖检。

(1)检查尸体变化　动物死亡后受酶、细菌和外界环境因素的影响，会出现尸僵、尸斑、死后凝血、尸腐等变化。通过检查，正确辨认尸体变化，避免把某些死后变化误认为生前的病理变化。

①尸僵：动物死后尸体发生僵硬的状态，称为尸僵。可通过检查下颌骨的可动性和四肢能否屈伸来判断。一般死于败血症和中毒性疫病的动物，尸僵不明显。

②尸斑：即尸体倒卧侧皮肤的坠积性淤血现象，局部皮肤呈青紫色。家畜皮肤厚，且有色素和被毛遮盖，不易发现，要结合内部检查。

③尸腐：因消化道内致腐微生物繁殖引起尸体腐败分解并产生气体所致。常表现尸体腹部膨胀，体表的部分皮肤、内脏，特别是与肠管接触的器官呈现灰蓝色或绿色，血液带有泡沫，尸体散发出恶臭气味。

(2)检查皮肤　检查被毛及营养状况，注意有无外伤、骨折、皮肤溃疡、水肿、出血、丘疹、坏死及皮肤寄生虫等。

(3)检查天然孔　查天然孔的开闭状态，有无分泌物及分泌物性状，同时查可视黏膜。败血症尸体的口、鼻、肛门等处常流出血样液体。

3.内部检查

(1)皮下检查　注意皮下脂肪的量和性状，浅表淋巴结的性状，肌肉发育状态和病变。炭疽时皮下呈出血性胶样浸润；败血性传染病，淋巴结、肌肉多有出血斑或出血点；寄生虫病，肌肉中有寄生虫包囊或结节。

(2)内脏器官的检查　先检查腹腔和腹腔器官，再检查胸腔和胸腔器官。各内脏器官多从尸体上采出后检查，亦可不采出进行检查。禽、兔等小动物和仔猪、羔羊等幼龄动物内脏器官常连带在尸体上进行检查。

①切开腹腔和胸腔之后，首先观察暴露的腹腔、胸腔器官在动物体内自然位置是否正常，其表面有无充血、出血、粘连、肿瘤、寄生虫。然后由暴露部分开始，由表及里，由后向前逐一检查器官外表性状，检查胸、腹腔液体的量和性状，胸、腹壁浆膜性状。

②对有病变和病变严重的器官要重点检查，分辨病理变化特点，判定病变性质。病变器官检查多采用视诊、触诊、剖检的方法，依次进行。

先看脏器的大小、形态、颜色、表面性状（表面光滑或粗糙、凹或凸、有无干酪样物或粉末状物）。再用手触摸、按压检查脏器质地（软硬度、弹性、脆性、颗粒状）。最后，切开脏器检查切面性状，看切面组织结构是否清晰、有无结节、出血、寄生虫及其他病变。如有特殊病灶，则对病灶进行细致检查。

(3)检查口腔、鼻腔和颈部器官时，注意有无创伤、出血、溃疡、水疱、肿胀、寄生虫等变化。剪开食管和气管，主要看食管黏膜和管壁厚度、气管分泌物的性质（浆液性、黏液性、出血性）和黏膜病变。

口腔、鼻腔和颈部器官的检查，对以口腔、食道和上呼吸道变化为主要表现形式的疫病，如鸡传染性喉气管炎、禽痘(黏膜型)、兔瘟、鸭瘟等有较大诊断价值。必要时对脑、脊髓、骨髓、关节、肌肉、腱、生殖器官进行检查。

4.剖检记录

(1)记录内容　除记录被检动物的畜种、年龄、性别、临诊摘要外，应详细记录外部检查和内部检查时各系统的变化，这是尸体剖检报告的主要依据，也是综合分析诊断的原始材料。对病变严重的器官，更要详细准确记录其病理变化。所记内容要求完整、客观、真实。记录应在检查过程中完成，不宜事后补记。

(2)病变描述　对剖检所见病变的描述，必须客观准确，反映组织器官本来的变化。对病变大小应尽可能用数字表述，或用确切的实物比喻；描述有复色的病变组织时，要分清主色和次色，一般次色在前，主色在后，如灰白色、紫红色。对色泽混杂的病变组织用实物形容，如淋巴结切面周边出血，间有灰白色淋巴组织，呈红白相间似“大理石样”；肝肿大淤血并脂肪变性时，切面呈红黄相间的“槟榔样”。无肉眼可见变化的器官，概括为“无肉眼可见变化”。

(二)病理组织学检查技术

病理组织学检查是将采集的病变组织制成切片，利用显微镜观察组织和细胞病变的方法。尤其对肿瘤的定性、脑组织病变检查有极高的价值。病理组织学检查中常用的是石蜡切片，苏木素-伊红（H.E)染色法。快速冰冻切片也越来越多地应用在动物疫病诊断中，如猪瘟、牛海绵状脑病的检测。

(1)石蜡切片　将检疫材料在10%福尔马林溶液中固定48 h，经70%、80%、95%、100%系列酒精脱水，二甲苯透明，石蜡浸蜡、包埋，切片及附贴，二甲苯脱蜡、脱二甲苯，然后作苏木素-伊红染色（细胞核染成蓝色，细胞质染成红色），中性树胶封片后镜检。

(2)冰冻切片　将新鲜组织块用10%福尔马林固定24～48 h，水洗，冰冻切片，然后经贴片、染色、脱水、透明、封片或染色后直接镜检。

三、检疫材料的采集

检疫材料又称病料或样品，采集检疫材料是动物检疫的重要环节，也是一项技术性很强的工作。病料采集、处理、保存、运送是否合理，直接影响到实验室检验结果的准确性。

(一)采集原则

1.适时采集

供检疫用的材料因检测目的和项目不同，应尽可能采集到新鲜样品。用于分离病原体的，须在动物病初发热期或出现典型临诊症状时采集；若需制备血清，在动物空腹时采血。从动物尸体采样，无论什么检测项目，都应在动物死后立即采集。若无条件，夏季最好不超过动物死后2 h；冬季不超过24 h。

2.典型采样

典型采样要求样品具有代表性。首先要选择典型动物，即未经药物治疗、病状典型的动物，这对细菌性传染病的检查尤其重要。其次要选择典型材料，通常采集病原体含量最高的材料。不同疫病的病原体在动物体内及其分泌物、排泄物中的分布、含量不同，即使同一种疫病，在病的不同时期和不同病型中，病原体在体内分布也不同。在采取病料前，对动物可能患某种疫病作出初步诊断，侧重采集该病原体常侵害的部位。如呼吸道疫病采集咽喉分泌物；消化道疫病采集粪便；发热性疫病采集血液、咽喉分泌物、粪便;水疱性疫病采集水疱皮和水疱液。

从动物尸体采样,通常采集有病变的组织、器官或病变最明显、最典型的部位。供病理组织切片的样品,应连带部分健康组织。淋巴结、心、肝、脾、肺、肾,不论有无病变,一般均应采取。

3.合理采样

合理采样是指取样动物的数量和样品的数量要合理。动物群体发病,至少采取5头(只)份动物的病料。每一种样品应有足够的数量,除确保本次实验用量外,以备必要的复检用。对于畜产品,按规定采取足量样品。皮张炭疽检疫时,在每张皮的腿部或腋下边缘部位取样,初检取1 g,复检时在同部位取2 g。

4.无菌采样

样品采集全过程应无菌操作,尤其是供微生物学检查和血清学实验的样品。采样部位、采样用具、盛放样品的容器均需灭菌处理。有些样品,如皮肤上的水疱,采集部位用清水清洗即可,忌用消毒剂消毒。

5.安全采样

在采样过程中,采样人员要注意安全,防止感染;同时防止病原扩散而造成环境污染。

(二)检疫材料的采集、处理

1.供病原学检查材料的采集、处理

(1)供微生物学检查材料的采集、处理

①血液:大、中动物选颈静脉,需要量少时可从尾静脉或耳静脉,一般每头每次10 mL;家禽从翅静脉或心脏抽取,每只每次3～5 mL。死亡动物从右心房采血。全血必须加抗凝剂以防凝固。抗凝剂可选用乙二胺四乙酸二钠(EDTA-Na)、枸橼酸钠、肝素。枸橼酸钠不宜用于病毒血样。采血前,按10 mL血液加入5%枸橼酸钠溶液1 mL或0.1%肝素1 mL或乙二胺四乙酸二钠15～20 mg的比例,把抗凝剂直接加入真空采血管或试管中,让采集的血液立即与抗凝剂混合,密封后外贴标签,送检或冷藏。但冷藏时间不宜太久,以免溶血。病毒样品,在1 mL血样中可加入青霉素和链霉素各500～1 000 IU,以抑制血源性或在采血过程中污染的细菌。供细菌学检查的血样不能加抗生素。

②分泌物和渗出液:采集口腔、鼻腔、喉气管、泄殖腔及阴道分泌物时,通常是将棉棒插入天然孔反复旋转以后蘸上分泌物,然后将样品端剪下。采集咽、食道分泌物前被检动物禁食12 h,大中动物用食道探子从已扩张的口腔伸入咽喉部、食道,反复刮取。乳汁采集前,应先清洗乳房并消毒,弃去最初挤出的几把乳汁,然后收集10～20 mL乳汁做检材。尿液可在动物排尿时采集,亦可利用导尿管采取。

取样量据检验目的而定,通常取 30～50 mL。水疱液、水肿液、关节囊液,胸腹腔渗出液可用注射器抽取,至少采取 1 mL。脓汁的采集,用棉球蘸取,或用注射器吸取。

③淋巴结、内脏器官、肌肉:淋巴结连带周围脂肪整体采集;内脏器官和肌肉,通常取病变最明显的部位,取样大小可酌情而定。采集的淋巴结、内脏器官、肌肉分别置于灭菌容器。

④采集水疱皮时,先将病变部清水清洗,剪取新鲜水疱皮 3～5 g 放入灭菌小瓶。

⑤肠管采集:选取至少 6 cm 肠管,两端结扎,从结扎线外端稍远处剪断,置灭菌玻璃容器或塑料袋中。

⑥长骨及肋骨通常整根采集:不要损伤其两端,用 5%石炭酸水溶液浸透的纱布或麻袋片包裹;亦可在骨头撒上食盐,再用麻袋片包裹。

⑦流产胎儿、家禽及其他小动物尸体、鱼等,用不透水塑料袋包紧,装入木箱送检。

⑧患病小动物:在距离实验室较近,又有较好的隔离运输条件下,可将发病小动物直接送实验室检查。

以上病料采集后,立即放到灭菌的玻璃容器,密封,外贴标签。做细菌学检查的,尽快冷藏。做病毒学检查的,尽快冷冻或加入病毒保护液。常用的病毒保护液有:含抗生素的 pH 值 7.2～7.4 磷酸盐缓冲液、50%甘油磷酸盐缓冲液、50%甘油生理盐水,亦可用灭菌生理盐水。

在采集液体材料和固体材料时均需制作涂片,供显微镜检查。液体材料如血液、胆汁、分泌物等直接用灭菌接种环取一滴,于载玻片中央均匀涂布成适当大小的薄层;组织器官则以无菌方法剪取新鲜切面,在玻片上压印(触片)或涂抹成一薄层。涂片自然干燥后,使其涂面彼此相对,两端加以火柴杆或厚纸片,用线缠紧,用纸包好,放小盒内送检。每份病料不少于 3 张涂片。

(2)供寄生虫检查材料的采集、处理

①血液采集,多从耳静脉采血,立即制成涂片标本。

②采集阴道分泌物时,用蘸有生理盐水的棉球在阴道内反复旋转擦拭,再将棉球的液体挤压在载玻片上,制成涂片。当分泌物较少时,可用 35℃左右的生理盐水冲洗阴道、子宫,收集冲洗液,离心,取沉渣涂片镜检。

③粪便样本可从动物直肠采集或采集新排出的粪便,一般采集 10～30 g。采集后置于洁净的玻璃容器或塑料袋,冷藏待检。

④被寄生虫寄生的组织、器官,采集时常连带寄生虫一并采集,放入 5%～

10%福尔马林溶液中。

⑤皮肤刮下物。蛹病病料:在病变皮肤和健康皮肤交界处采集。病变部剪毛,用锐匙或凸刃小刀,与皮肤垂直刮取皮屑,刮到皮肤微出血为止。把刮取物置于洁净小瓶,加塞。若在野外采集样品,可在刀刃上蘸些水或煤油,以防刮风吹跑病料。

蛲虫病料:用常水浸湿棉球,在马匹肛门周围及会阴部皮肤上反复擦拭,用擦拭后的棉球涂片。

⑥寄生虫虫体。体表寄生虫:用手或镊子捏取;附有虫体的羽毛可剪下,放入70%酒精、甘油酒精或5%福尔马林溶液中。

体内寄生虫:在胃肠道等组织器官洗液中发现蠕虫时,小型线虫用毛笔将虫体挑出,经生理盐水洗净后,移入70%酒精、甘油酒精或巴氏液固定。大型蠕虫像蛔虫、棘头虫、绦虫用5%~10%福尔马林溶液固定。

2.供血清学检查材料的采集、处理

(1)血清

①采血:用于制备血清的血液采出后不加抗凝剂,不进行脱纤处理。一次采血量,大中动物每头不少于10 mL,家禽不少于3 mL,雏鸡适量。需要检测双份血清比较抗体效价变化时,第二份血液采于病初,制成血清后冻结保存。然后间隔3~4周采集制备第二份血清。两份血清同时送检。

②制备血清:采血时使血液直接流入试管,加塞,立即摆成斜面,待血液凝固后竖起试管,使血清自然析出。析出的血清用注射器或吸管移至另一试管或青霉素空瓶中,加塞送检。亦可将血液离心分离血清。做血清学检测的血液,在采集、运送、制备血清过程中,均应避免震动和冻结,防止溶血,影响检测结果。

③血清保存:制备的血清若能在一周内检测,4℃冷藏。若需保存较长时间,应于-30℃冻结。

(2)抗原　抗原材料的采集、处理方法同微生物学检查材料的采集和处理。

3.供病理组织学检查材料的采集、处理

(1)选材　病理组织学检查材料是供切片镜检用的,为了在显微镜下正确辨别组织和细胞病变,一个视野中应包含病理组织和健康组织。因此,应选择病变部位与健康部位交界处的组织作为检材。而且健康组织应包括器官的主要构造,例如肾组织应包括皮质、髓质、肾盂;肝脏、脾脏等应连有被膜。较重要的病变要多取几块,以展示病变的发展过程。若同一器官有不同的病变,分别采取。

(2)采集　切取组织块要用锋利的刀具,切割时必须迅速而正确,忌用拉锯式来回切割。供切片用的组织块大小为1.5 cm×1.5 cm×0.5 cm,但采集的新鲜组织块要大一些和厚一些，以便固定后重新修整组织块，并留有备用部分。组织块固定前切忌触摸、挤压，以防改变组织原有结构和性状。

(3)固定　常用的固定液有10%福尔马林溶液、95%酒精、鲍因氏液(Bouni氏液)等。固定液的量应是病料体积的5～10倍。固定时间通常为12～24 h。若需长期保存，经12～24 h后更换一次固定液。

固定时在容器底部垫以脱脂棉，以防组织粘底而固定不良。若有几个病例的组织固定在同一容器时，应把每一病例的组织块用纱布包好，附上标签再投入固定液中。

供快速冰冻切片检查用的组织常不经固定，采样后尽快送检。如当天不能送出或检查，必须冻结保存，以免组织腐败和自溶。

(三)检疫材料的包装和运送

1.包装

(1)包装容器　直接包装检疫材料的容器可选择玻璃或塑料制品；运输时的外包装常用木箱、保温瓶、保温箱。所有容器必须完整无损，密封性能良好，清洁无污染。供病原学检查的容器，清洗后经干热灭菌或高压灭菌并烘干。塑料制品耐高压的高压灭菌，不耐高压的紫外线消毒或熏蒸消毒。

(2)包装要求　一种材料一个容器，不可将多种病料或多头家畜的病料混装在一起。一个容器装量不能过满。液体样品不能超过总容量的70%。装入样品的容器必须加塞、加盖，并用胶布封固。液体病料在胶布外还需用溶化石蜡加封。选用塑料袋作容器，需用两层包装，分别用线结扎袋口，防止液体露出或水进入袋中。

(3)贴标签　所有装入样品的容器均需贴附标签。标明样品名称、动物种类、采集时间、采集地点、样品编号等内容。

2.运送

(1)供病毒学检查的样品　病毒学检材要在特定的温度下，置于保温容器(保温瓶或保温箱)中运输。血液样品要单独存放在保温瓶中，不能和其他样品混合。对冷藏样品，若能在4 h内送到实验室，在保温瓶中加入冰块或冰袋，冷藏运输；否则，应将样品进行冷冻处理。对冻结的样品，必须在24 h内冷藏送到实验室。若在24 h内不能送到实验室，要冷冻运输，即在运输过程中样品的环境温度应保持在－20℃以下。各种样品到达实验室后，若暂时不进行实验，则应在－70℃或－70℃以下保存。不要反复冻融。

(2)供细菌学和寄生虫学检查的样品　经冷藏的材料在24 h内能送到，可以冷藏运输，亦可常温运输。否则，必须冷藏运输。

(3)血清样品　经冷藏处理的血清，在24 h内能送到实验室，冷藏运送；否则，先将血清冷冻。经冷冻处理的血清，在保温箱内加大量冰袋运送，在 48 h 内到达实验室。

(4)玻片标本和病理组织学样品　常温运送。

3. 采样单

每一份样品或每一批样品均要有采样单。采样单一式三份，第一联采样单位保存，第二联跟随样品，第三联由被采样单位保存。采样单内容见表 4-2。

表 4-2　采样单

畜种：____________ 年龄：____________ 性别：____________

样品名称：____________ 采自（活体或尸体）：____________

样品数量：________________________

样品编号：________________________

采样日期：________________________

样品保存条件：________________________

被采样单位：____________ 联系电话：____________

采样单位：____________ 联系电话：____________

被检目的：________________________

备注：________________________

注：表中备注一项应写明症状、病理变化、发病率、死亡率、免疫接种等对诊断有帮助的信息。

四、病原学检查技术

(一)细菌性传染病病原检查

1. 显微镜检查法

(1)病料处理　将病料涂成薄而均匀的涂片，室温下自然干燥；若为细菌培养物涂片用火焰固定，血液和组织涂片多用甲醇固定；然后据检查目的选择合适的染色方法。

常用的染色方法有：革兰氏染色法、美蓝染色法、瑞氏染色法和姬姆萨染色法。有些细菌需采用特殊染色方法，如结核杆菌和副结核杆菌用萋-尼氏抗酸性染色法；布鲁氏菌用柯氏鉴别染色法；钩端螺旋体用镀银染色法。有时为观察细菌特殊构造，也需要特殊染色如用荚膜染色法观察细菌的荚膜。

(2)显微镜检查　经染色水洗后的涂片标本，用吸水纸吸干（切勿摩擦），亦可在酒精灯火焰的远端烘干。滴加香柏油，用油镜观察细菌的形态结构和染色特性。

2. 培养检查法

各种细菌在培养基上培养时，表现出一定的生长特征，可作为鉴别细菌种属的重要依据。

(1)固体培养基上菌落性状的检查　细菌在固体培养基上培养,长出肉眼可见的细菌菌落。其菌落大小、形状、边缘特征、色泽、表面性状和透明度等因不同菌种而异。因此,菌落特征是鉴别细菌的重要依据。

(2)液体培养基上液体性状的观察　细菌在液体培养基中生长可使液体出现混浊、沉淀,液面形成菌膜以及液体变色、产气等现象。在普通肉汤中,大肠杆菌生长旺盛使培养基均匀混浊,培养基表面形成菌膜,管底有黏液性沉淀,并常有特殊粪臭气味;而巴氏杆菌则使肉汤轻度混浊,管底有黏稠沉淀,形成菌环;绿脓杆菌生长旺盛,肉汤呈草绿色混浊,液面形成很厚的菌膜。

3.生化试验

生化试验是利用生物化学的方法,检测细菌在人工培养繁殖过程中所产生的某种代谢产物是否存在,是一种定性检测。不同的细菌,代谢产物各异,表现出不同的生化性状,这些性状对细菌种属鉴别有重要价值。生化试验的项目很多,常用的生化反应有糖发酵试验、靛基质试验、V-P 试验、甲基红试验、硫化氢试验等。

4.动物试验

通过动物试验可以分离并鉴定细菌。最常用的实验动物有:小鼠、大鼠、豚鼠和家兔。实验动物接种方法有:皮下接种法、腹腔接种法、肌肉接种法、静脉注射法。动物接种以后应立即隔离饲养,每天从静态、动态和摄食饮水诸方面进行观察,做好记录。对发病和死亡的实验动物及时剖检,观察病理变化,并采取病料接种培养基,分离病原体。

(二)病毒性传染病病原检查

1.病毒分离培养

病毒分离培养要求活的组织、细胞。常用的方法有鸡胚接种、动物组织培养和动物接种。

(1)样品处理　将检疫材料制成混悬液,并加入抗生素以去除污染的杂菌,而后离心取上清液供病毒分离培养。无菌的体液如腹水、水疱液、脱纤血液等,可以不作处理,直接进行病毒分离培养。

(2)鸡胚接种　来自禽类的病毒均可在鸡胚中增殖,某些哺乳动物的病毒像蓝舌病病毒也可在鸡胚中繁殖。

①鸡胚的选择:选择健康无病鸡群或无特定病原体（SPF)鸡群的新鲜受精蛋孵化。鸡胚日龄据接种途径和接种材料而定。痘病毒,适合绒毛尿囊膜接种,用10～13 日龄鸡胚;鸡新城疫病毒,适合绒毛尿囊腔接种,用 9～11 日龄鸡胚;流行性乙型脑炎病毒,适合卵黄囊内接种,用 5～8 日龄鸡胚。

②绒毛尿囊腔接种程序:照蛋(用铅笔在蛋壳上画出气室线位置)→打孔(距气室线下 1 cm 处或气室顶端)→接种(针头沿小孔插入,深 1.5 cm)→封孔(用融化

石蜡封闭小孔)。接种完成后将鸡胚置孵育箱培养 48～72 h,期间检查鸡胚病变,收获病毒。

(3)动物组织培养 在病毒分离培养中广泛采用细胞培养技术。细胞培养技术分单层细胞培养和悬浮细胞培养。单层细胞培养使细胞在器皿的表面生长出一层或数层细胞,常用于病毒的分离繁殖。悬浮细胞培养是把细胞悬浮在营养液中进行培养,这种方法可连续进行,多用于疫苗生产。

(4)动物接种 同细菌学检查。

2.病毒检查方法

(1)包涵体检查 有些病毒(如狂犬病病毒、犬瘟热病毒)在细胞内增殖后,细胞内会出现一种异常的斑块,这就是包涵体。包涵体用塞勒氏染色法染色(也可用姬姆萨染色),在普通光学显微镜下即可看到。包涵体的形态、大小、位置等因病毒的种类不同而异,因此有助于病毒的鉴定。狂犬病病毒的包涵体即尼氏小体位于神经细胞的胞浆内,用大脑的海马角、小脑或延脑触片,塞勒氏染色镜检,呈圆形、卵圆形,樱桃红色;伪狂犬病病毒的包涵体位于细胞核内;也有病毒的包涵体在细胞核和细胞浆内同时存在,如犬瘟热病毒。

(2)病毒培养性状观察 病毒在活的细胞内培养增殖后,使易感动物、鸡胚、细胞发生病变或变化,能用肉眼或在普通光学显微镜下观察到,可供鉴别。像鸡新城疫病毒在鸡胚绒毛尿囊腔生长后,鸡胚全身皮肤有出血点,尤其是脑后;鸡胚绒毛尿囊膜接种鸡痘病毒产生痘斑病变。细胞病变需在光学显微镜下观察,常见病变有:细胞变形皱缩,胞浆内出现颗粒,核浓缩,核裂解或细胞裂解,出现空泡。根据病毒的细胞培养性状,结合被检动物临诊表现可作出预测性诊断。

(3)病毒形态学观察 病毒形态学观察有直接电镜观察和免疫电镜技术。直接电镜观察,是将被检材料经处理浓缩和纯化,用 2%～4%磷钨酸钠染色,在电子显微镜下直接观察散在的病毒颗粒。免疫电镜技术是把抗原抗体反应的特异性与电镜的高分辨率相结合而建立的检测新技术。将待检样品与抗血清混合后,形成抗原抗体复合物,经超速离心,吸取沉淀物染色,电镜观察。由于抗体将病毒浓缩在一起,极大地提高了检出率和敏感性。

(4)病毒核酸检测 病毒主要由核酸和蛋白质组成,核酸构成病毒的核心。一种病毒只含有一种核酸(DNA 或 RNA)。通过检测病毒核酸达到诊断疫病的目的。目前,最常用的检测方法是聚合酶链式反应。

(三)寄生虫病病原检查

1.虫卵检查法

主要用于动物蠕虫病诊断,尤其是寄生在动物消化道及其附属腺体中的寄生虫。一般取动物粪便检查。

(1)直接涂片镜检　先于载玻片中央滴加一滴生理盐水或蒸馏水，再用灭菌环挑起少许粪便，在水滴中混合，均匀涂布成适当大小的薄层，显微镜检查。但在粪便中虫卵较少时，检出率不高。

(2)集卵法检查　利用不同比重的液体对粪便进行处理，使粪中的虫卵下沉或上浮而被集中起来，再进行镜检，提高检出率。其方法有水洗沉淀法与饱和盐水漂浮法。

①水洗沉淀法：取 5～10 g 被检粪便放入烧杯或其他容器，捣碎。加常水 150 mL 搅拌，过滤，滤液静置沉淀 30 min，弃去上清液，保留沉渣。再加水，再沉淀，如此反复直到上清液透明，弃去上清液，取沉渣涂片镜检。此方法适合比重较大的吸虫卵和棘头虫卵的检查。

②饱和盐水漂浮法：取 5～10 g 被检粪便捣碎，加饱和食盐水（1 000 mL 沸水中加入食盐 400 g，充分搅拌溶解，待冷却，过滤备用）100 mL 混合过滤，滤液静置 45 min 后，取滤液表面的液膜镜检。此法适用于线虫卵和绦虫卵的检查。

2. 虫体检查法

(1)蠕虫虫体检查法　绝大多数蠕虫的成虫较大，肉眼可见，用肉眼观察其形态特征可作诊断。幼虫检查法主要用于非消化道寄生虫和通过虫卵不易鉴定的寄生虫的检查。如肺线虫的幼虫用贝尔曼氏幼虫分离法（漏斗幼虫分离法）和平皿法。平皿法特别适合检查球形畜粪，取 3～5 个粪球放入小平皿，加少量 40℃ 温水，静置 15 min，取出粪球，低倍镜下观察液体中活动的幼虫。另外，丝状线虫的幼虫常采取血液制成压滴标本或涂片标本，显微镜检查；血吸虫的幼虫需用毛蚴孵化法检查；旋毛虫、住肉孢子虫则需进行肌肉压片镜检。

(2)蜘蛛昆虫虫体检查法　通常采用煤油浸泡法，病料置于载玻片上，滴加数滴煤油，上覆另一载玻片，用手搓动两玻片使皮屑粉碎，镜检。对于蜱等其他蜘蛛昆虫，常采用肉眼检查法。

(3)原虫虫体检查法　原虫大多为单细胞寄生虫，肉眼不可见，须借助于显微镜检查。

①血液原虫检查法：有血液涂片检查法（梨形虫的检查）、血液压滴标本检查法（伊氏锥虫的检查）、淋巴结穿刺涂片检查法（牛环形泰勒虫的检查）。

②泌尿生殖器官原虫检查法：可将采集的病料放于载玻片，并防止材料干燥，高倍镜、暗视野镜检，能发现活动的虫体。也可将病料涂片后甲醇固定，姬姆萨染色，镜检。

③球虫卵囊检查法：同蠕虫虫卵检查的方法，可直接涂片，也可用饱和盐水

漂浮。若尸体剖检,家兔可取肝脏坏死病灶涂片,鸡可用盲肠黏膜涂片,染色后镜检。

④弓形虫虫体检查法:活体检疫,可取腹水、血液或淋巴结穿刺液涂片,姬姆萨染色,镜检,观察细胞内外有无滋养体,包囊。尸体剖检,可取脑、肺、淋巴结等组织作触片,染色镜检。亦常取死亡动物的肺、肝、淋巴结或急性病例的腹水、血液作为病料,于小鼠腹腔接种,观察其临诊表现并分离虫体。

(四)PCR 技术检验

1. PCR 技术的主要用途

聚合酶链式反应,是 20 世纪 80 年代开发的一种体外快速扩增特异性 DNA 片段的技术。应用这一技术,可以将生物材料中微量的目的 DNA 片段在体外扩增上百万倍甚至一千万倍,从而获得大量特异性核酸。目前,PCR 技术已广泛应用于病原微生物的微量检测、突变基因筛选、法医学鉴定等与生命有关的各个领域。在动物检疫中,它主要用于微量样品和不完整病原的检测,尤其适用于个体极小、难以观察且难于人工培养的病毒的检测。过去用常规检测技术几天甚至几周才能完成的试验,用该技术几个小时便可完成,并且该技术操作的每一步都不需要活的病毒,不会造成病原对环境的污染,对防疫有重大意义。

2. PCR 技术的原理

(1)PCR 反应基本成分　要被复制的 DNA 模板(目的 DNA)、特异性引物(寡核苷酸片段)、DNA 聚合酶(常用 Taq 酶,一种从嗜热杆菌中提取的耐热酶)、4 种脱氧核糖核苷酸(dNTP)、含 Mg^{2+} 的缓冲溶液。

(2)反应原理　PCR 以欲扩增的 DNA 分子作为模板,以人工合成的两条寡核苷酸片段作为引物,以 4 种脱氧单核苷酸作为原料,在耐高温的 DNA 聚合酶作用下,按半保留复制和碱基配对原理,将 4 种 dNTP 沿模板链逐个加入延伸直到合成新的 DNA。新合成的 DNA 又成为下一个循环的模板 DNA。如此重复,即可使目的 DNA 片段得到扩增。

3. PCR 技术的基本步骤

(1)模板 DNA 变性(高温变性)　将欲扩增的目的 DNA 在 95℃ 5 min 变性,使其双链的氢键断裂,螺旋分开,形成两条单链 DNA。

(2)引物结合(低温退火)　将反应系统温度下降至适宜温度(通常为 37～55℃),使引物分别与模板单链 DNA 配对互补结合,形成局部双链。

(3)引物延伸　将温度升至 72℃,DNA 聚合酶以 4 种 dNTP 为原料,在 Mg^{2+} 存在的条件下,从引物 3′羟基端开始,与模板 DNA 上的碱基配对逐个加入核苷酸,合成新的 DNA。

4.特异性核酸的检出

取PCR产物与加样缓冲液混合，加入琼脂糖凝胶板的加样孔中，在一定电压下电泳30～40 min。荏紫外凝胶成像仪或紫外分析仪上观察结果。

五、免疫学检查技术

（一）血清学检测技术

血清学检测技术种类繁多，有操作简单的凝集反应、沉淀反应；有操作较为复杂的补体结合反应，细胞中和试验；亦有广泛应用在疫病诊断中的酶标记抗体技术等。而这些技术都是建立在抗原抗体特异性反应基础之上。抗原与相应抗体在体外一定条件下发生反应，这种反应现象能用肉眼观察到或通过仪器检测出来。因此，可利用抗原抗体中已知的任何一方去检测未知的另一方，以达到检疫目的。

1.凝集反应

（1）直接凝集反应　直接凝集反应有玻片法和试管法。玻片法在洁净的载玻片或玻璃板上进行；试管法在洁净的试管中进行。主要试剂有被检血清，凝集抗原，标准阳性血清，标准阴性血清，稀释液。

直接凝集反应主要用在布鲁氏菌病、鸡白痢、鸡支原体病、猪传染性萎缩性鼻炎等疫病的检疫中。

（2）间接凝集反应　先将可溶性抗原（或抗体）吸附在载体颗粒（红细胞、乳胶等）表面，然后与相应抗体（或抗原）作用。间接凝集反应若以红细胞（多用绵羊红细胞）作载体，称为间接血凝反应；若以乳胶作载体，称为乳胶凝集反应。

间接凝集反应若用已知抗原吸附在载体上来鉴定抗体，称为正向间接凝集反应；若用已知抗体吸附在载体上来鉴定抗原，称为反向间接凝集试验。反向间接凝集试验主要用于猪传染性水疱病与猪口蹄疫检测。

（3）血凝和血凝抑制试验　血凝和血凝抑制试验即通常所说的抗体检测。某些病毒能选择性凝集某些动物的红细胞，这种凝集红细胞的现象称为血凝（HA）。而在病毒悬液中加入特异性抗体作用一定时间，再加入红细胞时，红细胞的凝集被抑制（不出现凝集现象），称红细胞凝集抑制反应（HI）。HA和HI广泛应用在鸡新城疫、禽流感、鸡减蛋综合征等疫病的诊断检测中。试验常在V型96孔微量反应板上进行。

2.沉淀反应

（1）环状沉淀反应　反应在小试管中进行，当沉淀素血清与沉淀原发生特异性反应时，在两液面接触处出现致密、清晰明显的白环，即环状沉淀反应阳性。常用于炭疽病的诊断和皮张炭疽检疫。

(2)琼脂扩散反应　在半固体琼脂凝胶板上按备好的图形打孔,一般由一个中心孔和 6 个周边孔组成一组,孔径 4～5 mm,孔距 3 mm。中心孔滴加已知抗原悬液,周围孔滴加标准阳性血清和被检血清。当抗原抗体向外自由扩散而特异性相遇时,在相遇处形成一条或数条白色沉淀线,即琼扩试验结果阳性。

琼脂扩散试验是马传染性贫血、鸡马立克氏病、鸡传染性支气管炎、鸡传染性喉气管炎及鸡传染性法氏囊病常用的诊断方法。此外,把琼脂扩散试验与电泳技术相结合建立起免疫电泳试验,它使抗原抗体在琼脂凝胶中的扩散移动速度加快,并限制了扩散移动的方向,缩短了试验时间,增强了试验的敏感性。

3.标记抗体技术

虽然抗原与抗体的结合反应是特异性的,但在抗原、抗体分子小,或抗原、抗体含量低的时候,抗原、抗体结合后所形成的复合物却不可见,给疫病检测带来困难。而有一些物质如酶、荧光素、放射性核素、化学发光剂等,即便在微量或超微量时也能用特殊的方法将其检测出来。因而,人们将这些物质标记到抗体分子上制成标记物,把标记物加入到抗原抗体反应体系中,结合到抗原抗体复合物上。通过检测标记物的有无及含量,间接显示抗原抗体复合物的存在,使疫病获得诊断。

根据抗原抗体结合的特异性和标记分子的敏感性而建立的诊断检测技术,称为标记抗体技术。免疫学检测中的标记技术主要包括酶标记抗体技术、荧光标记抗体技术、化学发光免疫检测技术、胶体金免疫检测技术、同位素标记技术以及 SPA(葡萄球菌 A 蛋白)免疫检测技术等。

(1)酶标记抗体技术　主要有免疫酶染色法和酶联免疫吸附试验(ELISA)。ELISA 是目前生产中应用广、发展快的检测新技术之一,具有简便、快速、敏感、易于标准化、适合大批样品检测的特点。在动物检疫中被用于众多传染病、寄生虫病的诊断检测,是猪伪狂犬病、猪繁殖与呼吸综合征、猪弓形虫病、猪囊虫病、猪旋毛虫病以及牛白血病、禽白血病等疫病诊断的农业行业标准方法。

①基本原理:ELISA 是将抗原抗体反应的特异性和酶催化底物反应的高效性与专一性结合起来,以酶标记的抗体(或抗原)作为主要试剂,与吸附在固相载体上的抗原(或抗体)发生特异性结合。滴加底物溶液后,底物在酶的催化下发生化学反应,呈现颜色变化。据颜色深浅用肉眼或酶标仪判定结果。

②固相载体:ELISA 全过程在固相载体上进行。固相载体有聚苯乙烯微量滴定板、聚苯乙烯球珠、醋酸纤维素滤膜、疏水性聚酯布等。其中最常使用的载体是聚苯乙烯微量滴定板,又称酶标板(48 孔或 96 孔)。在此板上进行的 ELISA,就是通常所说的 ELISA 方法。

③常用于标记的酶及显色底物,见表 4-3。

表 4-3　常用的酶及显色底物

酶	底物	加终止液前颜色	加终止液后颜色
辣根过氧化物酶(HRP)	邻苯二胺(OPD)	橙黄色	棕色
	四甲基联苯胺(TMB)	蓝色	黄色
碱性磷酸酶(AP)	对硝基苯磷酸醋(P-NMD)	黄色	黄色

④主要实验材料：酶标板、酶标仪；酶标抗体、包被液、样品稀释液、洗涤液、底物溶液、反应终止液及标准阴性、阳性血清等。

⑤主要实验方法。

a. 间接法：用于测定抗体。将已知抗原吸附于酶标板上（吸附的过程称为载体包被或致敏），然后加入待检血清样品，经一定时间培育，加入酶标抗体（酶标二抗），形成抗原-待检抗体-酶标抗体复合物。加入底物溶液，在酶的催化作用下产生有色物质。样品含抗体愈多，出现颜色愈快愈深。

b. 双抗体法（双抗体夹心 ELISA）：用于测定大分子抗原。用已知纯化的特异性抗体致敏酶标板，然后加入待检抗原溶液，经培育，加入酶标抗体，形成抗体-待检抗原-酶标抗体复合物。加入底物溶液，在酶催化下产生有色物质，有色物质的量与抗原含量成正比。样品抗原含量愈多，颜色愈深。

c. 竞争法：竞争法主要用于测定小分子抗原和半抗原。用已知特异性抗体将酶标板致敏，加入待检抗原和一定量的酶标记抗原共同培育，两者竞争性地与酶标板上的限量抗体结合，待检溶液中抗原越多，则形成的非标记复合物就多，酶标记复合物就少，有色产物就减少。反之，有色产物多。因此，底物显色程度与待检抗原含量成反比。该方法阳性对照仅加酶标记抗原。

(2)荧光标记抗体技术　荧光标记抗体技术又称免疫荧光技术（IFT)，是在免疫学、生物化学和显微镜技术基础上建立的诊断方法，主要用于抗原的定位、定性。该技术的主要特点是特异性强、敏感性高、检测速度快。

荧光抗体技术是将不影响抗原抗体特异性反应的荧光色素标记在抗体分子上，当荧光标记的抗体与相应抗原结合后，在荧光显微镜下可观察到特异性荧光，以此得到诊断。生产中应用最广的荧光色素是异硫氰酸荧光素（FITC)，在荧光显微镜下呈现明亮的黄绿色荧光。另外有四乙基罗丹明，呈现明亮的橙色荧光；四甲基异硫氰酸罗丹明，出现橙红色荧光。

4. 补体结合试验

补体结合反应（CFT)全过程由两个系统构成，有 5 种成分参与。一为反应系统（溶菌系统)，由已知抗原（或抗体)、被检血清（或抗原)、补体组成；另一为指示系统（溶血系统)，包括绵羊红细胞、溶血素（即抗绵羊红细胞抗体)、补体。补体常用豚鼠血清。补体没有特异性,只能与抗原-抗体复合物结合并被激活才产生溶血作用。

如果反应系统中抗原、抗体发生特异性结合形成复合物,加入定量补体后就被结合,但这一反应肉眼看不见。加入指示系统,由于缺乏游离补体,则不发生溶血现象,即为补体结合反应阳性。如果反应系统中抗原、抗体是非特异性的,不能形成免疫复合物,补体就游离于反应液中,加入指示系统后,被溶血素—绵羊红细胞形成的复合物结合激活,出现溶血反应,即补体结合反应阴性。

补体结合反应分直接法、间接法、固相法等。最常用的是直接法,如布鲁氏菌病检疫。

(二)变态反应检测技术

(1)基本原理　变态反应也叫过敏反应,其实质是异常的免疫反应或病理性的免疫反应。动物患某些传染病后,由于病原微生物或其代谢产物对动物机体不断地刺激,使动物机体致敏。当过敏的机体再次受到同种病原微生物刺激时,则表现出异常高度反应性,这种反应性可以表现在动物体的外部器官或皮肤上。因此,用已知的变应原(引起变态反应的物质,也叫过敏原)给动物点眼,皮下、皮内注射,观察是否出现特异性变态反应,进行变态反应诊断。

(2)实际应用　变态反应诊断主要应用于一些慢性传染病的检疫与监测。尤其适合动物群体检疫,畜群净化,是牛结核病、马鼻疽检疫的常规方法。以马鼻疽检疫为例,简要说明变态反应诊断。

马鼻疽检疫,可用鼻疽菌素点眼、眼睑皮内注射或皮下注射,常用鼻疽菌素点眼法。点眼法需进行两次点眼,中间间隔 5～6 d。两次点眼必须点于同一眼,一般点于左眼。每次点眼用鼻疽菌素原液 3～4 滴。在点眼后第 3、6、9 h 三次观察,判定反应,并尽可能在第 24 h 再检查一次。

最终判定,以两次点眼中反应最强的一次为准。阳性反应者,眼结膜发炎,肿胀明显,并分泌数量不等的脓性眼眵;眼睛无反应或有轻微充血、流泪,则为阴性反应。

第三节　动物检疫的内容及处理

一、产地检疫

(一)产地检疫的概念、意义和要求

1. 产地检疫的概念

产地检疫是指动物、动物产品在离开饲养地或生产地之前进行的检疫,即到饲养场、饲养户或指定的地点检疫。产地检疫的目的是及时发现染疫动物、染疫动物产品及病死动物，将其控制在原产地，并在原产地安全处理，防止其进入流通环节。

2. 产地检疫的意义

(1)动物产地检疫的实施是落实预防为主的方针，防止患病动物、动物产品的污染，通过产地检疫，能及时发现病原，并及时采取措施，消灭传染源，切断传播途径，从而有效地防止病原扩散传播。

(2)加强动物产地检疫，防止疫病进入流通领域，可以减轻流通领域检疫时间紧、工作量大的压力，减少误检漏检率，提高检疫的正确性。

(3)通过查验免疫档案和动物免疫标识，可以监督畜主依法防疫，促进落实"动物疫病强制免疫制度的实施及可追溯管理"，确保动物、动物产品安全。

由此可见，动物产地检疫是预防、控制和扑灭动物疫病的治本措施，是整个动物检疫工作的基础。应把动物产地检疫工作作为动物防疫工作的重点，常抓不懈，抓紧抓实。

3. 产地检疫的要求

(1)检疫人员应到场入户或到指定地点进行现场检疫。结合当地动物疫情、疫病监测情况和临诊检查，合格者方可出具检疫合格证明，不得坐站出证。

(2)当地动物防疫监督机构应按检疫要求，定期对本地区动物特别是种用动物、奶牛场进行疫病检查。凡新引进动物，要严格隔离一定时间(一般大中动物45 d，其他动物30 d)，经确认无疫病后方可投入生产。

(3)当发生动物疫情时，应及早确诊并上报，及时采取有效措施。不得隐瞒或随意处置。对不合格的动物产品，应按规定作出处理。

(二)产地检疫的实施程序

1. 产地检疫报检

检疫应当首先由当事人提出申报检疫。根据《中华人民共和国动物防疫法》第四十一条规定，"屠宰、出售或者运输动物以及出售或者运输动物产品前，货主应当按照国务院兽医主管部门的规定向当地动物卫生监督机构申报检疫"，应当首先由当事人提出申报检疫，才能启动检疫程序。因此，本条第一款明确规定了国家对检疫工作实行申报检疫制度。

(1)屠宰、出售或者运输动物以及出售或者运输动物产品前，货主应当按照国务院兽医主管部门的规定向当地动物卫生监督机构申报检疫。2002年农业部发布的《动物检疫管理法》第十一条规定，货主按下列时间向动物卫生监督机构提前报检：动物产品、供屠宰或者育肥的动物提前3 d；种用、乳用或者役用动物提前

15 d;因生产生活特殊需要出售、调运和携带动物或者动物产品的,随报随检。

(2)屠跨省、自治区、直辖市引进乳用动物、种用动物及其精液、胚胎,根据《动物防疫法》第四十六条规定,凭引进地省、自治区、直辖市动物卫生监督机构的检疫审批手续到输出地动物卫生监督机构申报检疫。

(3)屠若输入到无规定动物疫病区的动物、动物产品,根据《动物防疫法》第四十五条规定,货主应当按照国务院兽医主管部门的规定向无规定动物疫病区所在地动物卫生监督机构办理检疫报检,检疫所需费用纳入无规定动物疫病区所在地地方人民政府财政预算。

(4)屠人工捕获的可能传播动物疫病的野生动物,根据《动物防疫法》第四十七条规定,应当向捕获地动物卫生监督机构申报检疫,经检疫合格的,方可饲养、经营和运输。

(5)屠申报方式与受理。申报方式可电话口头提出,内容含动物种类、数量、起运地点、到达地点、运输方式和约定检疫时间等。动物防疫监督机构接到申报后,必须填写报检记录,按约定时间派官方兽医(未执行官方兽医制度前,仍派动物防疫监督机构的动物检疫员)到现场或指定地点实施检疫,在运输、出售前作出检疫结论,合格的出具相关检疫合格证明等。

动物卫生监督机构本着有利生产、促进流通、合理布局、方便群众、方便检疫的原则,在辖区内设立的动物检疫申报点,在动物检疫申报点路旁设立申报点标牌,标明申报点地址、联系人姓名和联系人电话。

2.实施动物产地检疫

实施家畜产地检疫应按《畜禽产地检疫规范》(GB 16549—1996)和《畜禽标识和养殖档案管理办法》以及国务院畜牧兽医主管部门规定进行。

(1)疫情调查　向畜主、防疫员询问饲养管理情况、近期当地疫病发生情况和邻近地区的疫情动态等情况,了解当地疫情;结合对饲养场、饲养户的实际观察,确定动物是否来自于疫区。

(2)查验免疫档案和免疫耳标　向畜主索取动物的免疫档案,核实免疫档案的真伪、检查是否按国家或地方的规定进行免疫接种,并认真核对免疫有效期和查验免疫耳标,确定动物是否具备合格的免疫标识。

(3)临诊健康检查　主要检查被检动物是否健康。动物产地检疫以临诊感观检查为主,主要看动物静态、动态和饮食状态是否正常,对个别疑似患病动物需进行详细的个体检查。对种用、乳用、役用动物除临诊检查外,应按检疫要求进行特定项目的实验室检验。如奶牛结核病、布鲁氏菌病的检查等。

(4)产地检疫的结果判定　检疫结果是动物产地检疫的出证条件。

①动物必须来自非疫区。

②动物具备合格的免疫档案(特别是强制免疫项目)及猪、牛、羊佩戴有合格的免疫耳标,并在免疫有效期内。

③群体和个体临诊健康检查,结果合格。

④种用、乳用、役用家畜按规定的实验室检查项目检验,结果合格。

凡产地检疫的动物同时符合以上4个条件的,其检疫结果判定为合格。否则,其结果判定为不合格。

3.实施动物产品产地检疫

(1)种蛋或蛋品检疫

①必须来自非疫区。

②种蛋的供体必须无国家规定的动物疫病,供体有健康合格证明。

③经感官检查、灯光透视检查合格,如必须做沙门氏菌检验,结果应为阴性。

④种蛋经消毒处理,包装箱消毒后加贴消毒封签或消毒标志。种禽场收集种蛋后应尽快进行检疫消毒,这不但能达到消毒的目的,而且对提高出雏率和雏鸡成活率均有明显的效果。可选用1∶1 000百毒杀、0.1%碘液、1.5%漂白粉等进行浸泡、喷雾消毒,或采用熏蒸消毒法。

(2)精液和胚胎的检疫

①精液和胚胎必须来自非疫区。

②精液和胚胎供体必须无国家规定的动物疫病,供体有健康合格证明。

③采用0.1%新洁尔灭、0.1%碘液浸泡或喷湿等方法,对外包装进行消毒后加贴统一规定使用的外包装消毒封签或消毒标志。

(3)其他动物产品的检疫　对毛、羽、绒、皮、蹄、骨、角等特殊动物产品的检疫比较困难,除查清产品的来源外,要进行感官检查。实验室主要进行炭疽杆菌的检查。这类动物产品若原产地无规定动物疫情,经检疫未发现规定的动物疫病,并按有关要求进行消毒,出具《动物产品检疫合格证明》或《出县境动物产品检疫合格证明》。

4.动物产地检疫的处理

(1)产地检疫为合格的处理　经检疫合格的动物、动物产品,由动物防疫监督机构出具检疫合格证明,动物产品同时加盖或者加封动物防疫监督机构使用的验讫标志。

①被检动物、动物产品在本县(市)范围内交易、迁移(指买卖、交换、屠宰等)的,出具《动物产地检疫合格证明》或《动物产品检疫合格证明》;有运载工具的进行运载工具消毒,消毒合格后,出具《动物及动物产品运载工具消毒证明》。

②被检动物、动物产品运出县境的，应出具《出县境动物检疫合格证明》或《出县境动物产品检疫合格证明》；运载工具消毒后，出具《动物及动物产品运载工具消毒证明》。

③出证注意事项：一是"出具检疫合格证明和运载工具消毒证明"应当使用规范票证与印章，按规范填写；二是动物检疫合格证明有效期最长为7 d，赛马等特殊用途的动物检疫合格证明有效期为15 d，超过有效期必须重检；三是动物产品检疫证明的有效期，应根据产品种类、用途、运输距离等情况确定，但最长不得超过30 d；运载工具消毒证明有效期与当次运输动物的检疫合格证明有效期相同。

(2)产地检疫结果不合格的处理　根据《动物防疫法》第四十八条规定，"经检疫不合格的动物、动物产品，货主应当在动物卫生监督机构监督下按照国务院兽医主管部门的规定处理，处理费用由货主承担"。明确了对检疫不合格的动物、动物产品作无害化处理，实施主体是货主，监督主体是动物卫生监督机构。

若因被检疫家畜没有按照国家和地方强制免疫接种项目要求免疫，无免疫档案，无免疫耳标或动物不在免疫有效期内的，不得出具检疫合格证明；按规定给以警告处理，补免后填写免疫档案，建立免疫标识，待产生坚强免疫力后再申报检疫。除此以外，产地检疫结果不合格的动物、动物产品按《畜禽病害肉尸及其产品无害化处理规程》(GB 16548—1996)等相关法规处理并填写《病死畜禽(肉)无害化处理登记表》。

二、屠宰检疫

屠宰检疫是在经审批定点畜禽屠宰场(点)进行的，屠宰场(点)的动物防疫条件应当达到《动物防疫条件审核管理办法》(中华人民共和国农业部令第15号)、《生猪屠宰检疫规程》(NY/T 909—2004)的要求；畜禽屠宰场(点)要完善并上公示有关动物防疫检疫法规、制度、操作程序等。

屠宰检疫包括宰前检疫与宰后检疫，具体检疫方法要按照《畜禽屠宰卫生检疫规范》(NY 467—2001)、《家畜屠宰检疫规范》(DB 35/413—2000)、《家禽屠宰检疫规范》(DB 35/414—2000)、《生猪屠宰检疫规范》进行。

(一)宰前检疫

对待宰动物活体所进行的检疫称为宰前检疫。宰前检疫是屠宰检疫的重要组成部分。

1. 宰前检疫的作用

(1)宰前检疫通过查证验物，督促动物免疫接种和动物产地检疫工作的实施，发现和纠正违反《动物防疫法》法律法规的行为，维护法律的尊严。

(2)通过宰前检疫能及时查出患病动物，可发现因运输过程而诱发疫病，同时能弥补宰后检疫的不足，减轻了宰后检疫的压力，对保障肉品安全有重要的把关作用。

(3)实行宰前检疫，做到早发现，早处理，防止疫病扩散。尤其对临诊症状明显而宰后却难以发现的疫病如狂犬病、破伤风、李氏杆菌病、猪传染性乙型脑炎、口蹄疫、传染性水疱病、羊痘和中毒病等的防疫有重要意义。有利于做到病、健分宰，减轻肉品污染，提高肉品卫生质量，减少经济损失。

2. 宰前检疫的程序和内容

(1)查证验物　屠畜到场而没有卸载之前，向畜(货)主或押运员收取《动物产地检疫合格证明》或《出县境动物检疫合格证明》和《动物及动物产品运载工具消毒证明》，了解动物的来源和产地疫情，审验检疫合格证明和运载工具消毒证明以及免疫耳标是否有效，检疫证明是否有伪造、涂改和转让等，并亲自到车船仔细察看动物，核对有关证明所记载的动物种类和数量，重点了解途中病、亡情况。发现动物疫情时，要根据耳标，通知产地动物防疫监督机构调查疫情，及时追查疫源，采取对策。

(2)临诊健康检查　经上述查验认可的动物，准予卸载，并施行临诊健康检查。在卸载台到圈舍之间设置狭长的走廊，检疫人员在走廊旁的适当位置视检行进中动物的精神外貌和行走姿态，对发现有异常的动物，分别涂上一定的标记。在走廊近圈舍的一端由专人把守，按所做的标记将可疑病畜禽移入隔离栏，并进行详细的个体临诊检查，必要时进行实验室检查。

健康动物在留养待宰期间尚需随时进行临诊观察。送宰前再做一次群体检疫，剔出患病动物。

(3)检疫结果登记　对宰前检疫的动物种类、产地、数量和患病、健康动物情况及处理措施等做详尽的登记。

(4)对肉猪要采集尿液进行“瘦肉精”检测　对待宰肉猪随机抽取5%～10%肉猪，采集尿液进行“瘦肉精”检测。

3. 宰前检疫后的处理

(1)准宰

①经宰前检疫待宰动物检疫证明、运载工具消毒证明有效，免疫耳标有效，证物相符，临诊检查健康，检疫人员应出具准宰通知书，准予屠宰。

②无动物产地检疫合格证明、运载工具消毒证明的，则实施补检和补消毒；检疫合格证明、运载工具消毒证明过期失效或证物不相符的，则实施重检、补消毒。对补检、重检合格者，检疫人员应出具准宰通知书，准予屠宰。

③持伪造、涂改和转让无效的检疫合格证明、运载工具消毒证明的，除实施补

检、补消毒外，还须按《动物防疫法》第七十九条规定处理。对补检合格者，检疫人员应出具准宰通知书，准予屠宰。

(2)禁宰

①宰前检疫发现一类动物疫病时，根据国家《畜禽病害肉尸及其产品无害化处理规程》(GB 16548—1996)规定，病畜禽和疑似病畜禽应采取不放血的方法扑杀，做销毁处理。同群畜禽用密闭运输工具运到动物防疫监督机构指定的地点，用不放血方法全部扑杀、销毁，畜禽停留处和屠宰场所实行严格消毒，并立即向当地畜牧兽医行政管理部门报告疫情。

②经宰前检疫发现狂犬病、炭疽病、布鲁氏菌病、马鼻疽、弓形虫病、结核病等患畜和疑似病畜时，按《畜禽病害肉尸及其产品无害化处理规程》(GB 16548—1996)规定，销毁处理。病畜存放处和屠宰场所实行严格消毒，并立即向当地畜牧兽医行政管理部门报告疫情。

(3)急宰

①对患有一般传染病，无碍肉食品卫生的家畜，实行急宰(是指为了防止传染或免于自然死亡而强制进行紧急宰杀)，除剔除病变部分销毁外，其余部分按规定的高温处理。凡判为急宰的家畜，均应出据宰前检疫报告单及时对同群家畜检验的进行综合判定处理。

②凡恶性传染病或国家规定应作为销毁处理的传染病病猪的同群畜体温正常者予以急宰，可以在急宰间集中屠宰，胴体、内脏高温处理。

③对肉猪进行“瘦肉精”检测呈“阳性”猪群，一律作工业用品。

(4)缓宰　经检疫患有一般传染病或普通病牲畜，且有治愈的可能，或疑似传染病而未确诊的牲畜应予以缓宰。

(二)宰后检疫

宰后检疫是指动物在放血解体的情况下，直接检查肉尸、内脏，根据其病理变化和异常现象进行综合判断，得出检验结论。宰后检疫是宰前检疫的继续，是屠宰检疫的最重要环节，以往宰后检疫包括对动物疫病的检查和肉品品质检查(即肉品检验)两大方面均由动物检疫人员负责，现在宰后检疫仅包括对动物疫病的检查由动物检疫人员负责，而肉品品质检查由肉品检验员负责。肉品检验内容包括对传染性疾病和寄生虫以外的疾病的检查，对有害腺体摘除情况的检查，对屠宰加工质量的检查，对注水或注入其他物质的检查，对有害物质的检查以及检查是否是种公、母畜或晚阉畜肉。

1.动物宰后检验的意义

(1)因动物宰后肉尸、内脏充分暴露，能直观、快捷、准确地发现肉尸和内脏的病理变化，对临诊症状不明显或处于潜伏期、在宰前难发现的疫病如猪慢性咽炭疽、猪旋毛虫、猪囊虫等较容易检出，弥补了宰前检疫的不足，从而防止疫病的传播和人畜共患病的发生。

(2)宰后检疫还可以及时发现非传染性家畜胴体和内脏的某些病变，如黄疸肉及黄脂肉、脓毒症、尿毒症、腐败、肿瘤、变质、水肿、局部化脓、异色、异味等有碍肉品卫生的情况，以便及时剔除，保证肉品卫生安全，使人们吃上放心肉。

2. 宰后检疫工具的使用和消毒

(1)检疫用工具　一般检疫用工具有检疫刀、检疫钩和锉棒等。检疫刀用于切割检疫肌肉、内脏、淋巴结用；检疫钩用于钩住胴体、肉类和内脏一定部位便于切割。锉棒为磨刀专用。动物检疫人员上岗时，要随身携带两套检疫工具。

(2)检疫工具的使用方法　检疫时对切开的部位和限度有一定要求，用刀时要用刀刃平稳滑动切开组织，不能用拉锯式的动作，以免造成切面模糊，影响观察。为保持检疫刀的平衡用力，拿刀时应把大拇指压在刀背上。使用时要注意安全，不要伤及自己及周围人员。

(3)检疫工具的消毒　接触过患病动物的胴体和内脏的检疫工具，应立即放入消毒药液中浸泡消毒 30～40 min，换用另一套工具进行下一头肉尸的检疫。经过消毒的检疫工具，消毒后用清水冲去消毒药液，擦干后备用。检疫后的工具要消毒、洗净、擦干，以免生锈。检疫工具只供检疫用，不能另做他用。检疫工具不可用水煮沸、火焰、蒸汽、高温干燥消毒，以免造成刀、钩柄松动、脱落和影响刀刃的锋利。

3. 宰后检疫的基本方法和要求

(1)宰后检疫的基本方法　宰后检疫主要是通过感官检查和剖检为主，必要时辅以细菌学、血清学、病理组织学等实验室检验。感官检查方法主要有视检、剖检、触检和嗅检，以视检和剖检为主。

①视检。通过视觉器官直接观察屠体皮肤、肌肉、脂肪、胸腹膜、骨骼、关节、天然孔及各种脏器浅表暴露部位的色泽、形状、大小、组织状态等是否正常，判断有无病理变化或异常，为进一步剖检提供方向。如若猪咽喉和颈部肿胀的，应注意检查咽炭疽和猪肺疫；特别是在皮肤上的变化，在某些疫病（如猪瘟、猪丹毒、口蹄疫、猪肺疫、痘症等）检查中更具有特征性。

②剖检。用检疫刀切开肉尸或脏器的深部组织或隐蔽部分，观察其有无病理变化，这对淋巴结、肌肉、脂肪、脏器的检查非常必要，尤其是对淋巴结的剖检显得十分重要。疫病侵害，往往会引起淋巴结呈现相应的病理变化如肿大、充血、出血、化脓、坏死等，病因不同，淋巴结的病理形态变化也不同，会形成特殊的病变。如患猪瘟的病猪全身淋巴结肿大、切面周边出血呈红白相间的大理石样外观；炭疽病淋

巴结急剧肿大、变硬，切面呈砖红色，淋巴结周围组织常有胶样浸润。

③触检。即通过触摸受检组织和器官，感觉其弹性、硬度以及深部有无隐蔽或潜在性的变化。触检可减少剖检的盲目性，提高剖检效率，必要时将触检可疑的部位剖开视检，这对发现深部组织或器官内的硬块很有实际意义。例如，猪肺疫时红色肝变的肺除色泽似肝外，用手触摸其坚实性亦似肝；奶牛乳房结核时可摸到乳房内的硬肿块等，均具有一定的诊断价值。

④嗅检。用鼻嗅闻被检胴体及组织器官有无异常气味，如腐败梭菌感染的病变部位有腐臭味。

(2)宰后检疫的要求　宰后检疫不同于其他检疫，它是在高速运转的屠宰加工流水作业上的开展检疫工作，要求检疫人员在瞬息间(几秒钟)对屠畜的器官、组织正常状况作出准确判断。检疫人员必须遵守一定的程序和方法，掌握操作规程和法定动物疫病的典型病理变化，做到检疫刀数到位、检疫术式到位、综合判定到位、无害化处理到位。

①为了保证肉品的卫生质量和商品外观，剖检只能在一定部位切开，且切口大小深浅适度，不允许随意乱划和拉锯式切割。如肌肉应顺肌纤维方向切开，一般不得横断，以免形成大的裂口导致细菌的感染；淋巴结应沿长轴切开。在屠宰量大时，胴体、内脏或离体的头、蹄等要进行统一编号，对照检查，以免调乱，难以查对。

②上岗时应随身携带两套检疫工具，以便替换；遇到污染时，立刻更换另一套。被污染的检疫工具要彻底消毒后方可使用。

③内脏器官暴露后一般应先视检外形，不要急于剖检。当切开组织或脏器的病变部位时，要估计可能造成对外界的污染，采取一切措施，防止污染扩散。检出疑似重大疫病时，要立即上报疫情、封锁现场、按规定处理。

4.猪宰后检疫程序和操作要点

猪宰后检疫程序包括头部检疫、皮肤检疫、内脏检疫、寄生虫检验、胴体检疫和复检等6个环节。

(1)头部检疫　以检查咽炭疽和囊尾蚴为主，同时观察头、鼻、眼、唇、龈、咽喉、扁桃体等有无病变。

①咽炭疽、结核、猪瘟和猪肺疫的检疫，主要剖检两侧颌下淋巴结及其周围组织。猪放血致死后，烫毛剥皮之前，检验者左手持钩，钩住切口左壁的中间部分，向左牵拉切口使其扩张。右手持刀将切口向深部纵切一刀，深达喉头软骨。再以喉头为中心，朝向下颌骨的内侧，左右各做一弧形切口，便可在下颌骨内沿、颌下腺下方，找出呈卵圆形或扁椭圆形的左右颌下淋巴结，并进行剖检(图4-1)，观察淋巴结的大小、色泽、韧度和有无病理变化及其周围组织有无胶样浸润。

图 4-1　猪颌下淋巴结剖检术式图

1.咽喉头降起　2.下颌骨切迹　3.颌下腺　4.颌下淋巴结

②囊尾蚴检疫主要检两侧咬肌。猪浸烫刮毛或剥皮后，平行紧贴下颌骨角切开左右咬肌 2/3 以上（图 4-2），观察咬肌，咬肌间有高粱米粒大至黄豆大，灰白色半透明的囊虫包囊，囊壁上有一小米粒至高粱粒大的白点，即头节，整个虫体像石榴籽。局部肌肉组织一般无可见病变。

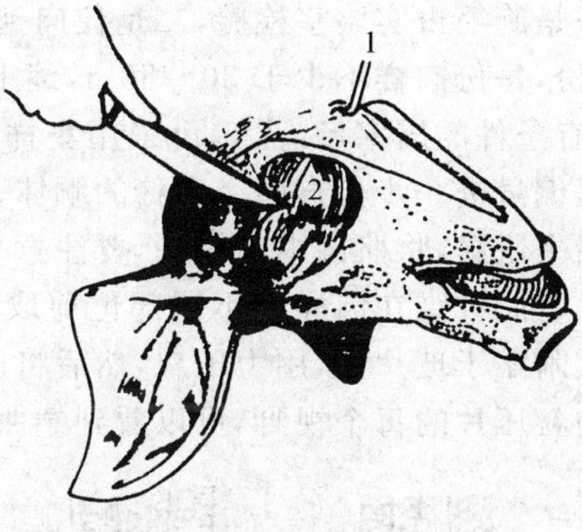

图 4-2　猪的咬肌剖检术式图

1.检疫钩钩住的部位　2.被切开的咬肌

③头部检查还应观察耳、鼻、眼、唇、龈、咽喉、扁桃体等，以判断有无猪瘟、口蹄疫、传染性萎缩性鼻炎等可疑变化。

（2）皮肤检疫　带皮猪在烫毛后开膛之前详细视检皮肤变化，特别是皮肤较薄的地方，必要时触检。检查皮肤完整性和颜色，注意有无充血、出血、淤血、疹块、水疱、溃疡等病变。如猪败血型猪丹毒时，腰背部大面积弥漫性充血，指压会褪色；猪瘟病猪在耳、腹下部、四肢内侧等处皮肤针尖状点状出血，指压不褪色；猪口蹄疫时，鼻盘、唇、蹄冠、腹下部有水疱或溃疡等。

（3）内脏检疫　有离体和非离体两种情况。非离体检验，按脏器在畜体内的自然位置，由后向前顺序检查；离体检验，按脏器摘出的顺序摘出后放在检验台上进行检查。若某内脏外表异常，则将其分割出来后重点检查。

①胃、肠、脾检查。先视检脾脏，观察其形态、大小、颜色，重点看脾脏边缘有无楔状的出血性梗死区，触检其弹性、硬度，必要时剖开观察脾髓。然后剖检肠系膜淋巴结的大小、色泽、韧度，检查有无充血、水肿、出血和坏死，判断是否肠炭疽、猪瘟、猪丹毒、弓形虫病等疫病。最后视检胃肠浆膜、肠系膜，看其有无充血、出血、结节、溃疡及寄生虫等。

②肺、心、肝检验。视检肺脏外表、色泽、大小，触检弹性，必要时剖开支气管淋巴结，检查肺呛水、结核、肺丝虫、猪肺疫及各种肺炎病变。如猪肺在尖叶、中间叶、膈叶前缘出现"虾肉样"病变，应切除病变部分；视检心包和心外膜，剖开左室，视检心肌、心内膜及血液凝固状态，注意二尖瓣有无菜花样赘生物，检查猪丹毒、猪囊虫及恶性口蹄疫时的"虎斑心"；视检肝脏外表、色泽、大小，触检被膜和实质的弹性，剖检肝门淋巴结、肝实质和胆囊，检查有无寄生虫、肝脓肿、肝硬变以及肝脂肪变性、淤血等，牛肝还应切开胆管检查有否姜片吸虫寄生。

(4)寄生虫检验　一是旋毛虫实验室检验，二是住肉孢子虫和囊尾蚴。切取左右两侧膈肌脚各取样一份，每份肉样不少于 30～50 g，编上与胴体同一号码，送寄生虫检验室压片镜检。有条件的屠宰场(点)，可采用集样消化法检查。如发现寄生虫虫体或包囊，应根据编号进一步检查同一头猪的胴体、头部及心脏。

制片及镜检：首先撕去肌膜，将肌肉纵向拉平，要注意呈乳白色，脂肪样外观的小点病灶，然后用剪刀顺着肌纤维在肉样的不同部位剪取 12 个麦粒大肉粒(两块肉样共剪取 24 粒)，依次附贴于玻片上，用力压扁，然后将压片置于 50～60 倍的低倍镜下观察，逐个检查肉粒压片的每个视野，可以看到蜷曲的虫体(图 4-3)。

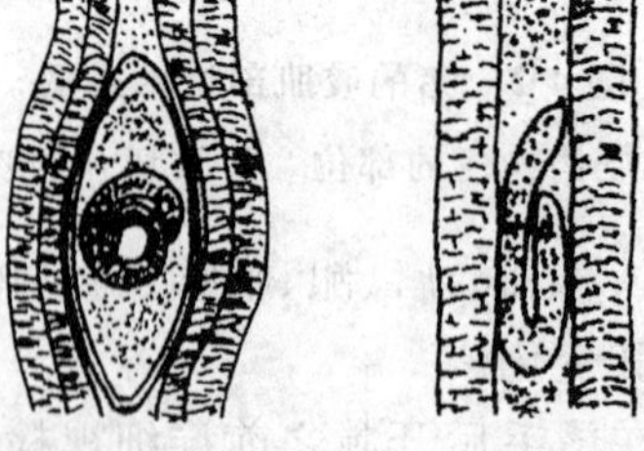

图 4-3　旋毛虫成虫(左)和幼虫

(5)肉尸检疫

①外表检疫。观察皮肤、皮下组织、肌肉、脂肪、胸膜、腹膜、关节等有无异常，判断放血程度，推断被检动物的生前健康状况。视检脂肪和肌肉色泽，检出黄疸肉、黄膘肉、红膘肉、消瘦肉以及白肌肉等。

②淋巴结检疫。主要剖检腹股沟浅淋巴结，位于最后一个乳头上方（肉尸倒挂时），3～6 cm 的皮下脂肪内，剖检时，检验者用钩钩住最后乳头稍上方的皮下组织向外侧牵拉，右手持刀从脂肪组织层正中切开，即可发现被切开的腹股沟浅淋巴结（图 4-4）。腹股沟深淋巴结，位于髂深动脉起始部的后方，与髂内、髂外淋巴结相邻（图 4-5）。必要时再剖检股前淋巴结、肩前淋巴结和咽淋巴结。通过观察淋巴结的病理变化，判定动物疫病的性质。

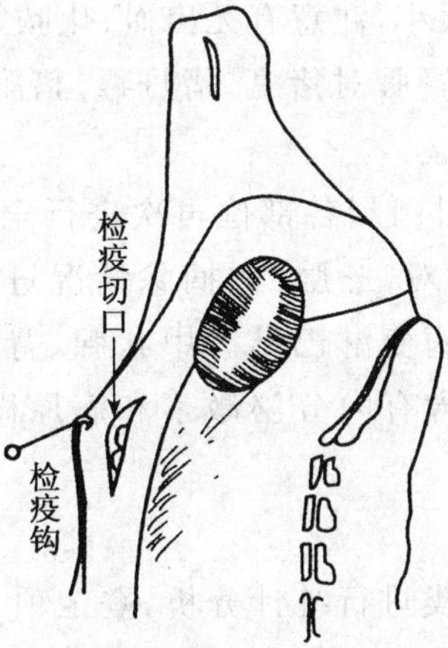

图 4-4　腹股沟浅淋巴结剖检示意图

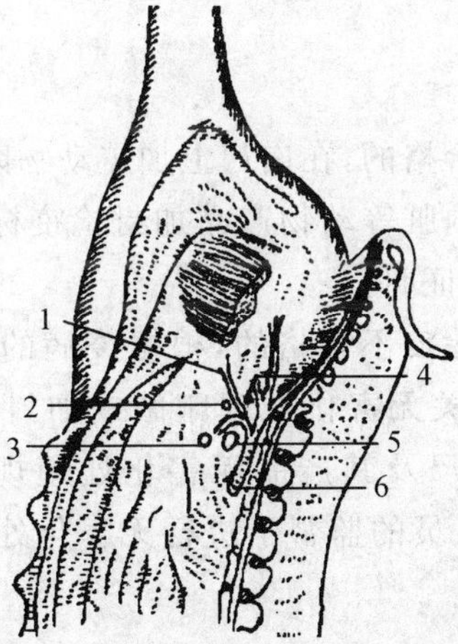

图 4-5　腹股沟深淋巴结剖检示意图

1. 髂外动脉　2. 腹股沟深淋巴结　3. 髂外淋巴结
4. 腹下淋巴结　5. 髂内淋巴结　6. 腹主动脉

③腰肌的检疫。两侧腰肌是囊尾蚴、旋毛虫常寄生的部位。剖检时用刀沿脊椎的下缘顺肌纤维割开2/3的长度，然后再在腰肌剖开面内，向深部纵切2～3刀，用钩向外拉开腰肌使之呈扇面状，注意是否有囊尾蚴的包囊等。有时也可切开胸肌(因损伤胴体过多，而不切肩胛外肌)、股内侧肌等肌肉进行猪囊虫的检疫。

④肾脏的检疫。猪肾位于前3个腰椎横突的下方。检查时，应先剥离肾包膜，用钩钩住肾盂部，再用检疫刀沿肾中间纵向轻轻划一刀，然后以刀背将肾包膜向外挑开，观察肾的色泽、形状、大小，注意有无出血、化脓等病变。必要时切开肾脏，检查皮质、髓质、肾盂等。检查肾脏对猪瘟、猪丹毒、猪副伤寒、钩端螺旋体病等疫病的检出有重要价值。

(6)复检　检疫人员须对肉尸各部位再次进行全面复检，尤其要注意脊柱断面有否脓肿、出血病变，同时对“三腺”的摘除情况进行检查和免疫耳标的回收。“三腺”指甲状腺、肾上腺和病变淋巴结。甲状腺、肾上腺是内分泌器官，淋巴结是免疫器官，所以“三腺”中含有内分泌激素和病原微生物，人们一旦误食，会引起食物中毒。

5.宰后检疫结果登记

对每天所检出的疫病种类进行统计分析，登记项目包括胴体编号、屠宰种类、产地名称、畜(货)主、疫病名称、病变组织器官及其病理变化、检疫员结论和处理意见等，这不仅具有很大的科研价值，而且对当地动物疫病的流行病学研究和采取防制对策有十分重要的意义。

6.动物宰后检疫结果处理

(1)合格肉尸　经检疫合格的，在肉尸上加盖动物防疫监督机构通用的长方形滚动肉检验讫印章(蓝色)，内脏等动物产品加封检疫标志。然后由动物防疫监督机构出具动物产品检疫合格证明。

(2)不合格的肉尸　经检疫不合格的，根据疫病的性质，肉尸、内脏病害程度以及肉尸整体状态，加盖有关无害化处理印戳或加封标志，并根据《畜禽屠宰卫生检疫规范》、《畜禽病害肉尸及其产品无害化处理规程》(GB 16548—1996)等国家有关规定在动物检疫人员的监督下进行无害化处理，无法做无害化处理的，予以销毁。

三、动物检疫收费

动物、动物产品检疫收费标准由省级以上物价、财政部门制定的，并按照《国家发展改革委员会、财政部关于降低部分农民负担收费标准的通知》(发改价格

[2003]2353 号)执行。严禁动物检疫人员不按照动物、动物产品检疫收费标准收费,对擅自提高收费标准的,主管部门应责令其退还;擅自降低收费标准的,应责令其承担不足部分。

四、动物检疫档案的管理

1.县级以上动物卫生监督机构应建立动物检疫和防疫监督的工作档案

工作档案主要包括以下内容:

(1)检疫申报点建立报检档案,包括报检及派出的检疫人员、检疫结果处理、收费等情况;

(2)产地检疫的开展情况以及产地检疫过程中经检疫不合格的动物、动物产品的无害化处理情况;

(3)屠宰场(点)的进场登记,屠宰检疫的开展情况,以及屠宰检疫过程中经检疫不合格的动物、动物产品的无害化处理、屠宰检疫的收费等情况;

(4)验讫标志的使用情况;

(5)动物防疫证章的领取、使用以及检疫证明存根、废止标志回收、销毁记录等;

(6)动物检疫执法所办案件;

(7)其他动物卫生监督机构应建立的动物检疫和防疫监督工作档案。

2.档案管理要求

(1)各级动物卫生监督机构应当加强工作档案管理。做好档案的收集、整理、保管和利用工作,档案材料应完整、准确、系统,文件书写和载体材料应能耐久保存。

上级动物卫生监督机构要对下级动物卫生监督机构的工作档案实行监督和指导。

(2)检疫、处理记录保存 2 年以上。

(3)动物防疫行政处罚案件材料立卷归档要求

①一案一卷;

②文书齐全,手续完备;

③案卷应当按顺序装订。

案件立卷归档后,任何单位和个人不得私自增加或者抽取案卷材料,不得修改案卷内容。

(4)档案应当真实、完整、及时,不得伪造。

第四节 主要疫病检疫

一、猪的主要疫病的检疫

(一)口蹄疫

口蹄疫俗称口疮、蹄癀,是由口蹄疫病毒引起偶蹄动物患病的一种急性、热性和高度接触性传染病。主要侵害偶蹄动物,可感染猪、牛、羊等家畜在内的30多种动物,家畜中黄牛、奶牛最为敏感,猪为其次,水牛、牦牛、绵羊、山羊易感性低。人也可因接触病畜、处理病畜或饮食病畜生乳或未经煮熟病肉、乳及乳制品而感染。

1.临诊检疫

(1)病畜舌背、唇内侧、齿龈及蹄冠、趾间,有时在乳房、阴门、阴囊等处皮肤和黏膜发生特征性水疱,水疱呈圆形凸起,约蚕豆大至核桃大,内含清亮液体,初透明后呈淡黄色。水疱破溃后往往形成浅表性的红色溃疡,甚至化脓。

(2)病畜常表现运步困难、跛行,严重的蹄部溃烂、蹄壳脱落。体温升高,食欲减退,闭口流涎,幼畜还常呈急性胃肠卡他症状。

(3)本病往往容易与下列疫病相混淆,须注意区别

①传染性口炎。其特征是在牛口腔、舌面发生的水疱较小,且易愈合,马属动物易感染。

②猪传染性水疱病。症状颇似口蹄疫,不感染牛、羊,主要发生于生猪集中的屠宰场待宰间和中转仓库。

③牛恶性卡他热。在口腔黏膜上有糜烂,但牛恶性卡他热在鼻黏膜和鼻镜上有坏死过程,且在其发生之前并不形成水疱,还可见角膜浑浊。而口蹄疫无此病变。

2.实验室检疫

(1)用清水局部清洗(切忌使用酒精、碘酒等消毒剂消毒),剪取病畜的新鲜水疱皮3～5 g或水疱液至少1 mL,在无法采集水疱皮和水疱液时,可采集淋巴结、脊髓、肌肉等组织样品3～5 g装入洁净小瓶内,作为检样。经双抗夹心酶联免疫吸附试验、反向间接血凝试验、反转录-聚合酶链反应(RT-PCR)试验、乳鼠中和试验、微量补体结合反应等进行病原检测。

(2)采集血清样品,经非结构蛋白抗体酶联免疫吸附试验或液相阻断酶联免疫吸附试验进行抗体检测。

3.检疫后处理

(1)一旦发生疫情,应立即上报,迅速确诊,划定疫点、疫区和受威胁区,实施严格的隔离封锁措施。对患病动物和同群动物全部扑杀销毁,对污染的场所、器具用2%烧碱液彻底消毒。对疫区和受威胁区内未发病动物进行紧急免疫接种。

(2)宰前检疫发现口蹄疫病猪时,病猪和同群猪用不放血方法全部扑杀销毁处理。场地严格消毒,采取防疫措施,并立即上报疫情。

宰后检疫发现口蹄疫病猪时,立即停止生产,彻底清洗、严格消毒生产场地,其胴体、内脏及其副产品以及同批产品及其副产品销毁处理。

(3)最后一头病畜死亡或扑杀后 14 d 内不出现新的病例,经终末消毒、动物防疫监督机构按规定审验合格后,由当地畜牧兽医行政管理部门向发布封锁令的人民政府申请解除封锁。

(二)猪瘟

猪瘟是由猪瘟病毒引起的一种高度接触性传染病。其特征为高热稽留、全身广泛出血等变化。且传播快、病死率高。我国将其列入一类疫病,定为法定检疫对象。

1.临诊检疫

(1)本病仅限于猪发病,不同品种、年龄、性别的猪均可发病,无季节性。急性暴发时,最先为急性型,发病率、死亡率都高;以后出现亚急性型,至流行后期少数为慢性型。病程稍长的猪常有继发感染。

(2)病猪体温升高到 40.5～42℃,呈高热稽留。精神沉郁,食欲减退或废绝,倦怠嗜睡,怕冷,耳、颈、尾、腹部等皮肤发绀;眼结膜潮红、肿胀,有黏性分泌物;耳、耳根后、腹下部、股内侧和四肢内侧皮肤有针尖大出血点或出血斑;病初便秘,继而拉稀,公猪阴囊内积有恶臭尿液。慢性病猪消瘦、衰弱,食欲时有时无,便秘腹泻交替出现,粪便有大量黏液、血液、腥臭异常。

(3)剖检时,可见全身淋巴结肿大,切面出血呈现红白相间的大理石样病变;肾脏灰褐色或土黄色,表面和切面有针头大小的出血点;脾脏不肿大,边缘呈锯齿状、暗红或紫黑色出血性梗死灶;喉头、膀胱黏膜、皮肤、皮下脂肪、肌肉、肠系膜等处均可见出血点或出血斑。慢性病例在回盲瓣、盲肠及结肠黏膜上形成特征性的纽扣状溃疡。

2.实验室检疫

采集病猪的扁桃体、脾、肾、淋巴结等组织样品,经兔体交叉免疫试验、免疫酶染色试验、病毒分离与增毒试验、直接免疫荧光抗体试验等可进行确诊。

3.检疫后处理

(1)一旦发现本病,应尽快确诊并上报疫情。立即实施封锁、隔离措施。禁止向外输出生猪及其相关物品；猪栏、用具、粪便、垫草等被污染物品用2%烧碱或漂白粉消毒，在出入路口设置消毒装置。对疫区及受威胁区的假定健康猪进行紧急免疫接种。

(2)宰前发现猪瘟病猪时，病猪和同群猪均用不放血方法全部扑杀销毁，场地严格消毒。宰后检疫发现时，立即停止生产，彻底清洗、严格消毒生产场地，其胴体和内脏及其副产品销毁处理，同批产品及其副产品高温处理出厂。

(三)猪高致病性蓝耳病

高致病性蓝耳病也称猪繁殖与呼吸综合症(高热病)，是高致病性蓝耳病病毒引起猪的高度接触性传染病，出现大批猪只死亡，造成我国养猪业巨大损失。该病传染性极强，仔猪发病率可达100%，死亡率可达50%，母猪流产率可达30%。农业部现已确定该病的主要病因是高致病性蓝耳病病毒，伴有支原体、伪狂犬病毒、圆环病毒、猪瘟病毒、流感病毒等多种病原混合感染，并存在放线杆菌、链球菌、副猪嗜血杆菌、巴氏杆菌、沙门氏菌等多种细菌的继发感染。

1.临诊检疫

①仅见于猪，不同品种、年龄的猪均可感染，但妊母猪和1个月以内的仔猪最易感，并表现典型的临诊症状。

②1个月以内的仔猪出现持续高热，高烧达40～42℃，可持续2～3周，许多病猪可见眼睑水肿，皮肤发红，呼吸困难，喜伏卧，鼻炎严重，常有鼻液流出，咳嗽现象多见，但喘气症状较少。部分猪群便秘，粪便秘结，呈球状，也有部分猪群表现腹泻。

③病猪死亡前全身或局部会突然发紫，多表现在耳部、外阴、尾、鼻、腹部。

④母猪主要表现为呼吸困难，不孕；怀孕母猪发生早产、后期流产、死产、胎儿木乃伊、产弱仔猪。

⑤肺有弥漫性间质性肺炎，脾脏边缘或表面出现梗死灶，显微镜下见出血性梗死肾脏呈土黄色，表面可见针尖至小米粒大出血点斑，皮下、扁桃体、心脏、膀胱、肝脏和肠道均可见出血点和出血斑，部分病例可见胃肠道出血、溃疡、坏死。

2.实验室检疫

采集病猪的扁桃体、脾、肾、淋巴结等组织样品，做间接荧光抗体法、酶抗体法对病毒进行鉴定；检测抗体的血清学方法有免疫过氧化物单层细胞试验(IFA)、间接荧光抗体试验(NT)、血清中和试验和酶联免疫吸附试验(ELISA)。

3.检疫后处理

(1)一旦发现本病，应尽快确诊并上报疫情。立即实施封锁、隔离措施。禁止向外输出生猪及其相关物品；猪栏、用具、粪便、垫草等被污染物品用2%烧碱或漂白粉消毒，在出入路口设置消毒装置。对疫区及受威胁区的假定健康猪进行紧急免疫接种。

(2)宰前发现高致病性蓝耳病病猪时，病猪和同群猪均用不放血方法全部扑杀、销毁，场地严格消毒。宰后检疫发现时，立即停止生产，彻底清洗、严格消毒生产场地，其胴体和内脏及其副产品销毁处理，同批产品及其副产品高温处理出厂。

(四)猪链球菌病

猪链球菌病是由溶血性链球菌引起的人畜共患病，不同年龄、品种和性别的猪均易感。病猪和带菌猪是本病的主要传染源，本病主要经消化道、呼吸道和损伤的皮肤感染。一年四季均可发生，夏秋季多发。呈地方性流行，新疫区可呈暴发流行，发病率和死亡率较高。老疫区多呈散发，发病率和死亡率较低。

1.临诊检疫

(1)败血型　分为最急性、急性和慢性3种类型。最急性型病例发病急、病程短，常无任何症状即突然死亡。体温高达41～43℃，呼吸迫促，多在24 h内死于败血症。急性型多突然发病，体温升高达40～43℃，呈稽留热。呼吸迫促，鼻镜干燥，从鼻腔中流出浆液性或脓性分泌物。结膜潮红，流泪。颈部、耳廓、腹下及四肢下端皮肤呈紫红色，并有出血点。多在1～3 d死亡。慢性型表现为多发性关节炎。关节肿胀，跛行或瘫痪，最后因衰弱、麻痹而死。

剖检可见鼻黏膜紫红色，喉头、气管充血，常有大量泡沫，肺充血肿胀；肾脏和全身淋巴结肿大、充血和出血，脾肿大1～3倍，暗红色，边缘有黑红色出血性梗死区；胃和小肠黏膜充血和出血；脑膜充血和出血，有的脑切面可见针尖大的出血点。

(2)脑膜炎型　多见于仔猪，主要表现为神经症状，如磨牙、口吐白沫、转圈运动、抽搐、倒地四肢划动似游泳状，最后麻痹而死。病程短的几小时，长的1～5 d，致死率极高。主要病变有脑膜充血、出血，个别脑膜下积液，脑组织切面有点状出血，其他病变与败血型相同。

(3)淋巴结脓肿型　以颌下、咽部、颈部等处淋巴结化脓和形成脓肿为特征。关节腔内有黄色胶冻样或纤维素性、脓性渗出物，淋巴结脓肿。有些病例心瓣膜上有菜花样赘生物。

2.实验室检疫

采取病变组织触片或血液涂片，可见革兰氏阳性球形或卵圆形细菌，无芽孢，有的可形成荚膜，常呈单个、双连的细菌，偶见短链排列。

将病料接种在血液琼脂平板上，37℃培养24 h，形成无色露珠状细小菌落，菌落周围有溶血现象。镜检可见长短不一链状排列的细菌。

必要时用PCR方法进行菌型鉴定。

3.检疫后处理

(1)发现疑似猪链球菌病疫情时，当地动物防疫监督机构要及时派人员到现场进行流行病学调查、临诊症状检查，迅速确诊，并立即采取隔离、限制移动等防控措施。

(2)当确诊发生猪链球菌病呈流行态势时，应迅速上报疫情，划定疫点、疫区(疫点半径1 km范围内)、受威胁区(疫区外延3 km区域)，对疫区实施封锁。对病猪及同群猪进行扑杀销毁，其排泄物、可能被污染饲料、污水等按有关规定进行无害化处理；对被污染的物品、交通工具、用具、畜舍进行严格彻底消毒。对假定健康动物立即进行强制免疫接种或用药物预防，并隔离观察14 d。经动物防疫监督机构审验合格，由当地兽医行政管理部门向原发布封锁令的同级人民政府申请解除封锁。

(五)猪囊虫病

本病是由绦虫幼虫囊尾蚴寄生于肌肉组织所引起的人畜共患寄生虫病。中间宿主是猪、野猪和人，犬、猫亦可感染，终末宿主是人。当人吃进生的或未经无害化处理的含囊尾蚴虫的肉，即可在肠道中发育成绦虫，出现贫血、消瘦、腹痛、消化不良、拉稀等症状。

1.临诊检疫

症状轻时，无特殊症状。重症时病猪可见眼结膜发红或有小疙瘩，舌根部见有半透明的小水泡囊。当虫体寄生于脑、眼、声带等部位时，常出现神经症状、失明和叫声嘶哑等。有的病猪肩胛肌水肿增宽，臀部隆起，外观呈哑铃状或狮子状，病猪不愿走动。

宰后检疫时肩胛肌、咬肌、颈部肌肉、舌肌等部位肌肉部见有米粒大至黄豆大灰白色半透明囊泡，囊壁有一圆形小米粒大的头节，外观似白色的石榴粒样，或见白色泡液混浊的钙化包囊。严重感染时，全身肌肉、内脏、脑和脂肪内均能发现。

2.实验室检疫

用于囊虫病的免疫学检查方法有皮内变态反应、环状沉淀反应、补体结合反应、间接血凝试验和免疫酶联吸附试验等，有助于生前诊断和鉴定。

3.检疫后处理

发现囊尾蚴和钙化虫体者，全尸做工业用或销毁。

(六)旋毛虫病

旋毛虫病是由旋毛形线虫所引起的人、畜和野生动物共患的寄生虫病。几乎所有哺乳动物甚至某些昆虫都能感染，鼠类感染率最高，存在着广大自然疫源。成虫寄生于小肠，幼虫寄生于全身各部肌肉。人感染旋毛虫多因食用未煮熟的含旋毛虫包囊的动物肉及肉制品所致。

1. 临诊检疫

动物感染后均有一定耐受性，往往无明显症状。感染严重的猪和狗，有肌肉痉挛、麻痹、运动障碍、发热，吞咽、咀嚼困难等症状；有的呈急性卡他性肠炎，严重者出血性腹泻。有的眼睑和四肢水肿。

猪旋毛虫多聚集在膈肌脚，宰后检验可见被侵害的肌肉发生变性、肌纤维肿胀、横纹肌消失。

2. 实验室检疫

目前所用的方法有显微镜检查法、采样消化法、血清学方法、变态反应、旋毛虫荧光染色、激光扫描压缩标本等。但在宰后检查中，仍多利用眼观结合显微镜检查法，大批量的检疫还可以用集样消化法进行。

显微镜检查法，也称压片镜检法，其检查的步骤是：从左右横膈肌脚采取 30～50 g(不少于 30 g)的肉样两块，编上与肉尸同一号码。在充足自然光或 80 W 左右灯光下，先撕去肉样的肌膜，两手顺肌纤维方向绷紧肉样，用肉眼观察肉样有无半透明的隆起的乳白色、灰白色针尖大的小点(旋毛虫包囊)；用弓形剪刀，从左右两侧膈肌脚顺肌纤维选剪出 24 块麦粒大小的肉粒，依次附贴于玻片上，盖上另一玻片，用力压扁(使压片展成能透看到报纸上小字的程度)。然后，将压片置于 50～70 倍的低倍显微镜或投影器下观察，逐个检查 24 个肉粒压片的视野，可以看到蜷曲的虫体。

3. 检疫后处理

发现有旋毛虫包囊和钙化虫体者，全尸做工业用、干性化制或销毁。

(七)猪弓形虫病

弓形虫病是由龚地弓形虫寄生于人、畜、野生动物有核细胞内引起的原虫病。中间宿主广泛但以猪多见，猫为终末宿主。各种哺乳动物的弓形虫病都可经过胎盘、生殖道、子宫或初乳由母体传给胎儿，造成流产、死胎、畸形等。人可因接触和生食患本病动物的肉类而感染。

1. 临诊检疫

本病多发生于断乳前后的仔猪，死亡率可达 30%～40%，成年猪急性发病较少，多呈隐性感染。病初体温升高到 41～42℃，呈稽留热型。精神沉郁，食欲逐渐减退，最后废绝，便秘，有时下痢。呼吸困难，有时咳嗽和呕吐。体表淋巴结尤其是腹股沟淋巴结明显肿大，身体下部及耳部有淤血斑，呈紫红色；怀孕母畜可发生流产和死胎。

宰后检验时，可见全身淋巴结肿大达鸡蛋大小，硬结而脆，切面呈髓样多汁，有橘红或灰黄色坏死灶；肾皮质苍白，表面有大小不一的出血点和灰白色坏死灶；肝肿大、质脆，表面有点状出血和坏死灶（特征性病变）；肺高度充血水肿，间质扩张，色灰白；胃底部出血，有溃疡；心包、胸腹腔有积水。

2. 实验室检疫

(1)取患畜血液、腹水或肝、肺、淋巴结等病料，直接涂片或触片，姬姆萨或瑞氏染色后镜检，可看到滋养体呈半月形或香蕉形，一端稍尖，另一端钝圆，胞浆呈淡蓝色，有颗粒，核位于钝圆端，呈紫红色，即可确诊。

(2)以死亡动物肝、淋巴结悬浮液或急性病例腹水或血液，于小鼠腹腔接种，一周后取其腹水涂片，发现大量假包囊或速殖子即可确诊。

(3)血清学检验方法主要有血细胞凝集试验、补体结合试验、间接血凝试验、荧光抗体试验等。

3. 检疫后处理

剔除病变部分做工业用或销毁，其余部分高温处理出场。

二、牛的主要疫病的检疫

(一)炭疽

炭疽是由炭疽芽孢杆菌引起的家畜、野生动物和人的一种急性、热性、败血性传染病。临诊特征为突然高热，可视黏膜发绀，脾脏呈急性肿大，皮下及浆膜下结缔组织有浆液性出血性浸润，血液凝固不良，呈焦油样。家畜中以牛、羊、马最易感，常呈急性败血症经过。猪抵抗力较强，多为慢性经过。人感染本病可发生败血而死亡。

1. 临诊检疫

(1)牛、羊、马易感，多见于炎热的夏季和洪水泛滥后，常多呈散发性或地方流行性。最急性病畜突然高热，骤然死亡，从鼻、口等天然孔流出血性泡沫，阴道、肛门流出不凝固的血液。急性型病例一般病程 1～2 d。患畜体温升高，食欲减退或废绝，精神极度沉郁。可视黏膜发绀，有出血点，天然孔出血，血液凝固不良，最后窒息死亡。亚急性型者病程稍长，以颈下、胸前、肩胛、腹下、乳房和外阴处皮下发生界限清楚的局灶性炎性水肿，初硬固有热痛，后变冷继而溃烂，不断流出黄色液体，长期不愈称为炭疽痈。

(2)猪感染后多表现为咽炭疽、肠炭疽。临诊症状不明显，仅表现沉郁、厌食、呕吐、下痢等症状，多在屠宰后才发现。

(3)在屠宰动物中，急性败血型炭疽一般不会进入正常屠宰过程，所以多见慢性局限性炭疽（如咽炭疽、肠炭疽）。猪以咽喉型炭疽最多见，其次是肠型炭疽。一侧或双侧颌下淋巴结肿大、出血，刀切时感到硬而脆，切面呈砖红色，有时可见大小不等的灰白或灰黄色或污黑色坏死灶。淋巴结周围组织呈不同程度出血性胶样浸润。扁桃体充血、出血、水肿或坏死，有的表面覆盖黄灰色假膜和针尖大的黑色、灰黄色坏死点。猪肠型炭疽主要发生于小肠，多以肿大、出血和坏死的淋巴小结为中心，形成局灶性、出血性、坏死性病变，于肠壁上出现坏死溃疡的炭疽痈肿；肠系膜淋巴结肿大呈出血性胶样浸润。脾软而肿大，肾充血、出血。

(4)死于炭疽的病牛，尸体迅速腐败膨胀，血液凝固不良；皮下、浆膜下、咽喉及肾脏周围等结缔组织发生胶样浸润和出血；脾肿大数倍，脾髓黑色，软化如泥状；全身淋巴结肿大、出血，切面呈砖红色；肠黏膜和淋巴滤泡出血、溃疡和出血性坏死。

(5)牛炭疽应注意与牛出败、气肿疽、巴贝斯虫病鉴别。猪炭疽应注意与猪丹毒、猪肺疫、猪瘟及猪弓形虫病鉴别。

2. 实验室检疫

(1)在防止病原扩散的条件下采取病料。生前可采耳静脉血、水肿液或血便，死后可立即采取耳尖血和四肢末端血涂片。宰后检疫时，取淋巴结涂片。用姬姆萨或荚膜染色法染色，显微镜检查若发现单个或1～4个短链排列的竹节状的大杆菌即可确诊。

(2)将病料浸出液与炭疽沉淀素做环状沉淀试验，两液接触面出现清晰的白色沉淀环者为阳性。此外，琼脂扩散试验、荧光抗体试验、对流免疫电泳试验等方法亦可用于检查确诊。

3. 检疫后处理

(1)宰前检疫发现炭疽病畜时，应采取不放血方法扑杀、销毁或深埋。同群动物全群测温，体温正常者急宰，胴体、内脏高温处理后出厂。

(2)宰后确认为炭疽的病畜，整个胴体、内脏、皮毛及血液等销毁处理。立即停止生产，被污染的场地、用具用5%～10%氢氧化钠或20%漂白粉液消毒。凡被污染或疑为污染的肉尸、内脏等，均应在6 h内高温处理后方可利用，否则均应化制或销毁。对确未被污染的同批产品及其副产品可按正常产品出厂。

(二)布鲁氏菌病

布鲁氏菌病是由布鲁氏菌属的细菌引起的人畜共患传染病。主要表现是母畜流产、不孕、乳腺炎，公畜睾丸炎、副性腺炎和关节炎。牛、猪、羊、犬最易感。人对牛型、羊型、猪型布鲁氏菌均易感，人可通过与病畜或带菌动物及其产品的接触、食用未经彻底消毒的病畜肉、乳及其制品而感染发病。

1. 临诊检疫

(1)母牛多见于妊娠7～8个月时，发生流产、胎衣滞留和胎儿死亡。公牛常见睾丸炎、附睾炎，睾丸肿痛可伴有中度发热，精液中常含有大量的布鲁氏菌。

(2)母猪多在妊娠的3个月流产，表现精神沉郁、食欲不振，乳房、阴唇肿胀，常排出黏性脓性分泌物；流产胎儿的状态各不相同，有的已干尸化，有的刚死亡不久，有的是弱仔猪，可能还有正常仔猪等。公猪出现一侧或两侧睾丸炎、附睾萎缩，性欲减退甚至消失，失去配种能力。有些病例还有关节炎，常侵害膝关节和腕关节，表现关节肿大、疼痛、跛行。

2.实验室检疫

(1)病料涂片镜检　取流产胎儿的胃内容物、羊水、胎盘的坏死部分或母畜流产2～3 d内的阴道分泌物、乳汁和尿等病料进行抹片，用改良柯氏鉴别染色法或姬姆萨染色镜检，可见到较特征的球杆状或短杆状小杆菌。

(2)血清学诊断　布鲁氏菌病的血清学诊断方法有凝集试验、补体结合反应、双相扩散试验、荧光试验、酶联免疫吸附试验、PCR和基因探针试验等。

平板凝集试验和试管凝集试验是畜群检疫和诊断布病常用的方法，但对潜伏期病畜及慢性经过的病畜还不能全部检出；补体结合反应的特异性和敏感性比凝集试验更高，但由于操作较麻烦，基层检疫时应用较少。

3.检疫后处理

(1)从非疫区引种，引进的动物应隔离检疫45 d以上，经2次血清学检查为阴性者方可混群。奶牛场每年进行2次定期检疫，发现可疑者，1个月内应重复检查，检出阳性牛扑杀销毁。

(2)宰后检出的布鲁氏菌病病畜及其胴体、内脏和副产品，一律做销毁处理。

(3)做好流产胎儿、污染物、粪便及环境消毒，做好免疫接种工作。

(三)结核杆菌病

结核病是由结核分枝杆菌引起的人畜共患的一种慢性传染病。以在多种组织器官形成结核结节性肉芽肿和干酪样坏死、钙化结节为特征。可感染多种动物，尤以奶牛最易感，其次是黄牛、水牛、猪和家禽。人尤其是儿童主要是通过饮用生牛奶或消毒不合格的牛乳而感染。

1.临诊检疫

(1)病牛呈现全身进行性消瘦和贫血，初干咳，渐变为湿咳。呼吸迫促特别是早上牵出运动时尤为明显，有时流淡黄色脓性鼻液。体温一般正常或下午稍有升高。乳房结核时，乳房表面出现大小不等凹凸不平的硬结，泌乳量减少，乳液稀薄或呈深黄浓厚絮片状凝乳，最后停乳。患肠结核者，多发生于空肠和回肠，呈消化不良，表现顽固性腹泻，粪便混有黏液或脓液，迅速消瘦。淋巴结核者常见下颌、咽、颈、腹股沟、股前等淋巴结可形成无热无痛性肿块。采食减少，呼吸困难，消瘦。

(2)尸体剖检或宰后检验时,可见肺组织内有粟粒至豌豆大灰白色半透明的坚实小结节,有时切开结节中央可见干酪样坏死或钙化灶,有时见有肺空洞;淋巴结肿大,切面有呈放射状或条纹状排列的干酪样物,或有多量颗粒状钙化或化脓的小结节;有的在胸膜或腹膜有多量密集的灰白色半透明和不透明而坚实的灰白色结节形似珍珠,通称为"珍珠肿(串)"或"珍珠病";剖开乳房可见大小不等的病灶内含豆腐渣状的干酪样物质。

(3)各器官组织的结核病变应注意与放线菌病、寄生虫结节、伪结核病及真(霉)菌性肉芽肿相区别。

2. 实验室检疫

(1)病原检查　取痰液或结核病灶、乳及其他分泌物直接涂片,抗酸染色后高倍镜检查,结核杆菌呈红色,其他菌及背景为蓝色,即可确诊。

(2)变态反应诊断　用提纯结核菌素。(PPD)0.2 mL(每毫升含 PPD 25 000 IU),注射于牛颈侧中部皮内,72 h 后观察反应,局部弥漫性水肿,皮厚相差 4 mm 以上者,可判为阳性。

3. 检疫后处理

(1)引进动物应隔离检疫,阴性者方可入群。奶牛场用结核菌素作变态反应检测,每年对牛群检疫 2 次,检出的阳性牛销毁处理。为了防止人畜互相传染,工作人员应注意防护,并定期体检。

(2)宰后检疫发现全身性结核或局部结核的,其胴体及内脏一律销毁处理。

(四)牛海绵状脑病

牛海绵状脑病(BSE)是由感染性蛋白因子引起牛的一种亚急性、渐进性、致死性中枢神经系统变性疾病。临诊上以潜伏期长,突然发病,病情逐渐加重,终归死亡为特征,主要表现为行为反常、运动失调、轻瘫、体重减轻,脑灰质的空泡化等,俗称疯牛病。

1. 临诊检疫

(1)各种牛都易感　饲喂被污染的反刍动物蛋白的肉骨粉是发生牛海绵状脑病的主要原因。潜伏期长达 3~8 年,3~5 岁牛易发,奶牛比肉牛易感。

(2)临诊常见精神异常、运动障碍和感觉障碍　病牛焦虑不安、恐惧、暴怒和对触摸及声音过度敏感,运动时步调不稳,共济失调、颤抖、摇摆、反复摔倒。体重、泌乳量锐减。病程短则 2 周,长则 1 年,病牛几乎全部死亡,剖检无肉眼可见病变。

2. 实验室检疫

(1)采集病变多发部位延髓、脑桥、中脑、丘脑等供组织病理学检查,可见脑干灰白质呈海绵状变性水肿,神经纤维网中形成圆形空泡或空隙。

(2)采用 PrP 免疫印迹(Westernblot,WB)和免疫细胞化学检查方法,特异性强,灵敏度高,已成为目前 BSE 主要检测方法。

3.检疫后处理

防制本病,主要是扑杀病牛、阳性牛及其后代。畜禽及相关物品用2%漂白粉或烧碱消毒。

目前我国尚无本病,为了防止本病侵入我国,禁止从有疯牛病发生的国家和地区进口牛及其产品。

(五)蓝舌病

蓝舌病是反刍动物的一种以昆虫为传播媒介的病毒性传染病。主要发生于绵羊,以发热、消瘦,舌色青紫而蓝,口、鼻和肠道黏膜溃疡以及跛行为主要特征。

1.临诊检疫

(1)各种绵羊不分性别和年龄均有易感性,1 岁左右的绵羊最易感,羔羊有一定的抵抗力,牛和山羊感染后多呈隐性经过。本病主要由库蠓和伊蚊传播,故发病具有严格的季节性,多发生在湿热的夏季和早秋,特别是在池塘河流多、低洼沼泽等库蠓、伊蚊分布多的地区放牧的绵羊较易发生和流行。

(2)病初体温升高到 40～42℃,可稽留 5～6 d,表现厌食、委顿,口流涎;嘴唇、眼睑、耳水肿,水肿可延伸到颈部和腋下。口、鼻和口腔黏膜充血、出血或有浅表性糜烂。舌体充血肿胀,有点状出血,严重的病例舌呈蓝色发绀,然后形成溃疡。随着病程的发展,口腔、鼻、胃肠黏膜水肿溃疡,导致吞咽困难、呼吸发鼾、腹泻、血便。有的蹄冠充血、发炎,呈不同程度的跛行甚至膝行或卧地不起。

(3)本病应与口蹄疫、羊传染性脓疱、绵羊痘、牛黏膜病等鉴别。

2.实验室检疫

(1)无菌采集发热期的病羊血液、血清或新鲜死羊的淋巴结、肝、脾等作检样,进行病毒分离培养、电子显微镜检查等病原学诊断。

(2)取 1 岁左右免疫绵羊和来自非疫区的健康同龄羊,同时在耳根部皮下接种检样,观察结果,健康羊发病可确诊。

(3)琼脂扩散试验、中和试验、荧光抗体试验或补体结合试验等均可用于本病的定性检测。

3.检疫后处理

发现本病时,应立即上报疫情,停止调运,并封锁、扑杀、销毁全群感染动物。受威胁区的易感动物进行紧急免疫接种。

(六)棘球蚴病

棘球蚴病也称包虫病,是由棘球绦虫的幼虫棘球蚴引起的一种人畜共患寄生虫病。牛、羊、猪、野生动物和人均可感染，但以绵羊和牛受害最重。人的感染是误食有棘球蚴的生肉或未煮熟肉而发生。

1.临诊检疫

绵羊、牛、猪，每年早春可见大批死亡。特征是营养障碍、消瘦、发育不良、衰弱、呼吸困难。宰后检验可见肝、肺、脾、脑和全身组织中，包囊大小不一，小的豆粒大，大的如人头，或单个存在或成堆（簇）寄生，用手触摸稍坚硬而有波动感，与周围组织没有明显界限，常使寄生部位凹凸不平。包囊壁不透明的，厚而韧，切开包囊有黄白色液体流出，液体内有许多砂粒状白色颗粒。

2.检疫处理

严重感染者，整个胴体和内脏做工业用或销毁；病变轻微者，剔除病变部分销毁，其余部分高温处理后出场。

三、禽的主要疫病的检疫

（一）鸡新城疫

鸡新城疫病（亚洲鸡瘟、伪鸡瘟）是由鸡新城疫病毒引起鸡的一种高度接触性传染病。主要侵害鸡、火鸡，其他禽类和野禽也可感染，亦可感染人。一年四季均可发病，多见于春秋两季。其特征是呼吸困难、下痢和神经症状，主要病理变化为黏膜和浆膜出血，腺胃黏膜和乳头出血以及盲肠扁桃体出血、溃疡等，具有诊断意义。

1.临诊检疫

（1）根据病程和临诊表现，可分为多种类型。雏鸡及流行初期多呈最急性型，未见任何症状而突然死亡。急性者，精神沉郁，体温升高到40～42℃，食欲减退，精神委顿；羽毛粗乱，垂头缩颈，翅翼及尾下垂，冠和肉髯呈紫色，产蛋减少或停止；口腔和鼻腔分泌物增多，嗉囊充满液体内容物；呼吸困难，喉部发出“咯咯”声（晚间较明显）；下痢，粪便呈绿色；偏头转颈，做转圈运动或共济失调。流行后期的成年鸡，多呈亚急性和慢性型，初期症状与急性相似，但同时出现神经症状，翅、腿麻痹，头颈向后或向一侧扭转，病死率较低。有些非典型（温和型）病例，仅表现呼吸道和神经症状，产蛋率下降，间有拉稀，发病率和病死率低。

（2）本病的特征性病变为败血性变化。尤其以呼吸道、消化道最明显。腺胃乳头肿胀，有散在性出血点；肌胃角质下层有条纹状或点状出血、溃疡；腺胃与肌胃交接处有条状出血或溃疡；小肠可见大面积散在性出血点或典型的核枣状出血、坏死或溃疡；盲肠扁桃体肿大、出血、坏死；喉头、气管黏膜充血、出血，气管内有黏液；心冠脂肪、心外膜有针尖状出血点。

2. 实验室检疫

(1)病毒分离鉴定　取病、死鸡脾、肺、脑，用磷酸缓冲液(PBS)制成1∶10悬液，静置或离心后取上清液，按每毫升加入青霉素和链霉素各1 000 IU，置4℃温箱作用2～4 h后离心。取上述上清液0.1 mL接种于9～11日龄的SPF鸡胚尿囊腔内，在37℃温箱中继续孵化，并每天检查鸡胚一次。取24 h后死亡鸡胚，收获尿囊液和羊水(透明无菌者)，与1%鸡红细胞悬液进行血凝试验，同时用已知抗新城疫血清作血凝抑制试验，即可确诊。

(2)血清学诊断　采集急性期(10 d内)及康复期双份血清，进行血凝抑制试验，证明抗体滴度增高即可确诊。此外，琼脂扩散试验、中和试验、荧光抗体技术、酶联免疫吸附试验等均可用于本病检测。

3. 检疫后处理

(1)确诊为新城疫的鸡群、可疑鸡只，全部销毁。垃圾、粪便等焚烧或深埋，笼舍、场地应彻底消毒。

(2)假定健康鸡全群隔离饲养，并进行紧急免疫接种，如在接种观察期内出现可疑鸡只，亦按销毁方法处理。观察21 d后，对临诊健康，免疫滴度达到2^5以上的鸡只，经体表消毒后按健康鸡对待。

(3)发生过新城疫的鸡场在半年之内，其鸡只不准出售、外运。

(二)高致病性禽流感

高致病性禽流感是由A型流感病毒引起的家禽和野禽的一种烈性传染病。鸡、火鸡、珠鸡、家鸭、孔雀等均可感染，但以鸡和火鸡最易感。近年有多例人感染AIV发病，甚至死亡的报道。由此可以看出，禽流感对公共卫生带来很大的影响。

1. 临诊检疫

(1)禽流感的症状极为复杂，因家禽种类及感染病毒的亚型类别不同，症状可分为最急性、急性、慢性和隐性感染等。临诊主要表现为体温急剧升高，精神沉郁，很快呈昏睡状；眼睑、头部水肿、变形，冠、髯发紫并有出血斑块，脚鳞片下出血；呼吸困难，下痢，有的出现颈部扭转等神经症状，病鸡多急性死亡。也有的出现咳嗽、喷嚏、啰音等呼吸道症状；母鸡产蛋下降甚至绝产、消瘦，死亡率高低不等。

(2)病理剖检除见全身广泛性出血变化外，心肌炎、心包炎严重；胰腺、肺、肝、脾、肾有小点出血和灰黄色小点坏死；呼吸道内有大量炎性分泌物或黄白色干酪样坏死，气管黏膜出血。慢性病例可见胸腺萎缩，法氏囊萎缩或呈黄色水肿，有充血、出血；产蛋鸡卵巢萎缩、卵畸形、破裂等。

(3)本病须与下列疫病相鉴别。鸡新城疫：新城疫的呼吸困难和神经症状比禽流感明显，腺胃乳头变化典型。禽流感感染病鸡，头面部肿大、水肿，大量水泻，皮下水肿胶样浸润,全身性出血比新城疫严重,但肠黏膜无典型的坏死、溃疡变化。

传染性喉气管炎、传染性支气管炎:与禽流感的呼吸道症状相似,但无腹膜炎和胰脏坏死等病变。

产蛋下降综合征:以产蛋下降,畸形蛋为主,一般无呼吸道症状,鸡群精神、食欲正常,输卵管、卵巢病变也无禽流感的严重和明显。

2. 实验室检疫

(1)病毒的分离与鉴定 病料的采集与处理及鸡胚接种同鸡新城疫,死亡鸡胚收获尿囊液供病毒鉴定用。取 10^{-1} g 稀释的尿囊液种毒,接种 4~6 周龄 8 只易感鸡,每只静脉注射 0.2 mL。若 6~8 只死亡,判定为高致病性禽流感;若 1~5 只死亡,血凝素为 H_5、H_7 者需进一步验证;若 1~5 只死亡,在无胰酶处理条件下可在细胞上生长,则需测定 HA 相关多肽的氨基酸序列才能确定。

(2)血清学诊断 目前用于禽流感检测的方法有血凝抑制(HI)试验、琼脂扩散试验、免疫荧光技术、RT-PCR 技术及核酸探针技术等,特别是禽流感病毒的 RT-PCR 和多重 RT-PCR 快速检测技术在禽流感病毒的检测和分型鉴定上具有传统检测方法无法比拟的优势,可以在数小时内对禽流感病毒进行准确分型。

3. 检疫后处理

一旦发生高致病性禽流感,应立即向有关部门报告,立即采取封锁和扑灭措施。扑杀疫点周围 3 km 范围内的全部禽类,对污染的环境和用具进行彻底消毒,对所有病死禽及其产品、排泄物以及被污染或可能被污染的垫料、饲料和其他物品进行无害化处理,消灭传染源,防止疫情进一步扩散。对受威胁区(疫区/顷延 5 km 半径范围)的易感禽类按照规定进行强制免疫,建立免疫隔离带。

复习思考题

1. 什么是动物检疫? 动物检疫分哪几类?

2. 动物检疫的范围、对象有哪些?

3. 动物检疫的方式有哪些?

4. 哪些机构是对动物、动物产品实施检疫的主体,哪些人员是具体实施动物、动物产品检疫?

5. 如何进行动物群体检疫?

6. 举例说明视诊在动物检疫中的应用。

7. 猪、牛、羊、鸡的临诊检疫特点是什么?

8. 从哪几个方面进行病理解剖学检查?

9.举例说明细菌性传染病病原检测的方法。

10.简述粪便中虫卵检查的方法。

11.供微生物检测的病料如何采集？如何处理？

12.举例说明凝集反应、沉淀反应在实践中的应用。

13.简述 ELISA 的基本原理和试验方法。

14.简述产地检疫、屠宰检疫要点。

15.口蹄疫的临诊检疫要点是什么？采取哪些病料送实验室确诊？

16.发生口蹄疫时，应采取哪些防制措施？

17.猪瘟的临诊检疫要点是什么？病理变化如何？宰后检出后的病猪如何处理？

18.如何进行鸡新城疫临诊检疫？鸡新城疫有哪些典型病理变化？

19.检出高致病性禽流感后如何处理？

20.高致病性蓝耳病临诊检疫要点有哪些？如何防治？

21.炭疽病的临诊检疫要点有哪些？

22.牛结核病、布鲁氏菌病的检疫方法有哪些？检出的阳性病牛如何处理？

23.猪旋毛虫宰后检疫方法和步骤如何？

24.宰后检疫时，检出猪旋毛虫病，其胴体和内脏如何处理？

25.猪囊虫病的必检部位是哪些？有何病理变化？

26.蓝舌病的临诊检疫要点有哪些？如何防治？

第五章　动物防疫监督管理

知识目标

- 理解动物防疫监督管理的概念、程序和过程。
- 掌握执业兽医应具备的条件，动物诊疗活动的机构条件和动物饲养、隔离、屠宰加工、无害化处理等场所的防疫条件。

第一节　动物防疫监督管理的概念和程序

一、动物防疫监督管理的概念、意义

动物防疫监督管理是指各级兽医主管部门及其所属的动物卫生监督机构依法对管理相对人遵守动物防疫法律法规和对所属机构及其工作人员执行动物防疫法律法规的监督、检查、管理与指导，对违法行为予以制止、纠正并对监督结果依法处理的行政活动。动物防疫监督是保障国家动物防疫法律法规及其规章制度顺利实行的重要手段，是维护国家动物防疫秩序和经济秩序的行政行为。通过动物防疫监督机构内部的层次监督，还能使动物防疫监督机构及其动物防疫执法人员依法行政，做到有法必依、执法必严、违法必究。通过防疫监督机构的依法监督，对违法者予以必要的行政处罚，以及依法追究违法者的法律责任。实践证明，动物防疫监督管理对预防、控制和扑灭动物疫病，促进养殖业发展，促进畜产品贸易，保护人体健康具有深远的意义。

(一)动物防疫监督的实施主体

根据《动物防疫法》第五十八条“动物卫生监督机构依照本法规定，对动物饲养、屠宰、经营、隔离、运输以及动物产品生产、经营、加工、贮藏、运输等活动中的动

物防疫实施监督管理”。因此,动物卫生监督机构是动物防疫监督管理的主体,是本法授权的代表国家行使动物卫生监督管理职能的唯一的执法机构,具有合法的动物卫生监督执法主体资格。县级以上地方人民政府应设立动物卫生监督机构负责对本行政区域内的动物饲养、屠宰、经营、隔离、运输以及动物产品生产、经营、加工、贮藏、运输等活动中的动物防疫实施监督管理。

动物卫生监督机构须依照本法规定实施监督管理。实施监督管理包括两方面含义,一是动物卫生监督机构从事动物防疫监督工作必须在法定职权的范围内进行。既不能超越职权进行监督,又不能不履行职权。超越职权进行监督或者不履行职权均属违法行为,都应承担相应的法律责任。二是动物卫生监督机构依照本法规定对动物防疫工作所进行的监督属于行政监督,是一种行政执法行为。这一行为是动物卫生监督机构依照法定程序对本法调整的管理对象执行动物防疫行政法律法规等情况进行监督检查,及时纠正和制止违法行为的具体行政行为。如果被监督管理的对象对动物卫生监督机构的监督管理执法行为有异议,可以提起行政复议或行政诉讼。

(二)监督管理的内容

动物卫生监督机构监督管理的内容为动物防疫工作,监督管理的环节包括动物的饲养环节、屠宰环节、经营环节、隔离环节和运输环节等,以及动物产品的生产环节、经营环节、加工环节、贮藏环节和运输环节等。

1.动物防疫工作

动物防疫工作包括以下 3 项内容。

(1)它是指动物疫病的预防和疫情报告工作。主要包括:

①从事动物饲养、屠宰、经营、隔离、运输以及动物产品生产、经营、加工、贮藏等活动的单位和个人的免疫、消毒工作;

②使动物饲养场、养殖小区与动物屠宰、经营、隔离场所,动物产品生产、经营、加工、贮藏场所,以及动物和动物产品无害化处理场所的选址、工程设计和工艺流程符合国务院兽医主管部门规定的动物防疫条件工作;

③使动物、动物产品的运载工具、垫料、包装物、容器等符合国务院兽医主管部门规定的动物防疫要求的工作;

④使染疫动物及其产品,病死或者死因不明的动物尸体,动物排泄物以及垫料、包装物、容器等污染物按照国务院兽医主管部门规定处理的工作;

⑤使采集、保存、运输动物病料或者病原微生物以及从事病原微生物研究、教学、检测、诊断等活动遵守国家有关病原微生物实验室管理规定的工作;

⑥使患有人畜共患传染病的人员不直接从事动物诊疗以及易感染动物的饲

养、屠宰、经营、隔离、运输等活动的工作；

⑦对动物疫病实行区域化管理的工作；

⑧禁止屠宰、经营、运输本法所规定的动物和生产、经营、加工、贮藏、运输本法所规定动物产品的工作；

⑨使有关单位和个人发现动物染疫或者疑似染疫的，及时报告疫情的工作；使任何单位和个人不瞒报、谎报、迟报动物疫情，不授意他人瞒报、谎报、迟报动物疫情，不阻碍他人报告动物疫情的工作等。

(2)它是指动物疫病的控制和扑灭工作。主要包括：

①县级以上地方人民政府兽医主管部门对发生的一类动物疫病派人到现场，划定疫点、疫区、受威胁区，调查疫源，报请本级人民政府对疫区实行封锁的工作；

②县级以上地方人民政府组织有关部门和单位对发生的一类动物疫病采取封锁、隔离、扑杀、销毁、消毒、无害化处理、紧急免疫接种等强制性措施的工作；

③在一类动物疫病疫区封锁期间，禁止染疫、疑似染疫和易感染的动物、动物产品流出疫区，禁止非疫区的易感染动物进入疫区，并根据需要对出入疫区的人员、运输工具及有关物品采取消毒和其他限制性措施的工作；

④县级以上地方人民政府对二类动物疫病根据需要组织有关部门和单位采取封锁、隔离、扑杀、销毁、消毒、无害化处理、紧急免疫接种、限制易感染的动物和动物产品及有关物品出入等控制、扑灭措施的工作；

⑤县级、乡(镇)人民政府对三类动物疫病按照国务院兽医主管部门的规定组织防治和净化的工作；

⑥动物卫生监督机构派人参加依本法设立的动物卫生监督检查站，执行监督检查任务的工作；

⑦使任何单位和个人不藏匿、转移、盗掘已被依法隔离、封存、处理的动物和动物产品的工作；发生动物疫情时，航空、铁路、公路、水路等运输部门优先组织运送控制、扑灭疫情的人员和有关物资的工作等。

(3)它是指动物、动物产品的检疫和动物诊疗工作。主要包括：

①使屠宰、出售或者运输动物，以及出售或者运输动物产品前，货主按照国务院兽医主管部门的规定向当地动物卫生监督机构申报检疫的工作；

②使动物卫生监督机构的官方兽医对动物、动物产品实施检疫的工作；使屠宰、经营、运输以及参加展览、演出和比赛的动物附有检疫证明和使经营和运输的动物产品附有检疫证明或者检疫标志的工作；

③使输入到无规定动物疫病区的动物、动物产品的货主按照国务院兽医主管

部门的规定申报检疫的工作；

④省、自治区、直辖市动物卫生监督机构对跨省、自治区、直辖市引进乳用动物、种用动物及其精液、胚胎、种蛋的检疫审批工作；

⑤对经检疫不合格的动物、动物产品，动物卫生监督机构监督货主按照国务院兽医主管部门的规定处理的工作等；

⑥使从事动物诊疗活动的单位符合本法规定的条件，并取得动物诊疗许可证的工作；

⑦使诊疗单位按照国务院兽医主管部门的规定做好诊疗活动中的卫生安全防护、消毒、隔离和诊疗废弃物处置等的工作；

⑧执业兽医考试注册工作；

⑨使动物诊疗活动遵守技术操作规范，使用符合国家规定的兽药和兽医器械等。

2.监督管理的环节

监督管理环节涉及面很广，主要是：

①动物饲养涉及家畜饲养、家禽饲养、各种经济动物饲养、观赏动物饲养（如动物园里的动物）及特殊动物饲养（如警犬、宠物、实验动物、演艺动物）等；

②动物屠宰涉及猪、牛、羊、禽等动物的屠宰；

③动物经营涉及动物大型批发市场、城市农贸市场、农村集贸市场、动物中转场所等；

④动物隔离是动物饲养的一种特殊形式，是对染疫或疑似染疫动物的特殊饲养；

⑤动物产品生产涉及动物饲养、屠宰、孵化等，与动物产品加工不尽相同，如动物的精液生产、胚胎生产、毛绒生产、羔皮生产、禽蛋生产以及特种动物产品生产（如蛇毒、蜂蜜、乳）等；

⑥动物产品经营涉及动物产品大型批发市场、城市农贸市场、农村集贸市场、超级市场以及专业市场等；

⑦动物产品加工涉及初加工和深加工等；

⑧动物产品贮藏涉及食用动物产品和非食用动物产品的贮藏等，如动物性饲料原料、分割肉品的冷冻库等；

⑨动物和动物产品的运输涉及的运输工具，如汽车、火车、船舶、飞机；

⑩运输的相关途径，如车站、港口、机场等场所；

⑪动物诊疗活动涉及动物诊疗机构及其执业兽医、兽药和兽医器械的使用等。

二、监督管理的程序

动物防疫监督程序是指动物防疫行政主体行使监督职权时所采取的方法与程序，主要包括索证验证、技术监督监测、常规监督管理、流通环节的监督管理以及对下级机关和工作人员执法情况的监督管理等。

1. 索证验证

监督主体依法检查管理相对人是否持有规定的动物防疫证、章、标志以及所持证、章、标志是否合法。有证的为合法，无证或所持证不符合规定则为不合法。监督主体对违法者按规定给予行政处理或处罚。如运输防疫监督的程序中查证验物时，首先，要求畜（货）主或承运人出示“出县境动物检疫合格证明”或“出县境动物产品检疫合格证明”和“动物及动物产品运载工具消毒证明”，仔细查验检疫证明、消毒证明是否合法，印章的加盖和证明的填写是否规范，证物是否相符等；其次，查验猪、牛、羊是否佩戴有合格的免疫耳标，动物产品查验验讫印章或检疫标志。

索证验证的作用包括：①保障证照管理秩序，使动物防疫证照在设置、格式、制作、领发等各方面步入统一管理的轨道；②维护管理相对人的合法权益，促使其履行义务，保障管理秩序的正常运行；③证照是动物防疫监督对象，即行为和质量，符合动物防疫行政法规规定的标准和要求的标志。

2. 技术监督监测

检查管理相对人生产、经营的产品是否符合动物防疫标准，有关场所设施是否符合动物防疫条件要求。其主要内容有：

①动物、动物产品及其包装、运载工具等是否符合标准；

②工程建设、布局是否符合要求；

③仪器设备是否达到规定的数量、型号、指标；

④人员素质是否达到规定要求；

⑤生产、经营、检验操作是否符合规定要求和程序；

⑥其他方面是否符合动物防疫要求。

3. 常规监督管理

常规监督是监督主体对各有关单位和个人执行动物防疫行政法的情况，依法进行经常性的监督检查和行政管理。对厂（场）监督管理的重点是生产、加工、经营动物、动物产品的卫生质量和影响卫生质量的环境场所，主要内容是：①厂（场）的规划布局和建筑设施必须符合动物防疫要求；②生产现场布局设施必须符合动物防疫要求；③屠宰加工过程必须符合动物防疫行政法的规定。

4. 流通环节的监督管理

流通环节的监督管理主要包括对市场的监督管理、对运输的监督管理、对肉食加工单位和个人的监督管理。

5. 对下级监督机关的监督管理

这是层级管理，它有利于及时发现、制止、纠正、处理监督机关及其工作人员贯彻执行动物防疫行政法时的违章行为，以提高监督管理质量。监督管理的具体内容包括：①制定相应的规章制度；②审查下级机关的行政案件，及时纠正、处理违章行为；③受理裁决下一级动物防疫行政主体和管理者之间发生的技术争议和行政纠纷。

三、监督管理的措施

《动物防疫法》五十九条规定了动物卫生监督机构在执行监督管理任务时可以采取的七项措施。

(一)对动物、动物产品按规定采样、留验、抽检

对动物、动物产品按规定采样、留验、抽检，即动物卫生监督机构按规定对动物、动物产品享有采样权、留验权、抽检权。

1. 采样

采样是指动物卫生监督机构依据规定的范围、条件、程序、数量、比例等对动物与动物产品采集样品。

采集样品应注意以下事项：一是本条所规定的采集样品不是必须的，是否采集应当根据具体情况确定；二是采集样品不能随意进行，必须依照规定的范围、条件、程序、数量、比例等进行采集；三是采集的对象是所监督检查的动物和动物产品，不能超出规定对象进行采集样品，如果超出范围，被采集的单位和个人可以拒绝；四是采集样品是无偿采集。

2. 留验

留验是指动物卫生监督机构在监督检查动物和动物产品的过程中发现可疑的问题时，可以依法将其暂时扣留并采取必要的检验措施，是对动物、动物产品整批全部进行留存、观察和检验。

3. 抽检

抽检是指动物卫生监督机构可以根据需要依据法定的程序对动物和动物产品进行定期或者不定期的抽查检验，一般多用于动物饲养、动物产品冷藏、加工等环节的监督。

(二)对染疫或者疑似染疫的动物、动物产品及相关物品进行隔离、查封、扣押和处理

动物卫生监督机构在执行监督管理任务时,对染疫或者疑似染疫的动物和动物产品及相关物品依法享有隔离权、查封权、扣押权和处理权。这一行政措施包括3种情况:一是对于已经染疫或者怀疑染疫的动物进行隔离、扣押和处理;二是对于已经染疫或者怀疑染疫的动物产品进行查封、扣押和处理;三是对相关物品进行查封、扣押和处理。

1.隔离

隔离是指动物卫生监督机构将染疫或者疑似染疫的动物同健康的动物分离开来,不让其相互接触的一种强制性措施。它分为临时隔离和长期隔离,临时隔离适用于急性传染动物或者尚未作出诊断结论的患病动物及其同群动物;长期隔离适用于慢性传染病患病动物。

2.查封

查封是指动物卫生监督机构对在动物产品储存场所查出的染疫或者疑似染疫的动物产品及其相关物品实施封闭存放的一种强制性措施。

3.扣押

扣押是指动物卫生监督机构对进入流通环节的染疫或者疑似染疫的动物、动物产品及其相关物品予以扣留并将其隔离或封存在安全场所的一种强制性措施。

4.处理

处理是指动物卫生监督机构对染疫或者疑似染疫的动物、动物产品及其相关物品进行防疫消毒和采取其他无害化处理或者予以销毁的一种强制性的措施。

需要说明的是,采取上述强制性措施必须是在执行监督管理任务时并有充分的证据证明动物、动物产品已经染疫或者疑似染疫的情况下进行。另外,在采取上述强制性措施时还应当符合法定的程序。

(三)对依法应当检疫而未经检疫的动物实施补检

动物卫生监督机构对依法应当检疫而未经检疫的动物享有实施补检的权力。所谓依法应当检疫的动物包括屠宰、出售或者运输的动物,参加展览、演出和比赛的动物和人工捕获的可能传播动物疫病的野生动物;所谓未经检疫的动物是指货主没有向动物饲养地或野生动物捕获地动物卫生监督机构申报检疫,动物没有经过动物卫生监督机构的官方兽医实施的检疫,没有取得检疫证明;或虽有检疫证明,但已经失去法律效力。如转让、涂改、伪造的检疫证明,动物的数量、特征与检疫证明记载的数量、特征不符合等情形。

动物卫生监督机构在监督管理过程中,对依法应当检疫而未经检疫的动物实

施补检。补检的方式、方法、项目、内容、程序、标准与动物出栏或离开捕获地之前检疫的方式、方法、项目、内容、程序、标准相同。经过补检合格的出具检疫证明,经补检不合格的动物,按《动物防疫法》第四十六条规定和国家的有关标准处理,处理费用由货主承担。

(四)对依法应当检疫而未经检疫的动物产品,具备补检条件的实施补检,不具备补检条件的予以没收、销毁

动物卫生监督机构对依法应当检疫而未经检疫的动物产品享有实施补检的权力,对不具备补检条件的动物产品具有没收权、销毁权。所谓依法应当检疫的动物产品是指出售或者运输的动物产品以及跨省、自治区、直辖市引进种用动物的精液、胚胎、种蛋等动物产品。所谓未经检疫,是指货主没有向当地动物卫生监督机构申报检疫,上述动物产品没有经过动物卫生监督机构的官方兽医实施的检疫,没有检疫证明和检疫标志;或虽然有检疫证明和检疫标志,但已经失去法律效力。如转让、涂改、伪造的检疫证明和检疫标志,动物产品的数量、特征与检疫证明记载的数量、特征不符合,检疫证明和检疫标志的内容、项目不符合等情形。

补检的方式、方法、项目、内容、程序、标准与动物产品在产地检疫的方式、方法、项目、内容、程序、标准相同。经过补检合格的出具检疫证明,经检疫不合格的,按本法第四十六条规定和国家的有关标准处理,处理费用由货主承担。对不具备补检条件的动物产品,动物卫生监督机构享有没收权和销毁权。需要说明的是,动物卫生监督机构没收、销毁不具备补检条件的动物产品应当依法进行。所谓依法就是要符合本法的规定,符合行政处罚法的规定,符合国务院以及国务院兽医主管部门的相关规定,符合法定程序。

(五)查验检疫证明、检疫标志和免疫标识

动物卫生监督机构在监督管理过程中,享有对检疫证明、检疫标志和免疫标识的查验权。目前我国对口蹄疫、高致病性禽流感、猪瘟、高致病性猪蓝耳病等动物疫病实行强制免疫制度。经过免疫合格的动物的畜禽标识承载免疫信息后便成为免疫标识,根据检疫程序,免疫标识是动物检疫的必备要件之一。依据《动物防疫法》第四十一条规定,屠宰、经营、运输以及参加展览、演出和比赛的动物,应当附有检疫证明,经营和运输的动物产品,应当附有检疫证明或者检疫标志。所以,检疫证明、检疫标志是国家管理动物防疫工作的重要依据,是动物卫生监督机构对无疫病的动物、合格的动物产品出具的法律凭证。《动物防疫法》第四十条规定,动物卫生监督机构实施现场检疫的官方兽医应当在检疫证明、检疫标志上签字或者盖章,并对检疫结论负责。说明检疫证明、检疫标志具有极强的公证力和公信力。

动物、动物产品的经营者依法取得相应的检疫证明、检疫标志或免疫标识,是其履行义务后合法经营动物、动物产品的法律凭证。

另外，动物卫生监督机构对屠宰、经营、运输以及参加展览、演出和比赛的动物以及对经营和运输的动物产品可以查验检疫证明、检疫标志，进行监督性抽查，但不得重复检疫收费。因此，动物卫生监督机构查验检疫证明、检疫标志的时候，应当依法进行。

需要说明的是，动物免疫标识和《畜牧法》中的畜禽标识不完全一样，但却体现在一种标的物上。畜禽标识在动物出生或引进后一定的时间内由动物饲养者加施，当该动物经免疫并经检测合格后，记入养殖档案，畜禽标识结合养殖档案即承载了免疫的内容，畜禽标识也就具有了免疫标识的特征，此时的畜禽标识同时也成为了免疫标识。虽然畜禽标识和免疫标识不同，但却是一个标的物，不能认为畜禽标识和免疫标识是完全独立的两种标的物，更不能认为动物既要加施畜禽标识，又要加施免疫标识。

(六)进入有关场所调查取证，查阅、复制与动物卫生有关的资料

动物卫生监督机构进行监督管理时，享有调查取证的权力，有进入与执行监督管理任务有关联的场所的权力和检查、阅读、誊写、复制与动物卫生有关的资料的权力。动物卫生监督机构进行监督管理，要想体现公正执法，必须以法律事实为依据，这就需要仔细认真地调查取证。与动物卫生有关的文字资料、音像资料等都是很重要的证据，动物卫生监督机构采取检查、阅读、誊写、复制等手段收集这些资料，可以为动物卫生监督管理提供确凿、充分的证据。动物卫生监督机构进入有关场所调查取证，查阅、复制与动物卫生有关的资料应当依法进行，如向管理相对人出示证件、说明来意，履行登记手续，涉及国家秘密、商业秘密或个人隐私的应当注意保密等。

(七)派驻官方兽医

动物卫生监督机构根据动物疫病预防、控制需要，经当地县级以上地方人民政府批准，有权在车站、港口、机场等相关场所派驻官方兽医进行监督管理。

车站包括火车站、长途汽车站、货物转运站；港口包括海港、内水港；机场包括国内机场、国际机场。但是在车站、港口、机场等相关场所派驻官方兽医需要履行一定的法定程序，必须经当地县级以上地方人民政府批准。派驻的官方兽医，必须在法定的权限范围内实施动物卫生监督管理，做到不越权、不失职。车站、港口、机场等单位应当为官方兽医提供必要的条件，如办公场所、住宿值班场所、通行证件、消毒设施设备等。如果这些单位阻碍或拒绝动物卫生监督机构派驻官方兽医，动物卫生监督机构有权依据《动物防疫法》第七十七条的规定给予行政处罚。

第二节 运输防疫监督与市场防疫监督

运输防疫监督与市场防疫监督是国内检疫的重要内容。

一、运输防疫监督

(一)运输防疫监督的概念

1.运输防疫监督

运输防疫监督是对运出或运入省境或县境的动物、动物产品进行的防疫监督检查。动物卫生监督机构在铁路、公路、水路的站点或特设边境防疫监督检查站负责过往运输的动物、动物产品的防疫监督检查。

2.运输防疫监督的意义

督促货主做好动物、动物产品的产地检疫,检查运输动物有否中途发生疫病。这对防止疫病远距离传播、防治动物疫病、保障产地检疫落实到位,都有着极其重要的意义。

(二)运输动物及动物产品的要求

1.凭检疫合格证明运输

运输的动物、动物产品必须经当地县级以上动物防疫监督机构进行产地检疫,合格者出具检疫合格证明。

2.凭运载工具的消毒证明运输

跨县(市)运输动物和动物产品的运载工具经动物防疫监督机构实施消毒,合格后出具消毒证明。

3.运输途中的管理

运输途中不准宰杀、销售、抛弃染疫动物、病死动物以及死因不明的动物。染疫、病死以及死因不明的动物及产品、粪便、垫料、污物等,必须在当地动物防疫监督机构监督下,在指定地点进行无害化处理。运输途中对动物进行冲洗、放牧、喂料,应当在当地动物防疫监督机构指定的场所进行。

(三)运输防疫监督的程序与方法

1.运输防疫监督的索证验证

首先,要求畜(货)主或承运人出示“出县境动物检疫合格证明”或“出县境动物产品检疫合格证明”和“动物及动物产品运载工具消毒证明”;仔细查验检疫证明、消毒证明是否合法,印章的加盖和证明的填写是否规范,证物是否相符等。其次,查验猪、牛、羊是否佩戴有合格的免疫耳标,以及动物产品查验验讫印章或检疫标志。

2. 监督检查

按有关要求进行动物的临诊健康检查，动物产品进行感官检查。必要时，对疑似染疫的动物、动物产品进行重检，并采样送实验室进行实验室检查。

3. 补检

对无“出县境动物检疫合格证明”或“出县境动物产品检疫合格证明”和“动物及动物产品运载工具消毒证明”的，应进行补检。收取检疫费（按产地检疫费2倍收取）。

（四）运输防疫监督的结果处理

①对持有合法、有效检疫证明和消毒证明，佩戴有合格免疫耳标或加盖有合格的验讫印章，证物相符，动物或动物产品无异常的予以放行。

②发现动物、动物产品异常的，隔离（封存）留验；检查发现免疫耳标、检疫和消毒证明等不全或不符合要求的，要依法补检、补消毒或补免疫、补挂耳标；对涂改、伪造、转让检疫合格证明的，依照《动物防疫法》第五十一条的规定予以处罚。

③对需要实施补免的动物，作为异地饲养用的，可就地补免、佩戴免疫耳标、填发免疫档案，并经临诊健康检查无异常情况后放行。即将屠宰的，一律退回产地补免、建立免疫档案，2周后才能重新报检、出售。

对按规定需要补检或重检的动物，必须按照《畜禽产地检疫规范》和《动物检疫管理办法》规定的规程进行。经补检或重检合格的，出具检疫证明，并在备注栏注明“监督检查——补检”或“监督检查——重检”字样；不合格的，按照《畜禽病害肉尸及其产品无害化处理规程》的规定，由畜（货）主在动物防疫监督员监督下，做防疫消毒和其他无害化处理，无法做无害化处理的，予以销毁。对发现依法应当上报的动物疫情，应立即上报。

④实施补消毒或者重新消毒的，必须按消毒规程进行，出具消毒证明，并在备注栏注明“监督检查——补消毒或重消毒”字样。

⑤在监督检查过程中，需要抽检、采样、隔离（封存）、留验和无害化处理的，必须依法出具书面凭证，完备手续。

二、市场防疫监督

（一）市场防疫监督的概念

1. 市场防疫监督

市场防疫监督是指动物、动物产品在进入市场交易时所进行的防疫监督检查。动物卫生监督机构派动物防疫人员在集市、批发市场、商场等负责对交易的动物、动物产品进行防疫监督检查。

2.市场防疫监督的意义

做好市场防疫监督，对防止患有检疫对象的动物、动物产品上市交易，保护畜牧业生产发展，保证动物、动物产品安全，让消费者放心，促进动物、动物产品贸易发展，保障产地检疫落实到位，都有着极其重要的意义。

(二)市场防疫监督的要求与方法

1.市场防疫监督的索证验证

首先，进入市场的动物及其产品，畜(货)主必须持有相关"动物产地检疫合格证明"、"动物产品检疫合格证明"或"出县境动物检疫合格证明"、"出县境动物产品检疫合格证明"以及"动物及动物产品运载工具消毒证明"，检疫人员应仔细查验检疫证件是否合法有效。

然后，检查动物、动物产品的种类、数量(重量)与检疫证明是否一致，核实证物是否相符。查验活动物是否佩戴有合格的免疫耳标；检查肉尸、内脏上有无验讫印章或验讫标志以及检验刀痕，加盖的印章是否规范有效，核实交易的动物、动物产品是否经过检疫合格。

2.监督检查

对实物实施防疫监督，以感官检查为主，力求快速准确。活畜禽结合疫情调查、查验免疫耳标、观察畜禽全身状态(如体格、营养、精神、姿势)和测体温，确定动物是否健康；鲜肉产品以视检为主，结合剖检(重点检查病、死畜禽肉，尤其注意一类检疫对象)，检查肉的新鲜度，必要时进行实验室检验。其他动物产品多数带有包装，注意观察外包装是否完整、有无霉变等现象。

3.禁止下列动物、动物产品进入市场

来自于疫点、疫区内易感染的动物；染疫的动物、动物产品；病死、毒死或死因不明的动物及其产品；未经检疫或检疫不合格的动物、动物产品；腐败变质、霉变或污秽不洁、混有异物和其他感官性状不良等不符合国家动物防疫规定的动物产品。

(三)市场防疫监督的结果处理

①对持有有效检疫合格证明、动物佩戴有合格免疫耳标和胴体、内脏上加盖(加封)有有效验讫印章或验讫标志，且动物、动物产品符合检疫要求的，准许交易。

②发现经营没有检疫证明的动物、动物产品的，责令停止经营，没收违法所得；对未出售的动物、动物产品依法进行补检。对补检合格的准许交易；不合格的动物、动物产品，由货主在动物检疫人员的监督下进行消毒和无害化处理。

③对证物不符合或证明过期的，责令其停止经营，按有关规定进行重检。对重检合格的准许交易；不合格的动物、动物产品，在动物检疫人员的监督下由货主进

行消毒和无害化处理。

对按规定需补检或重检的动物，必须按照《畜禽产地检疫规范》和《动物检疫管理办法》规定的规程进行。

④对涂改、伪造、转让检疫证明的，依照《动物防疫法》第五十一条的规定予以处罚。

第三节 动物诊疗监督管理

由于动物诊疗工作的直接对象多为染疫动物，因此，加强动物诊疗管理与监督可以更早更快地掌握动物疫病流行情况，及时有效切断动物疫病的传播途径，保障公共卫生安全。相反，如果没有对动物诊疗活动实施严格有效的管理与监督，动物诊疗场所就很可能成为动物疫病传播和扩散的场所，对公共卫生安全构成威胁。

一、执业兽医

(一)执业兽医的概念

1.执业兽医的概念

执业兽医是指从事动物诊疗和动物保健等经营活动的兽医，包括执业兽医师和执业助理兽医师。国家实行执业兽医资格考试制度。执业兽医具体是指具备兽医相关技能，依照相关规定取得了兽医执业资格，并经注册从事动物诊疗等活动或从事以盈利为目的的服务性工作的兽医人员。执业兽医在国家动物卫生工作中起着基础的保障作用。首先，通过预防、诊疗、咨询，降低动物疫病的发生风险，减少因疫病引起的畜牧业损失和公共卫生问题；其次，执业兽医在疫病防控中起着及时发现和报告疫情的前哨作用，也是疫情控制的主要力量。执业兽医通过参与动物疫病监测、控制、扑灭和动物产品检验工作，促进动物卫生和兽医公共卫生水平的提高，保障食品安全，推动动物和动物产品的国内国际贸易在科学的框架内顺利发展。

2.执业兽医应具备的条件

具有兽医相关专业专科或大学以上学历的，可以申请参加执业兽医资格考试，考试合格的，由国务院兽医主管部门颁发执业兽医资格证书。从事动物诊疗的，还应当向当地县级人民政府兽医主管部门申请注册。

有下列情形之一的，不予发放执业兽医师证或者执业助理兽医师证：

①不具有完全民事行为能力的；

②受吊销执业兽医师证或者执业助理兽医师证行政处罚，自行政处罚决定生

效之日起到提出申请注册或者备案之日止不满两年的；

③患有国家规定不宜从事动物诊疗活动的人畜共患传染病的。

经注册的执业兽医，方可从事动物诊疗、开具兽药处方等活动。执业兽医应当按照当地人民政府或者兽医主管部门的要求，参加预防、控制和扑灭动物疫病的活动。

3.执业兽医的基本权利

执业兽医经执业注册后方能从事动物诊疗、开具兽药处方等活动，因此，未取得执业兽医资格或取得执业兽医资格而未注册的兽医不得从事动物诊疗、开具兽药处方活动。对于经注册的执业兽医，其从事动物诊疗、开具兽药处方的权利也是受限制的。执业兽医只能在其注册地点、注册的执业范围内从事相应的动物诊疗活动和出具相应的兽药处方，离开其注册地点、超越其注册执业范围从事动物诊疗活动或出具兽药处方均应视为违法行为，因此，执业兽医的执业地点、执业范围变更后，必须重新向当地兽医行政管理部门申请执业注册。

4.执业兽医在执业活动中应当履行的义务

执业兽医在执业活动中应当履行下列义务：

①遵守法律、法规、规章和有关管理规定；

②按照技术操作规范从事动物诊疗和动物诊疗辅助活动；

③遵守职业道德，履行兽医职责；

④爱护动物，宣传动物保健知识和动物福利；

⑤接受继续教育，提高动物诊疗水平。

5.兽医执业操作技术规范要求

按照《动物防疫法》第五十六条规定，从事动物诊疗活动应当遵守有关动物诊疗的操作技术规范，使用符合国家规定的兽药和兽医器械。这就对从事动物诊疗活动的执业兽医提出了两方面的要求：一是操作技术方面，包括安全防护、消毒、检验操作、处方填写、处方与病历保存、手术、隔离、无害化处理等动物诊疗各个环节的技术规范；二是使用兽药和兽医器械方面，执业兽医在动物诊疗活动中应当使用符合国家规定的兽药和兽医器械，对违者要依照《动物防疫法》第八十二条的规定追究其法律责任。如使用假劣兽药、违禁兽药和假劣兽医器械等，给予警告，责令暂停六个月以上一年以下动物诊疗活动；情节严重的，吊销注册。

(二)国家实行执业兽医制度

执业兽医制度主要有三个特点：一是专业学历，只有经过正规兽医教育并取得相关专业技术学历后，方可申请从事执业兽医工作。二是官方准入，取得专业学历，拟从事兽医临床或有关动物诊疗工作的，必须通过官方统一组织的资格考试，方能取得在本地区行医的资格。三是行业自律，行业协会协助政府进行管理，并在行业中发挥协调、咨询、服务等作用，严格管理，加强自律。

1. 执业兽医资格考试制度

在发达国家，执业兽医制度已十分普及且非常规范。在国外，要想成为一名执业兽医，除了具备大学专业训练的基础（学历）外，还必须参加国家兽医资质考核，这个考试由国家兽医资质考试委员会主持，试题从题库中随机抽取。并且，即使已经通过考试、获得执业资格的兽医，国家仍然要求他们在一定的时间内必须到具备资质的培训机构接受职业培训，获得培训合格证书后方可通过审核继续从事兽医职业，否则就会被吊销执业资格。可见，发达国家对兽医资质和行业准入的管理是十分严格的。我国的执业兽医制度虽然刚开始施行，但农业部已在山东、江苏等省市实行了执业兽医制度试点，并取得了成功。相信随着我国执业兽医制度的不断建立完善，我国兽医队伍的整体素质也将不断提高。

2. 执业兽医注册制度

执业兽医注册制度是执业兽医资格考试制度的延伸，按照《动物防疫法》规定，从事动物诊疗活动的，在取得国务院兽医主管部门颁发的执业兽医资格证书后，必须经当地县级人民政府兽医主管部门注册后，方能开展动物诊疗相关活动。这一规定，确保了兽医部门对本辖区执业兽医队伍的有效管理，为执业兽医队伍的继续教育及监督管理工作的顺利开展奠定了基础。

二、动物诊疗活动的机构条件

国家将动物诊疗单位分为畜禽诊疗单位和宠物诊疗单位两类进行管理。畜禽诊疗单位主要从事畜禽诊疗活动；宠物诊疗单位主要从事宠物的诊疗。根据诊疗单位的规模和技术力量将诊疗单位分为总医院、医院、诊所和诊室等，对其人员资质和数量、场所面积、硬件条件、医疗设备、技术规范、管理制度等条件要求有所区别。

从事动物诊疗活动的机构，应当具备下列条件：

1. 有与动物诊疗活动相适应并符合动物防疫条件的场所

对从事动物诊疗活动的场所，主要有两点要求：

(1)与动物诊疗活动相适应　从事畜禽疫病诊疗，应设有布局合理的诊断室、手术室、药方等；从事宠物疫病诊疗活动，应设有布局合理的诊疗室、手术室、病房、药房、化验室、X 光室或 B 超室、隔离室等。

(2)符合动物防疫条件　动物诊疗场所应适当远离学校、幼儿园、医院、机关、宾馆饭店、商场等公共服务场所和动物养殖、动物交易区域，并与以上区域建立有效隔离屏障；动物诊疗场所应当设有独立对外的出入口，出入口不得设在居民住宅楼内或院内，不得与同一建筑物的其他用户共用通道；动物诊疗场所的地面应当平整并适合清洗消毒。

2.有能胜任动物诊疗活动的执业兽医

对从事动物诊疗活动的人员，主要有两点要求：

(1)对动物诊疗活动执业人员的资质要求　从事诊疗活动的人员必须是在当地县(市)级兽医主管部门注册的执业兽医。

(2)对动物诊疗活动执业人员的数量要求　从事犬、猫等宠物疫病诊疗活动和从事畜禽疫病诊疗活动的，都应当按照国务院兽医主管部门的要求配备相应数量的执业兽医。

3.有与动物诊疗活动相适应的兽医器械和设备

设施设备是从事动物诊疗活动的基本条件，因此，只有具备相应的设施设备条件才能开展相应的动物诊疗活动。对于从事犬、猫等宠物疫病诊疗活动的，至少应具备诊断台、保定器、听诊器、体重秤、体温计、显微镜、输液架、X 光机或 B 超仪、手术台、无影灯、手术器械、器械柜、电冰箱、患病动物隔离箱、药品柜、喷雾消毒器等设施设备及暂存污水、污物、病死动物及其他医疗废弃物的用具；对于从事畜禽疫病诊疗活动的，也应具备相应的用于诊断、手术、消毒、冷藏、常规化验、污水处理等的设施设备。

4.有完善的诊所管理制度

完善的诊所管理制度是动物诊疗活动良好运行的基础。从动物卫生安全方面考虑，主要应当建立完善动物疫情报告制度、环境及器械卫生消毒制度、病例处方管理制度、生物制品使用管理制度、毒麻和精神药品使用管理制度、化验检验管理制度、公示制度、无害化处理制度等。

三、动物诊疗监督管理

1.办理动物诊疗许可证

从事动物疫病诊断、治疗或者动物阉割、保健、护理、体检、免疫注射等经营性活动的机构，应当向县级以上地方人民政府兽医主管部门申请动物诊疗许可证。受理申请的兽医主管部门应当依照《动物防疫法》和《中华人民共和国行政许可法》的规定进行审查。经审查合格的，发给动物诊疗许可证(动物诊疗许可证应当载明诊疗机构名称、诊疗活动范围、从业地点和法定代表人或负责人等事项)；不合格的，应当通知申请人并说明理由。申请人凭动物诊疗许可证向工商行政管理部门申请办理登记注册手续，取得营业执照后，方可从事动物诊疗活动。为此，申请人应当向兽医主管部门提交动物诊疗许可审核表、书面申请报告、地理方位图、室内平面图、法定代表人身份证复印件、场所有效使用面积证明、执业兽医资格证明、工商预核准名称通知书等相关材料。兽医主管部门应当在收到审核申请当日做出受理或不受理的决定。申请材料不全或者不符合法定形式的，应当在 5 日内一次性告知申请人需要补正的全部内容和材料。兽医主管部门做出受理决定后，应当按规定对动物诊疗场所进行实地审核，并在受理之日起 20 个工作日内做出同意或者不予批准的审核决定，自做出同意的审核决定起 5 日内，应当向申请人发放动物诊疗许可证；不合格的，应当通知申请人并说明理由。

2.动物诊疗许可证变更或者换发

如果在动物诊疗许可证有效期内，动物诊疗机构的单位名称、诊疗活动范围、从业地点和法定代表人（负责人）等事项发生变化的，应当申请变更或者换发动物诊疗许可证。

（1）变更　动物诊疗单位的名称、法定代表人（负责人）发生变化，适用变更。变更可以不用进行实地审核，许可证明变更后，仍保留原证明的有效期。

（2）换发　动物诊疗单位的执业项目、执业范围、从业地点发生变化的，适用换发。换发许可证明应重新进行实地审核。许可证明换发后，有效期从换发之日起重新计算。

需要说明的是，无论是许可证明变更或换发，均应在许可证明变更或换发后依法办理相应的工商变更登记手续。

3.做好诊疗活动中的卫生安全

（1）卫生安全防护　卫生安全防护的对象应当包括动物诊疗单位工作人员、畜主、就诊动物、住院动物等，动物诊疗单位应当采取措施，减少就诊动物间、住院动物间、住院动物和就诊动物间、畜主和患病动物间的接触，同时做好诊疗单位工作人员的防护，避免医院感染和医源性感染。

（2）消毒　消毒是杀灭病原微生物的有效手段，动物诊疗单位应当制定科学的消毒制度，定期定时对诊疗场所、设施设备、器械及环境进行消毒，有效切断疫病传播途径，确保畜主、就诊动物和诊疗单位工作人员安全。

（3）隔离　这里的隔离主要指的是两方面的隔离。首先是各功能区域之间的隔离，如诊疗区、病房、手术区、化验区等均应做到相对隔离，这样一是可以避免疫病横向传播，二是可以确保手术的安全和检验结果的准确；其次是对染疫动物的隔离。动物诊疗单位应当设置染疫和疑似染疫动物的隔离设施，一旦发现染疫动物，应当立即采取隔离措施。如果是法定报告传染病，要及时向相关兽医部门报告，防止动物疫病的扩散和传播。

(4)诊疗废弃物处置　诊疗废弃物是指动物诊疗机构在诊断、治疗、预防、保健以及其他相关活动中产生的具有直接或者间接感染性、毒性以及其他危害性的废物,包括动物尸体、动物组织及其分泌物、使用过的针头、纱布等。这些物品如果处理不当极有可能成为传染源,导致人或动物被感染。因此,动物诊疗单位应当建立诊疗废弃物管理责任制,及时收集本单位产生的诊疗废弃物,并按照类别分置于防渗漏、防锐器穿透的专用包装物或者密闭的容器内,送专门的诊疗废弃物处置单位统一进行处理。对于诊疗过程中产生的污水,也应于消毒后再行排放。

动物诊疗机构应当按照国务院兽医主管部门的规定,做好诊疗活动中的卫生安全防护、消毒、隔离和诊疗废弃物处置等工作。动物诊疗单位发现一类动物传染病或者布氏杆菌病、狂犬病、马传染性贫血病、炭疽、马鼻疽等危害严重的动物传染病以及本地新发生的动物传染病、中毒病时,应立即向辖区畜牧兽医行政管理部门或者动物卫生监督机构或者动物疫病预防控制机构报告,并采取有效的隔离和消毒措施。

第四节　动物饲养、隔离、屠宰加工、无害化处理等场所监管

兴办动物饲养场(养殖小区)和隔离场所、动物屠宰加工场所,以及动物和动物产品无害化处理场所,应当向县级以上地方人民政府兽医主管部门提出申请,并附具相关材料。受理申请的兽医主管部门应当依照《动物防疫法》和《中华人民共和国行政许可法》的规定进行审查。经审查合格的,发给动物防疫条件合格证;不合格的,应当通知申请人并说明理由。需要办理工商登记的,申请人凭动物防疫条件合格证向工商行政管理部门申请办理登记注册手续。

经营动物、动物产品的集贸市场应当具备国务院兽医主管部门规定的动物防疫条件,并接受动物卫生监督机构的监督检查。

动物防疫条件合格证应当载明申请人的名称、场(厂)址等事项。

一、动物饲养场(养殖小区)监管

1.动物饲养场应当符合下列动物防疫条件

①饲养场场址远离铁路、公路、城镇、居民区、村庄和公共场所 500 m 以上;远离屠宰厂(场)、畜产品加工厂、垃圾和污水处理场所、风景旅游区和水源地 2 000 m 以上。

②养殖场的生产区与生活区、行政区分开。

③畜(禽)舍的设计、建筑符合动物防疫要求,养殖场实行封闭饲养,养禽舍有防鸟措施,采光、通风和污物、污水排放设施齐全,生产区清洁道和污染道分设,出入口设有隔离和消毒设施、设备。

④有患病动物隔离圈舍和病死动物、污水、污物无害化处理设施,并对病死动物、污水、污物进行无害化处理。

⑤种用、乳用动物和宠物应当达到健康标准。

⑥有具有资质的兽医人员服务。

⑦从事饲养、防疫、诊疗等的人员无人畜共患病。

⑧防疫制度健全,记录完整。

2.养殖小区应当符合下列动物防疫条件

①养殖小区远离铁路、公路、城镇、居民区、村庄和公共场所 500 m 以上;远离屠宰厂(场)、畜产品加工厂、垃圾和污水处理场所、风景旅游区和水源地 2000 m 以上。

②养殖小区实行封闭饲养,生产区与生活区、行政区分开。

③养殖小区内各养殖单元畜(禽)舍的设计、建筑符合动物防疫要求;养禽舍有防鸟措施。

④养殖小区具有统一的出入口,并设有隔离和消毒设施、设备。

⑤每个养殖小区仅养殖同一动物品种,禁止混养。

⑥种用、乳用动物和宠物应当达到健康标准。

⑦防疫制度健全,记录完整。

⑧养殖小区内分设清洁道和污染道。

⑨养殖小区内的动物排泄物统一集中进行无害化处理。

3.动物饲养场(养殖小区)监督检查

①检查是否有动物防疫条件合格证。

②检查是否依照《动物防疫法》的规定,做好免疫、消毒工作。

③检查是否将染疫动物及动物产品、病死或者死因不明的动物尸体、动物排泄物以及垫料等污染物按照国务院兽医主管部门规定进行处理。

④检查是否存在发现动物染疫或者疑似染疫但不及时报告疫情或瞒报、谎报、迟报动物疫情的现象。

二、动物隔离场监管

1.动物隔离场应当符合下列动物防疫条件

①远离铁路、公路、城镇、居民区、村庄和公共场所 1 000 m 以上;远离屠宰

厂(场)、畜产品加工厂、垃圾和污水处理场所、风景旅游区和水源地 2 000 m 以上。

②布局、设计、建筑、设施、设备、用具符合动物防疫要求。

③隔离场的出入口有消毒设施、设备。

④圈舍有防鸟、防鼠设施。

⑤有对隔离动物的排泄物等污水、污物，病死动物进行无害化处理和清洗消毒的设施、设备，并对动物的排泄物等污水、污物，病死动物进行无害化处理。

⑥相关人员无人畜共患病。

⑦防疫制度健全，记录完整。

2. 动物隔离场监督检查

①检查是否有动物防疫条件合格证。

②检查是否依照《动物防疫法》的规定，做好免疫、消毒工作。

③检查是否将染疫动物及动物产品、病死或者死因不明的动物尸体、动物排泄物以及垫料等污染物按照国务院兽医主管部门规定进行处理。

④防疫制度是否健全，动物隔离记录是否完整。

⑤检查是否存在发现动物染疫或者疑似染疫但不及时报告疫情或瞒报、谎报、迟报动物疫情的现象。

三、屠宰加工场所监管

1. 屠宰场(厂、点)、肉类联合加工企业应当符合下列动物防疫条件

①远离城镇、居民区、村庄和公共场所 500 m 以上；远离动物养殖场、风景旅游区和水源地 2 000 m 以上。

②设计、布局合理，建筑符合动物防疫要求，生产区与生活区分开，有病死动物、染疫动物产品和污水、污物、粪便无害化处理设施、设备，并对病死动物、染疫动物产品和污水、污物、粪便等进行无害化处理。

③设有检疫室，有动物卫生监督机构派驻的检疫人员从事屠宰检疫。

④有与屠宰规模相适应的待宰间、急宰间和患病动物隔离间。

⑤动物、动物产品运载工具、容器和屠宰设备符合动物防疫要求，有清洗消毒设备，并按规定进行清洗消毒。

⑥屠宰技术工人和肉品检验人员无人畜共患病和其他可能污染动物产品的化脓性或渗出性皮肤病。

⑦防疫制度健全，记录完整。

2. 屠宰加工场所监督检查

屠宰加工场所监督检查包括如下项目：

①检查是否有动物防疫条件合格证；

②检查是否依照《动物防疫法》的规定，做好防疫工作；

③检查是否有对病死动物、染疫动物产品和污水、污物、粪便进行无害化处理的设施、设备，并对病死动物、染疫动物产品和污水、污物、粪便等进行无害化处理；

④检查屠宰技术工人和肉品检验人员是否持证上岗；

⑤检查是否有动物卫生监督机构派驻的检疫人员从事屠宰检疫；

⑥检查防疫制度是否健全，动物产品记录是否完整。

四、动物和动物产品无害化处理场所监管

1. 动物和动物产品无害化处理场所应当符合下列动物防疫条件

①必须远离动物生产、屠宰、经营场所，动物产品加工、经营场所，居民区、风景旅游区和水源地等 2 000 m 以上。

②选址、布局、设计、建筑、设施、设备、用具符合动物防疫要求。

③无害化处理场所的出入口有消毒设施、设备。

④有封闭的专用运输工具。

⑤有污水、污物处理和清洗消毒设施、设备。

⑥有人员防护的设施设备。

⑦防疫制度健全，记录完整。

2. 动物和动物产品无害化处理场所监督检查

①检查是否有动物防疫条件合格证；

②检查是否依照《动物防疫法》的规定，做好防疫消毒工作，包括运载工具是否封闭专用、符合动物防疫要求，并按规定进行清洗；

③检查工作人员防护的设施是否齐全；

④检查动物、动物产品是否按照《畜禽病害肉尸及其产品无害化处理规程》(GB 16548—1996)操作规程和国务院兽医主管部门规定，进行无害化处理；

⑤检查防疫制度是否健全，动物、动物产品无害化处理记录是否完整。

五、经营动物、动物产品的集贸市场监管

1. 动物经营场所应当符合下列动物防疫条件

①远离铁路、公路、城镇、居民区、村庄和公共场所 500 m 以上；远离屠宰厂

(场)、畜产品加工厂、垃圾和污水处理场所、风景旅游区和水源地 2 000 m 以上。

②布局、设计、建筑、设施、设备符合动物防疫要求。

③有患病动物隔离间及病死动物、污水、污物、粪便处理设施,并对病死动物、污水、污物、粪便等进行无害化处理。

④有清洗消毒设施、设备。

⑤经营人员无人畜共患病和其他可能污染动物产品的化脓性或渗出性皮肤病。

⑥防疫制度健全,记录完整。

2. 动物产品(食用)经营、加工、贮藏场所应当符合下列动物防疫条件

①远离城镇、居民区、村庄和公共场所 500 m 以上;远离动物养殖场和水源地 2 000 m 以上。

②布局合理,设计、建筑、设施、设备、工具、用具符合动物防疫要求。

③有固定的原料贮存场地。

④有染疫动物产品和污水、污物无害化处理设施、设备;有清洗消毒设施、设备。

⑤有采购动物产品检疫情况记录等动物防疫制度。

⑥直接从事经营、加工、销售人员无人畜共患病和其他可能污染动物产品的化脓性或渗出性皮肤病。

3. 经营动物、动物产品的集贸市场监督检查

经营动物、动物产品的集贸市场监督检查包括如下项目:

①检查集贸市场是否有动物防疫条件合格证。

②验证查物。进入市场的动物及其产品,畜(货)主必须持有相关"动物产地检疫合格证明"、"动物产品检疫合格证明"或"出县境动物检疫合格证明"、"出县境动物产品检疫合格证明"以及"动物及动物产品运载工具消毒证明"。首先,检疫人员应仔细查验检疫证件是否合法有效;然后,检查动物、动物产品的种类、数量(重量)与检疫证明是否一致,核实证物是否相符,查验活动物是否佩戴有合格的免疫耳标,检查肉尸、内脏上有无验讫印章或验讫标志以及检验刀痕、加盖的印章是否规范有效,核实交易的动物、动物产品是否经过检疫合格。

③建立消毒制度以及病死动物无害化处理制度,防止疫情传入传出。在交易前、交易后要对交易场所进行清扫、消毒,保持清洁卫生。粪便、垫草、污物采取堆积发酵等方法处理,病死动物按国家有关规定进行无害化处理。

④建立市场检疫监督检疫检验报告制度,定期向上级动物防疫监督机构报告检疫情况。

第五节　病原微生物实验室安全管理

一、病原微生物分类

国家根据病原微生物的传染性、感染后对个体或者群体的危害程度，将病原微生物分为四类：第一类病原微生物，是指能够引起人类或者动物非常严重疾病的微生物，以及我国尚未发现或者已经宣布消灭的微生物；第二类病原微生物，是指能够引起人类或者动物严重疾病，比较容易直接或者间接在人与人、动物与人、动物与动物间传播的微生物；第三类病原微生物，是指能够引起人类或者动物疾病，但一般情况下对人、动物或者环境不构成严重危害，传播风险有限，实验室感染后很少引起严重疾病，并且具备有效治疗和预防措施的微生物第四类病原微生物，是指在通常情况下不会引起人类或者动物疾病的微生物。

第一类、第二类病原微生物统称为高致病性病原微生物。

二、动物病原微生物分类

根据农业部颁布的《动物病原微生物分类明录》，具体将动物病原微生物分类如下：

(1)一类动物病原微生物　口蹄疫病毒、高致病性禽流感病毒、猪水疱病病毒、非洲猪瘟病毒、非洲马瘟病毒、牛瘟病毒、小反刍兽疫病毒、牛传染性胸膜肺炎丝状支原体、牛海绵状脑病病原、痒病病原。

(2)二类动物病原微生物　猪瘟病毒、鸡新城疫病毒、狂犬病病毒、绵羊痘/山羊痘病毒、蓝舌病病毒、兔病毒性出血症病毒、炭疽芽孢杆菌、布氏杆菌。

(3)三类动物病原微生物　此类动物病原微生物可继续分类如下：

①多种动物共患病病原微生物。低致病性流感病毒、伪狂犬病病毒、破伤风梭菌、气肿疽梭菌、结核分支杆菌、副结核分支杆菌、致病性大肠杆菌、沙门氏菌、巴氏杆菌、致病性链球菌、李氏杆菌、产气荚膜梭菌、嗜水气单胞菌、肉毒梭状芽孢杆菌、腐败梭菌和其他致病性梭菌、鹦鹉热衣原体、放线菌、钩端螺旋体。

②牛病病原微生物。牛恶性卡他热病毒、牛白血病病毒、牛流行热病毒、牛传染性鼻气管炎病毒、牛病毒腹泻/黏膜病病毒、牛生殖器弯曲杆菌、日本血吸虫。

③绵羊和山羊病病原微生物。山羊关节炎/脑脊髓炎病毒、梅迪/维斯纳病病毒、传染性脓疱皮炎病毒。

④猪病病原微生物。日本脑炎病毒、猪繁殖与呼吸综合征病毒、猪细小病毒、

猪圆环病毒、猪流行性腹泻病毒、猪传染性胃肠炎病毒、猪丹毒杆菌、猪支气管败血波氏杆菌、猪胸膜肺炎放线杆菌、副猪嗜血杆菌、猪肺炎支原体、猪密螺旋体。

⑤马病病原微生物。马传染性贫血病毒、马动脉炎病毒、马病毒性流产病毒、马鼻炎病毒、鼻疽假单胞菌、类鼻疽假单胞菌、假皮疽组织胞浆菌、溃疡性淋巴管炎假结核棒状杆菌。

⑥禽病病原微生物。鸭瘟病毒、鸭病毒性肝炎病毒、小鹅瘟病毒、鸡传染性法氏囊病病毒、鸡马立克氏病病毒、禽白血病/肉瘤病毒、禽网状内皮组织增殖病病毒、鸡传染性贫血病毒、鸡传染性喉气管炎病毒、鸡传染性支气管炎病毒、鸡减蛋综合征病毒、禽痘病毒、鸡病毒性关节炎病毒、禽传染性脑脊髓炎病毒、副鸡嗜血杆菌、鸡毒支原体、鸡球虫。

⑦兔病病原微生物。兔黏液瘤病病毒、野兔热土拉杆菌、兔支气管败血波氏杆菌、兔球虫。

⑧水生动物病病原微生物。流行性造血器官坏死病毒、传染性造血器官坏死病毒、马苏大麻哈鱼病毒、病毒性出血性败血症病毒、锦鲤疱疹病毒、斑点叉尾鮰病毒、病毒性脑病和视网膜病毒、传染性胰脏坏死病毒、真鲷虹彩病毒、白鲟虹彩病毒、中肠腺坏死杆状病毒、传染性皮下和造血器官坏死病毒、核多角体杆状病毒、虾产卵死亡综合征病毒、鳖鳃腺炎病毒、Taura综合征病毒、对虾白斑综合征病毒、黄头病病毒、草鱼出血病毒、鲤春病毒血症病毒、鲍球形病毒、鲑鱼传染性贫血病毒。

⑨蜜蜂病病原微生物。美洲幼虫腐臭病幼虫杆菌、欧洲幼虫腐臭病蜂房蜜蜂球菌、白垩病蜂球囊菌、蜜蜂微孢子虫、跗腺螨、雅氏大蜂螨。

⑩其他动物病病原微生物:犬瘟热病毒、犬细小病毒、犬腺病毒、犬冠状病毒、犬副流感病毒、猫泛白细胞减少综合征病毒、水貂阿留申病病毒、水貂病毒性肠炎病毒。

(4)四类动物病原微生物　危险性小、低致病力、实验室感染机会少的兽用生物制品,疫苗生产用的各种弱毒病原微生物以及不属于第一、二、三类的各种低毒力的病原微生物。

三、动物实验生物安全水平分级

根据所用病原微生物的危害程度、对人和动物的易感性、气溶胶传播的可能性、预防和防治的可行性等因素,动物实验生物安全水平(ABSL)分级可分为四级,一级最低,四级最高。

一级动物实验生物安全水平(ABSL-1)是指能够安全地进行,没有发现肯定能引起健康成人发病的,对实验室工作人员、动物和环境危害微小的、特性清楚的病原微生物感染动物工作的生物安全水平。

二级动物实验生物安全水平(ABSL-2)是指能够安全地进行，对工作人员、动物和环境有轻微危害的病原微生物感染动物的生物安全水平。这些病原微生物通过消化道和皮肤、黏膜暴露而产生危害。

三级动物实验生物安全水平(ABSL-3)是指能够安全地从事国内和国外的，可能通过呼吸道感染引起严重或致死性疾病的病原微生物感染动物工作的生物安全水平。与上述相近或有抗原关系但尚未完全认识的病原体感染，也应在此种水平条件下进行操作，直到取得足够的数据后，才能决定是继续在此种安全水平下工作还是在低一级安全水平下工作。

四级动物实验生物安全水平(ABSL-4)是指能够安全地从事国内和国外的、能通过气溶胶传播、实验室感染高度危险、严重危害人和动物生命和环境的、没有特效预防和治疗方法的微生物感染动物工作的生物安全水平。与上述相近或有抗原关系但尚未完全认知的病原体动物试验也应在此种水平条件下进行操作，直到取得足够的数据后，才能决定是继续在此种安全水平下工作还是在低一级安全水平下工作。

一级、二级动物实验室不得从事高致死性病原微生物实验活动，三级、四级动物实验室可从事高致死性病原微生物实验活动，但应当具备下列条件：一是实验目的和拟从事的实验活动符合国务院卫生主管或兽医主管部门的规定；二是通过实验室国家认可；三是具有与拟从事的实验活动相适应的工作人员；四是工程质量经建筑主管部门依法检测验收合格。取得从事高致死性病原微生物实验活动资格证书的实验室，需要从事高致死性病原微生物或者似高致死性病原微生物实验活动的，须报省级以上人民政府卫生主管或兽医主管部门批准。实验活动结果以及工作情况应当向原批准部门报告。

四、动物病原微生物实验室生物安全监督管理内容

根据国务院 2004 年颁布的《动物病原微生物实验室生物安全管理条例》，动物病原微生物实验室生物安全监督管理内容如下：

(1)对病原微生物菌(毒)种、样本的采集、运输、储存进行监督检查。

(2)对从事高致病性病原微生物相关实验活动的实验室是否符合国务院颁布《动物病原微生物实验室生物安全管理条例》规定的条件进行监督检查。

(3)对实验室或者实验室的设立单位培训、考核其工作人员以及上岗人员的情况进行监督检查。

(4)对实验室是否按照有关国家标准、技术规范和操作规程从事病原微生物相

关实验活动进行监督检查。

县级以上的动物卫生监督机构应当主要通过检查反映实验室执行国家有关法律、行政法规以及国家标准和要求的记录、档案、报告,切实履行监督管理职责。在履行监督检查职责时,有权进入被检查单位和病原微生物泄漏或者扩散现场调查取证、采集样品,查阅复制有关资料。需要进入从事高致病性病原微生物相关实验活动的实验室调查取证、采集样品的,应当指定或者委托专业机构实施。被检查单位应当予以配合,不得拒绝、阻挠。执法人员执行公务时,应当有2名以上执法人员参加,出示执法证件,并依照规定填写执法文书。现场检查笔录、采样记录等文书经核对无误后,应当由执法人员和被检查人、被采样人签名。被检查人、被采样人拒绝签名的,执法人员应当在自己签名后注明情况。

第六节 违反《动物防疫法》行为的法律责任

依照《中华人民共和国动物防疫法》规定,对管理相对人违法行为的处理如下:

(1)地方各级人民政府、有关部门及其工作人员瞒报、谎报、迟报、漏报或者授意他人瞒报、谎报、迟报动物疫情,或者阻碍他人报告动物疫情的,由上级人民政府或者有关部门责令改正,通报批评;对直接负责的主管人员和其他直接责任人员依法给予处分。

(2)有下列行为之一的,由动物卫生监督机构责令改正,给予警告;拒不改正的,由动物卫生监督机构代作处理,所需处理费用由违法行为人承担,可以处一千元以下罚款。

①对饲养的动物不按照动物疫病强制免疫计划进行免疫接种的;

②种用、乳用动物未经检测或者经检测不合格而不按照规定处理的;

③动物、动物产品的运载工具在装载前和卸载后没有及时清洗、消毒的。

(3)对经强制免疫的动物未按照国务院兽医主管部门规定建立免疫档案、加施畜禽标识的,依照《中华人民共和国畜牧法》的有关规定处罚。

(4)不按照国务院兽医主管部门规定处置染疫动物及其排泄物,染疫动物产品,病死或者死因不明的动物尸体,运载工具中的动物排泄物以及垫料、包装物、容器等污染物以及其他经检疫不合格的动物、动物产品的,由动物卫生监督机构责令无害化处理,所需处理费用由违法行为人承担,可以处三千元以下罚款。

(5)屠宰、经营、运输动物或者生产、经营、加工、贮藏、运输动物产品的,由动物卫生监督机构责令改正、采取补救措施,没收违法所得和动物、动物产品,并处同类检疫合格动物、动物产品货值金额1倍以上5倍以下罚款;其中依法应当检疫而未检疫的，依照本法第七十八条的规定处罚。

(6)由动物卫生监督机构责令改正，处一千元以上一万元以下罚款；情节严重的，处一万元以上十万元以下罚款。

(7)屠宰、经营、运输的动物未附有检疫证明，经营和运输的动物产品未附有检疫证明、检疫标志的，由动物卫生监督机构责令改正，处同类检疫合格动物、动物产品货值金额10%以上50%以下罚款；对货主以外的承运人处运输费用1倍以上3倍以下罚款。

(8)参加展览、演出和比赛的动物未附有检疫证明的，由动物卫生监督机构责令改正，处一千元以上三千元以下罚款。

(9)转让、伪造或者变造检疫证明、检疫标志或者畜禽标识的，由动物卫生监督机构没收违法所得，收缴检疫证明、检疫标志或者畜禽标识，并处三千元以上三万元以下罚款。

(10)有下列行为之一的，由动物卫生监督机构责令改正，处一千元以上一万元以下罚款：

①不遵守县级以上人民政府及其兽医主管部门依法作出的有关控制、扑灭动物疫病规定的；

②藏匿、转移、盗掘已被依法隔离、封存、处理的动物和动物产品的；

③发布动物疫情的。

(11)未取得动物诊疗许可证从事动物诊疗活动的，由动物卫生监督机构责令停止诊疗活动，没收违法所得；违法所得在三万元以上的，并处违法所得1倍以上3倍以下罚款；没有违法所得或者违法所得不足三万元的，并处三千元以上三万元以下罚款。

(12)动物诊疗机构违反本法规定，造成动物疫病扩散的，由动物卫生监督机构责令改正，处一万元以上五万元以下罚款；情节严重的，由发证机关吊销动物诊疗许可证。

(13)未经兽医执业注册从事动物诊疗活动的，由动物卫生监督机构责令停止动物诊疗活动，没收违法所得，并处一千元以上一万元以下罚款。

(14)执业兽医有下列行为之一的，由动物卫生监督机构给予警告，责令暂停6个月以上1年以下动物诊疗活动；情节严重的，由发证机关吊销注册证书：

①违反有关动物诊疗的操作技术规范，造成或者可能造成动物疫病传播、流行的；

②使用不符合国家规定的兽药和兽医器械的；

③不按照当地人民政府或者兽医主管部门要求参加动物疫病预防、控制和扑

灭活动的。

(15)从事动物疫病研究与诊疗和动物饲养、屠宰、经营、隔离、运输,以及动物产品生产、经营、加工、贮藏等活动的单位和个人,有下列行为之一的,由动物卫生监督机构责令改正;拒不改正的,对违法行为单位处一千元以上一万元以下罚款,对违法行为个人可以处五百元以下罚款:

①不履行动物疫情报告义务的;

②不如实提供与动物防疫活动有关资料的;

③拒绝动物卫生监督机构进行监督检查的;

④拒绝动物疫病预防控制机构进行动物疫病监测、检测的。

(16)违反《动物防疫法》规定,导致动物疫病传播、流行等,给他人人身、财产造成损害的,依法承担民事责任;构成犯罪的,依法追究刑事责任。

复习思考题

1.什么是动物防疫监督管理?其程序有哪些?

2.监督管理的内容有哪些?

3.监督管理的措施有哪些?

4.动物防疫监督过程中对动物、动物产品进行补检、重检的前提条件是什么?

5.为什么把市场检疫监督和运输检疫监督工作的重点放在验证查物上?

6.动物、动物产品只要有合法的检疫证明就可以不受任何限制在市场上交易吗?为什么?

7.如何做好动物饲养、隔离、屠宰加工、无害化处理等场所监管工作?

8.如何做好病原微生物实验室安全管理?

9.如何对管理相对人违法行为进行处理?

10.何谓执业兽医和官方兽医?执业兽医应具备哪些条件?

实 训 指 导

实训一　疫情调查方案的制定

［目的要求］

- 通过实训，明确疫情调查的内容，了解传染病的流行规律。
- 学会调查方法，并能进行疫情调查资料分析。

［实训材料］

动物疫情调查表；当地某养殖场、养殖专业户动物疫情资料；运送师生实训往返的交通工具。

［方法步骤］

1.确定调查内容与项目

疫病的发生，往往与多种因素有关。所以，在进行动物疫情调查时，应尽量将可能影响动物发病的各种因素考虑进来。在进行疫情一般性调查时，常包括如下几个方面：

(1)被调查区或养殖场的基本情况　包括该场的名称、地址，地理地形特点，气象资料(季节、大气、雨量等)，饲养动物的种类、数量、用途，饲养方式。

(2)饲养场卫生特征　畜禽场及其邻近地区的卫生状况，饲料来源、品质、调配及保藏情况，饲喂方法，放牧场地和水源卫生状况(自来水、井水或河水)，周围及畜禽舍内昆虫、啮齿动物活动情况，粪便、污水处理方法，预防消毒及免疫接种执行情况，畜禽流通情况，病死畜禽的处理方法等。

(3)疫病发生与流行情况　最早病例发生时间，发病及死亡动物的种类、数量、性别、年龄，临诊主要表现，疫病经过的特征，采用的诊断方法及结果（含临诊诊断、病理剖检、实验室诊断)，动物疫病的流行强度，所采取的措施及效果等。

(4)疫区既往发病情况　曾发生过何种疫病及发生时间，流行概况，所采取的措施，疫病间隙期限，是否呈周期性等。

2.设计调查表

根据所调查地区或养殖场的具体情况，确定调查项目，并依据所要调查的内容自行设计疫情调查表。

3. 调查方法

可采取直接询问和查阅资料等。

4. 资料分析

将调查资料进行统计分析，以明确该调查区域（养殖场）疫病流行的类型、特点、发生原因，疫病传播来源和途径等，并提出预防控制动物疫病具体措施的建议。

［实训报告］

根据调查结果，写一份疫情调查分析报告。

实训二　消毒液的配制和消毒方法

［目的要求］

- 学会喷雾器、火焰喷灯等消毒器械的使用方法。
- 学会常用消毒液的配制方法。
- 掌握畜舍、用具、地面和粪便的消毒方法。

［实训材料］

1. 器材

喷雾消毒器、天平或台秤、盆、桶、缸、清扫及洗刷用具、高筒胶鞋、工作服、橡胶手套等。

2. 药品

新鲜生石灰、粗制氢氧化钠、漂白粉、来苏儿、高锰酸钾、福尔马林等。

［方法步骤］

1. 常用消毒器材的使用

(1)喷雾器　有两种，即手动喷雾器和机动喷雾器。手动喷雾器分为背携式（压力式）和手压式（单管式），常用于小面积的消毒。机动喷雾器又分背携式和担架式，常用于大面积的消毒。使用前要对其各部分进行仔细检查，尤其注意喷头部分有无堵塞现象。消毒液配好后，经过滤装入喷雾器。消毒结束后立即将剩余药液倒出，用清水洗净。

(2)火焰喷灯　是用汽油或煤油做燃料的一种工业用喷灯，喷出的火焰具有很高的温度，消毒效果较好。用于消毒各种病原体污染的金属制品，但应注意不要喷烧太久，以免将消毒物品烧坏，消毒时应按一定的顺序，以免发生遗漏。

2. 常用消毒剂配制方法

配制消毒液时，常需根据不同浓度计算用量。可按下式计算：

$$N_1V_1 = N_2V_2$$

式中：N_1 为原药液浓度；V_1 为原药液容量；N_2 为需配制药液的浓度；V_2 为需配制药液的容量。

配制消毒液时应注意药品的有效浓度，并让药液充分溶解；药量、水量和药与水的比例应准确；配制消毒液的容器必须干净；注意检查消毒药品的有效浓度；配制好的消毒药品不能久放。

3. 常用的消毒方法

(1)人员的消毒　进入养殖场的人员，必须在场门口更换鞋靴，并经消毒池内进行消毒。进入生产区畜舍的人员，须在生产区入口消毒室内洗澡、更换衣物，穿戴清洁消毒好的工作服、帽和鞋，经消毒后进入生产区。

(2)畜舍、用具消毒　先对畜舍地面、饲槽等用清水或消毒液喷洒，以免灰尘及病原体飞扬，随后进行彻底机械清扫，扫除粪便、垫草及残余的饲料等污物，污物按粪便消毒法处理。水泥地面的畜舍再用清水冲洗，然后用化学消毒剂进行消毒。消毒液用量一般按 1 000 mL/m^2 计算。消毒时应先对天棚、墙壁、食槽和地面按顺序均匀喷洒，后至门口，最后打开门窗通风，用清水洗刷饲槽等，消除消毒药味。

(3)气体熏蒸消毒　消毒前将畜禽赶出畜舍，舍内的管理用具、物品等适当摆开，门窗密闭，室温控制在 15～18℃。畜舍按每立方米空间取福尔马林 25 mL，水 2.5 mL，两者混合后再加入高锰酸钾(或生石灰)25 g。药物反应可在陶瓷容器中进行，用木棒搅拌，经几秒钟即可产生甲醛蒸汽，人员应迅速离开。经 12～24 h 将门窗打开通风，药气消失后迁入家畜。若急需使用畜舍，可用氨气中和，每立方米取氯化氨 5 g、生石灰 1 g，加入 75℃水 7.5 mL，混合于桶内放入畜舍。也可用 25%氨水，12.5 mL/m^3，中和 20～30 min，打开门窗通风 20～30 min，动物即可迁入畜舍。

(4)地面土壤消毒　病畜停留过的畜舍、运动场等，先除去表土，清除粪便和垃圾。小面积的地面土壤，可用消毒液喷洒。大面积的土壤可进行深翻，在翻地的同时撒上干漂白粉，发生一般传染病时用量为 0.5 kg/m^2，炭疽等芽孢杆菌性传染病时用量为 5 kg/m^2，漂白粉与土混合后加水湿润压平。大牧场被污染后一般利用阳光或种植对病原微生物有害的植物，使土壤发生自净作用。

(5)粪便消毒

①焚烧法：在地上挖一壕，宽 75～100 cm，深 75 cm，长度随粪便多少而定，在距离壕底 40～50 cm 处加一层铁梁(以不使粪便漏下为宜)，铁梁下面放置木材，铁

梁上面放置欲消毒的粪便，如粪便太湿，可混合一些干草，以便烧毁(图实1)。

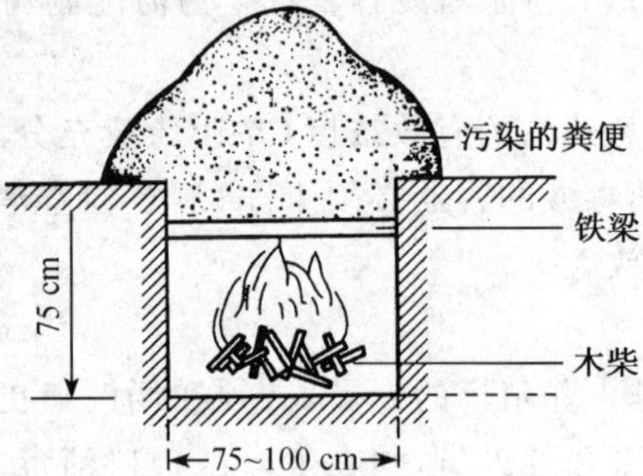

图实1　粪便焚烧法

②化学药品消毒法：用含2%～5%有效氯的漂白粉溶液或20%石灰乳，与粪便混合消毒。

③掩埋法：将污染的粪便与漂白粉或生石灰混合后，深埋于地下2 m左右。

④生物热消毒法：利用粪便自身发酵产生的热量来杀灭无芽孢菌、病毒、寄生虫虫卵等病原体，从而达到消毒的目的。

发酵池法：在距水源、居民点及畜牧场一定距离处(200～250 m)挖池，大小视粪便多少而定，池底池壁可用砖、水泥砌成，使之不透水。如土质好，不砌也可。用时池底先垫一层土，每天清除的粪便倒入池内，直到快满时，在粪便表面铺一层干草或杂草，上面盖一层泥土封好。经1～3个月发酵后作肥料用。也可利用沼气发酵池进行消毒。

堆粪法：在距场舍100～200 m以外的地方选一堆粪场。在地面挖一浅沟，深约20 cm，宽1.5～2 m，长度随粪便多少而定。先将粪便或蒿草等堆至25 cm，再堆欲消毒的粪便，高达1～1.5 m后，在粪堆的外面铺一层10 cm厚的非污染性粪便或谷草，最外层抹上10 cm厚的泥土。堆放3周到3个月，即可作肥料用。

(6)污水的消毒　污水的处理有沉淀法、过滤法、化学药品消毒法。最常用的是漂白粉消毒法，用量为每立方米水用漂白粉(含25%活性氯)6 g(清水)或8～10 g(混浊的水)。

(7)畜体的消毒　常用喷雾法，既可减少畜体及环境中的病原微生物，净化环境，又可降低舍内尘埃，夏季还有降温作用。但是如果鸡舍内支原体、大肠杆菌等病原污染严重时，容易引发呼吸道疾病。畜体喷雾消毒法常用0.2%～0.3%过氧乙酸，15～30 mL/m^3，也可用0.2%的次氯酸钠溶液。消毒时从畜舍的一端开始，边喷雾边匀速走动，使舍内各处喷雾量均匀。本消毒方法全年均可使用，一般情况下，每周消毒 1～2 次，春秋疫病常发季节，每周消毒 3 次，在有疫情发生时，每天消毒 1～2 次。

(8)畜产品的消毒　皮革原料和羊毛多用环氧乙烷气体在密闭的专用消毒室内进行。如消毒病原体繁殖型，300～400 g/m^3，作用 8 h；消毒芽孢和霉菌，700～950 g/m^3，作用 24 h。环氧乙烷的消毒效果与湿度、温度等因素有关，一般认为，相对湿度为 30%～50%，温度在 18～54℃最为适宜。环氧乙烷的沸点为 10.7℃，沸点以下的温度为易挥发的液体，遇明火易燃易爆，对人有毒性，应注意个人防护。

[实训报告]

写出一份发生一般性传染病时疫区内进行消毒工作的报告。

实训三　疫苗的保存、运送和免疫接种技术

[目的要求]

- 掌握免疫接种的方法与步骤。
- 熟悉动物生物制剂的保存、运送和用前检查方法。

[实训材料]

1. 器材

金属注射器(5、10、20 mL 等规格)、玻璃注射器(1、2、5 mL 等规格)、金属皮内注射器、针头(兽用 14～20 号、人用 6～9 号)、煮沸消毒锅、镊子、毛剪、体温计、气雾免疫器、脸盆、毛巾、纱布、脱脂棉、搪瓷盘、出诊箱、工作服、登记卡片、动物保定用具。

2. 药品

5%碘酒、70%酒精、来苏儿或新洁尔灭等消毒剂、疫苗、免疫血清。

[方法步骤]

1. 预防接种前的准备

(1)根据免疫接种计划，统计接种对象及数目，确定接种日期，准备足够的生物制剂、器材和药品，编订登记表册或卡片，安排及组织接种和保定动物的人员。

(2)对所使用的生物制剂进行仔细检查，凡不符合要求者，一律不能使用。

(3)为保证免疫接种的安全和效果，接种前应对预定接种的动物进行了解及临诊观察，必要时进行体温检查。凡体质过于瘦弱的家畜、妊娠后期的母畜、未断乳的幼畜、体温升高者或疑似患病动物均不应接种疫苗，留待以后补种。

2.免疫接种用生物制剂的保存、运送和用前检查

(1)生物制品的保存　各种生物制品应低温、避光、干燥保存。疫苗、类毒素、免疫血清等应保存在2～15℃,防止冻结;病毒性疫苗应放0℃以下冻结保存。在不同温度下保存,不得超过所规定的期限,超过有效期的制剂不能使用。

(2)生物制品的运送　要求包装完善,防止碰坏瓶子和散播活的弱毒病原微生物。运送途中避免日光直射和高温,并尽快送到保存地点或预防接种场所。弱毒苗应在低温条件下运送,大量运送应用冷藏车,少量运送可装在有冰块的广口瓶内。

(3)生物制品的用前检查　各种生物制品用前均需仔细检查,有下列情况之一者不得使用:无瓶签或瓶签模糊不清;过期失效;性状与说明书不符,如变色、沉淀、有异物、发霉和有臭味;瓶盖不紧或瓶体破裂;未按规定方法保存等。

3.免疫接种的方法

(1)皮下注射法　马、牛取颈侧部位;猪、羊在股内侧、肘后及耳根处;兔在耳后;家禽在胸部或大腿内侧。根据药液浓度及畜禽大小,一般用16～20号针头。

(2)皮内注射法　马接种部位在颈侧;牛、羊除在颈侧外还可在尾根皮肤皱襞及肩胛中央;猪在耳根后;鸡在肉髯部。注射部位剪毛,酒精消毒,左手拇指与食指顺着皮肤的皱纹捏起一个皮褶,右手持注射器使针头几乎与皮肤面平行刺入真皮中。如感到药液注入困难,同时有一小泡,证明注射正确,然后用酒精棉球消毒针孔及其周围。

做羊的尾根皮内注射时,将尾根翻起,注射部位消毒后,以左手拇指和食指将皮肤绷紧,针头与皮肤平行方向慢慢刺入。缓慢推入药液,形成一小丘疹为注射正确。

(3)肌肉接种法　家畜一律采用臀部或颈部肌肉注射;猪、羊还可选股内侧肌肉注射(一般选14～20号针头),鸡在胸部肌肉(选用6～9号针头)。

(4)皮肤刺种法　家禽在翅内侧无血管处,用刺种针或钢笔尖蘸取疫苗刺入皮下。

(5)经口免疫法　将可供口服的疫苗混于水中,动物通过饮水而获得免疫,称为饮水免疫。将可供口服的疫苗用冷水稀释后拌入饲料,动物通过吃食而获得免疫,称为喂食免疫。经口免疫时,应按动物头数和每头动物平均饮水量或摄食量,准确计算需用的疫苗剂量。免疫前应停饮或停喂半天,以保证每头动物都能饮用一定量的水或吃入一定量的饲料;稀释疫苗的水应纯净,不能含有消毒药(如自来水中有漂白粉等);混合疫苗用水和饲料的温度,以不超过室温为宜;已经混合好的饮水和饲料,进入动物体内的时间越短效果越好,不能停放。

(6)气雾免疫法　将稀释的疫苗用雾化发生器喷射出去,使疫苗形成5～

10 μm 的雾化粒子，均匀地浮游在空气中，畜禽吸入体内以达到免疫，称为气雾免疫。适用于大群免疫。

气雾免疫应用的器械包括动力装置（压缩泵）及气化发生器（喷头）两部分。不论使用何种气泵或电动机等带动力压缩泵都要保持 19.61×10^4 Pa 以上压力。雾化粒子直径为 5～10 μm。

①室内气雾免疫：以羊免疫为例疫苗用量计算公式如下：

$$疫苗用量=\frac{DA\times1\ 000}{VBT}$$

式中：D 为免疫剂量；A 为免疫室容积；B 为疫苗浓度；T 为免疫时间；V 为呼吸常数。

羊的呼吸常数为 3～6（羊每分钟吸入空气量为 3 100～6 000 mL，故以 3～6 作为羊气雾免疫的常数）。

疫苗用量计算好后，将动物赶入室内，关闭门窗。操作者站在门外，将喷头由门窗缝伸入室内，使喷头保持与动物头部同高，向室内四面均匀喷射。疫苗喷完后，动物在室内停留 20～30 min。

②野外气雾免疫：疫苗用量按动物的种类和数量计算。免疫时操作人员手持喷头，站在动物群中，喷头与动物头部同高，朝动物头部方向喷出，操作者应站在上风。喷完后，让动物停留数分钟放出。野外气雾免疫时，应注意个人防护。

（7）滴鼻（眼）免疫法　用细滴管吸取疫苗滴一滴于鼻孔（眼）内。

4. 免疫接种注意事项

（1）在对动物进行免疫接种前，必须先进行一般性检查。对不宜接种者暂缓接种。工作人员须穿工作服及胶鞋，必要时戴口罩。做好动物的保定等工作，接种前后均应洗手消毒，工作中不应吸烟和吃食物。

（2）接种时应严格执行无菌操作。注射器、针头、镊子应高压或煮沸消毒。接种时应一头家畜一个针头。注射部位皮肤用 5%碘酊消毒，皮内注射及皮肤刺种用 75%酒精消毒，被毛较长的应剪毛消毒。

（3）吸取疫苗时，先除去封口上的火漆或石蜡，用酒精棉球消毒瓶盖。瓶上固定一个消毒的针头专供吸取药液，吸液后不拔出，用挤干的酒精棉球包好，以便再次吸取。给动物注射用过的针头不能吸液。

（4）疫苗使用前，必须充分振荡，使其均匀混合后才能应用。免疫血清则不应振荡，沉淀不应吸取，并随吸随注射。须经稀释后才能使用的疫苗，应按说明书的要求进行稀释。已经开瓶或稀释过的疫苗，必须当天用完，未用完的处理后弃去。

（5）针筒排气溢出的药液，应吸积于酒精棉球上，并将其收集于专用瓶内。用过的酒精棉球和吸入注射器内未用完的药液都放入专用瓶内，集中烧毁。

(6)动物免疫接种后，应注意观察和加强护理，如有不良反应，可根据情况及时处理。

[实训报告]

(1)根据实训情况，书写一份免疫接种的实习记录。

(2)参照当地的实际情况，制定一份畜禽免疫接种计划。

实训四　动物驱虫技术

[目的要求]

- 使学生熟悉大群动物驱虫的准备和组织工作。
- 掌握驱虫技术、驱虫中的注意事项和驱虫效果的评定方法。

[实训材料]

1.药物

常用各种驱虫药。

2.器材

各种给药用具、称重用具、粪便检查用具等。

3.动物

现场的病畜或病禽。

4.其他

驱虫用各种记录表格。

[方法步骤]

1.试验前检查

在教师指导下，检查并记录实验动物的感染情况，包括临诊症状，检测体内寄生虫(卵)数。根据动物种类和寄生虫种类不同，选择并确定驱虫药的种类及用量。

2.药物配制

多数驱虫药不溶于水，一般需配成混悬液，或加入淀粉、面粉或细玉米面调成糊状后给药。

3.给药方法

具体投药技术与临诊常用给药法相同。家禽多为群体给药(饮水或喂饲)，如用喂饲法给药时，先按群体体重计算好总药量，将总量驱虫药混于少量半湿料中，然后均匀地与日粮混合，拌于饲槽中饲喂。

［**注意事项**］

(1)驱虫时将动物的来源、健康状况、年龄、性别等逐头编号登记。为使驱虫药用量准确，要预先称重或用体重估测法计算体重。注意选择适当驱虫药，确定剂量、剂型、给药方法和疗程，记载药品的制造单位、批号等。

(2)在进行大群驱虫之前，应选出有代表性的少部分动物做试验，观察药物效果及安全性。

(3)注意给药后的变化(特别是驱虫后 3～5 h)，发现中毒立即急救。

(4)投药后 5 d 内，要使动物圈留，将粪便集中用生物热发酵处理。

［**驱虫效果评定**］

(1)可以通过对比驱虫前后的发病率与死亡率、营养状况、临诊表现、生产能力等进行效果评定。

(2)通过计算虫卵减少率与转阴率、驱虫率等评定驱虫效果。

①虫卵减少率：为动物服药后粪便内某种虫卵数与服药前的虫卵数相比所下降的百分率。其公式为：

$$\text{虫卵减少率}=\frac{\text{投药前 1 g 粪便内含某种蠕虫虫卵数}-\text{投药后虫卵数}}{\text{投药前 1 g 粪便内含某种蠕虫虫卵数}}\times 100\%$$

②虫卵转阴率：为投药后动物的某种蠕虫感染率较之投药前感染率下降的百分率。公式如下：

$$\text{虫卵转阴率}=\frac{\text{投药前某种蠕虫感染率}-\text{投药后该蠕虫感染率}}{\text{投药前某种蠕虫感染率}}\times 100\%$$

为了比较准确地评定驱虫效果，驱虫前后粪便检查所用器具、粪样数量以及操作方法要完全一致，同时驱虫后粪便检查时间不宜过早(一般为 10～15 d)，以避免出现人为的误差。通常应在驱虫前后各检 3 次。

③粗计驱虫率(驱净率)：是投药后驱净某种蠕虫的头数与驱虫前感染头数相比的百分率。

$$\text{粗计驱虫率}=\frac{\text{投药前动物感染头数}-\text{投药后动物感染头数}}{\text{投药前动物感染头数}}\times 100\%$$

④精计驱虫率(驱虫率)：是试验动物投药后驱除某种蠕虫平均数与对照动物体内平均虫数相比的百分率。

$$\text{精计驱虫率}=\frac{\text{对照对物体内平均虫数}-\text{试验动物体内平均虫数}}{\text{对照动物体内平均虫数}}\times 100\%$$

为准确评定药效，在投药前应进行粪便检查，根据粪便检查结果（感染强度大小）搭配分组，使对照组与试验组的感染强度相接近。

［实训报告］

写出畜（禽）驱虫总结报告。

实训五 染疫动物无害化处理

［目的要求］

掌握动物检疫后尸体运送和处理的方法。

［实训材料］

病死动物若干头、运尸车、消毒液、纱布、喷雾器、大铁锅、工作服、工作帽、胶鞋、手套、口罩、风镜、消毒液及消毒器。

［方法步骤］

1.尸体的运送

参加运送尸体的人员，均应穿戴工作服、工作帽、胶鞋、手套、口罩、风镜。运尸车应不漏水，最好是车内壁钉有铁皮的特制运尸车。尸体装车前，车厢底部铺一层石灰，并应先用蘸有消毒液的湿纱布，堵塞尸体的天然孔，防止流出分泌物和排泄物。尸体装车时，把尸体躺过的地面表土铲起，连同尸体一起运走，并用消毒液喷洒地面。装运过尸体的车辆、用具都应严加消毒，参运人员被污染的衣物等，亦应进行消毒。

2.高温煮熟处理法

将肉尸分割成重 2 kg，厚度 8 cm 的肉块，放在大铁锅内（有条件的可用蒸汽锅），煮沸 2～2.5 h，煮到猪的深层肌肉切开为灰白色，牛的深层肌肉为灰色，肉汁无血色时即可。适用对象为猪肺疫、结核病、弓形虫病等。

3.化制处理法

（1）土灶炼制　先在锅内放入 1/3 清水煮沸，再加入需化制的脂肪和肥膘小块，边搅拌边将浮油撇出，最后剩下渣子，用压榨机压出油渣内油脂。这种方法不适用患有烈性传染病的患病动物肉尸。

（2）湿炼法　用湿压机或高压锅炼制患病动物肉尸和废弃物。用这种方法可以处理烈性传染病动物肉尸。

（3）干炼法　将肉尸切割成小块，放入卧式带搅拌器的夹层真空锅内，蒸汽通过夹层，使锅内压力增高，升至一定温度，以破坏炼制物结构，使脂肪液化从肉中析出，同时也杀灭细菌。适用于炭疽、口蹄疫、猪瘟、布鲁氏菌病等病畜禽肉尸的处理。

4. 尸体掩埋法

选择远离住宅、道路、放牧地、池塘、河流等地下水位低、土质干燥的地方，挖一个长 2 m、宽 1.5 m、深 2～2.5 m 的坑，先向坑内撒布一层新鲜石灰，尸体投入后，再撒一层石灰，然后用土掩埋夯实。

5. 尸体焚烧法

将患病动物尸体、内脏、病变部分投入焚化炉中烧毁炭化，也可在地面挖一长 2.0 m、宽 1.0 m、深 0.6 m 的坑，将挖出的土堆在坑的四周成为土埂，坑内装满木柴，在坑口放上 3 根用水泡湿的横木，将尸体放在横木上，在尸体和木柴上浇柴油点燃，直至将尸体烧成像黑炭为止，最后就地埋在坑内。适用于对国家规定的烈性传染病的处理。

6. 发酵法

这种方法是将尸体抛入专门的尸体坑内，利用生物热的方法将尸体发酵分解，以达到消毒的目的。应选择远离住宅、农牧场、草原、水源及道路的僻静地方。尸坑为圆井形，深 9～10 m，直径 3 m，坑壁及坑底用不透水材料作成（多用水泥）。坑口高出地面约 30 cm，坑口有盖，盖上有小的。

[实训报告]

根据病死动物无害化处理的实际操作过程写出报告。

实训六　布鲁氏菌病的检疫

[目的要求]

- 了解布鲁氏菌病的临诊检疫方法、变态反应诊断法。
- 掌握平板法、试管法凝集试验、全乳环状凝集试验的操作方法及结果判定。
- 掌握病原学检查的程序和方法。

[实训材料]

采血针头、试管、皮内注射器、注射针头、布鲁氏菌水解素、5%碘酊棉球、70%酒精棉球、来苏儿或新洁尔灭、毛巾、脸盆、工作服、灭菌小试管、小试管架、清洁灭菌吸管（0.2 mL、1 mL、5 mL、10 mL）、清洁玻璃板（20 cm×25 cm）、酒精灯、牙签或火柴、0.5%石炭酸生理盐水、布鲁氏菌试管凝集抗原及平板凝集抗原、全乳环状试验抗原、布鲁氏菌标准阳性血清、布鲁氏杆菌标准阴性血清、玻璃笔、接种环、酒精灯、血清肝汤琼脂培养基、显微镜、常用染色液、恒温培养箱等。

［方法步骤］

(一)临诊检疫

1. 流行病学调查

了解畜群的免疫接种、疫病的流行及饲养管理情况等。

2. 临诊检疫

根据布鲁氏菌病的症状进行仔细观察，特别注意家畜生殖系统变化及第一次怀孕母畜是否出现流产，牛流产后是否出现胎衣不下，畜群中是否有关节炎、睾丸炎病例。

3. 病理变化

对流产胎儿及胎衣仔细观察，观察其特征性的病理变化，胎儿皮下及肌肉间结缔组织出血性胶样浸润，黏膜浆膜有出血斑点，胸腔、腹腔有微红色液体，肝、脾、淋巴结不同程度的肿大等。

(二)实验室检疫

被检动物局部剪毛消毒后，牛、马、羊颈静脉采血，猪耳静脉采血。无菌采血7～10 mL于灭菌试管内，摆成斜面让血液自然凝固，经10～12 h待血清析出后，分离血清装入灭菌小瓶内。有时血清析出量少或血清蓄积于血凝块之下，可用灭菌细铁丝或接种环沿着试管壁穿刺，使血凝块脱落管壁，然后放于冷暗处，使血清充分析出。

1. 试管凝集试验

(1)操作方法　取康氏试管8支立于试管架上，用玻璃笔在每支试管上标明血清号和试管号，按表实1加样，置37℃ 4～10 h，再置室温18～24 h，观察记录结果。与此同时，每次凝集试验应有阳性血清(1∶800)、阴性血清(1∶25)对照和抗原对照，标准阳性、阴性血清经1∶25稀释后分别取0.5 mL与等量抗原混合，抗原对照是抗原0.5 mL加盐水0.5 mL混合。

表实1　布鲁氏杆菌试管凝集试验加样表　mL

试管号	1	2	3	4	5	6	7	8
稀释倍数	1∶12.5	1∶25	1∶50	1∶100	1∶200	阳性血清对照	阴性血清对照	抗原对照
生理盐水	2.3	0.5	0.5	0.5	0.5	0.5	0.5	0.5
被检血清	0.2 →	0.5 →	0.5 →	0.5 →	0.5 →	0.5 → 弃0.5		
抗原		0.5	0.5	0.5	0.5	0.5	0.5	0.5

(2)记录反应结果

若试管底部有明显伞状凝集物,液体完全透明,抗原全部凝集,以"++++"表示;

若试管底部有明显伞状凝集物,75%抗原被凝集,以"+++"表示;

若试管底部有倒伞状凝集物,液体中度混浊,50%抗原被凝集,以"++"表示;

若25%菌体凝集,则试管底部有少量伞状沉淀,液体透明不明显,混浊,以"+"表示;

若抗原完全不凝集,试管底部无伞状凝集物,只有圆点状的沉淀物,液体完全混浊,以"-"表示。

(3)判定标准　发生++凝集的最高血清稀释倍数为该血清的凝集价。羊、猪和犬血清凝集价1∶50以上阳性,1∶25为可疑;大家畜1∶100以上为阳性,1∶50为可疑。

2.平板凝集反应

(1)操作方法　取清洁玻板划分4 cm×4 cm方格若干,用0.2 mL吸管吸取血清按0.08 mL、0.04 mL、0.02 mL及0.01 mL的剂量,分别加于一排4个方格内(表实2),吸管须稍斜并接触玻板,然后每格血清上垂直滴加平板凝集抗原0.03 mL,以牙签或火柴棒将血清与抗原混合均匀,使其形成直径2 cm的的圆形涂层,一根牙签或火柴棒只用于一份血清,稀释混合的顺序由后依次向前进行,拿起玻板轻摇,使充分混合,防止水分蒸发,5~8 min后观察记录结果。

表实2　布鲁氏杆菌平板凝集试验加样表　mL

	序号				对照试验		
	1	2	3	4	阳性对照	阴性对照	抗原对照
被检血清	0.08	0.04	0.02	0.01	标准阳性血清0.03	标准阴性血清0.03	生理盐水0.03
抗原	0.03	0.03	0.03	0.03	0.03	0.03	0.03

(2)记录反应结果

若100%抗原被凝集,出现大凝集片和小的粒状物,液体完全透明,记为"++++";

若75%抗原被凝集,有明显凝集片和颗粒,液体几乎完全透明,记为"+++";

若50%抗原被凝集,有可见凝集块和颗粒,液体不甚透明,记为"++";

若25%抗原被凝集,仅可见颗粒,液体混浊,记为"+";

若无凝集现象,记为"-"。

(3)判定标准　与试管凝集试验相同。

3.变态反应试验(布鲁氏菌水解素皮内变态反应)

(1)试验方法　本法用于羊的布鲁氏菌病检疫。在羊的尾根皱褶或肘关节无毛处,酒精棉球消毒后,皮内注射布鲁氏菌水解素0.2 mL,在注射部位形成绿豆大小的水泡。分别在注射后 24 h 和 48 h 进行肉眼观察或触诊检查。

(2)判定标准 注射部位出现明显水肿,无须触诊凭肉眼即可察出者,判为阳性(+);注射部位水肿不明显,需触诊注射部位,并与对侧比较才能察觉者,判为可疑(±);注射部位无任何反应,或仅出现一个小硬结者,判为阴性(-)。可疑反应羊经 30 d 后复检,如无反应则判为阴性,如仍为可疑者判为阳性。

4.病原检查

(1)细菌培养 取流产胎儿或其胃内容物、羊水、胎盘的病变部位,用无菌接种棒蘸取病料,在血清肝汤琼脂培养基上划线,37℃温箱内培养 2～3 d,取出观察结果,如平板上有湿润、闪光、无色、圆形、隆起、边缘整齐的小菌落,则为布鲁氏菌的可疑菌落。

(2)镜检 取培养基的典型菌落涂片,用革兰氏法染色后镜检。布鲁氏菌呈单个散在,少数呈短链,无芽孢、无荚膜的短小杆菌,革兰氏阴性。

[注意事项]

(1)采血针头、试管使用前必须经过彻底灭菌;每头被检家畜用一个针头,采血后置于消毒液中。

(2)采血时务必使血液沿管壁流入,不要出现气泡。

(3)采得的血清必须新鲜,无溶血和腐败,若不能尽早检验,应在血清中加入防腐剂。

(4)每份被检血清必须注明编号。

(5)检查羊血清时,用含有 0.5%石炭酸的 10%盐水代替生理盐水稀释抗原和血清。

(6)为了准确判定结果,每次检疫必须作对照实验。

(7)大群检疫时,为节约时间,大家畜作 1∶100 和 1∶50,小家畜作 1∶50 和 1∶25 两个稀释倍数。

[实训报告]

(1)布鲁氏菌病细菌学检查实习报告。

(2)布鲁氏菌病试管凝集试验的操作方法与检验结果报告。

实训七 奶牛结核病的检疫

[目的要求]

熟悉牛结核检疫要点,掌握变态反应检疫的操作步骤、结果判定,能正确完成牛结核检疫。

[实训材料]

待检牛、鼻钳、毛剪、镊子、游标卡尺、皮内注射器和针头、煮沸消毒锅、酒精、脱脂棉、纱布、牛型提纯结核菌素(PPD)、记录表、来苏儿、线手套、工作服、工作帽、口罩、胶靴、牛结核病料、潘氏斜面培养基、甘油肉汤、接种环、酒精灯、石蜡、火柴、培养箱、匀浆机等。

[方法步骤]

(一)临诊检疫

1. 流行病学调查

询问牛引进及饲管情况、发病数量及病程长短等。

2. 临诊症状

仔细观察营养状况,有无逐渐消瘦,咳嗽、呼吸困难,鼻腔分泌物增多,体表淋巴结的肿大;检查乳房是否对称,乳房淋巴结是否肿大等。

3. 病理变化

对疑为结核病牛尸体解剖时,结合学过的知识,观察特征性的病理变化,注意观察肺部、胸腹膜上有无结核结节。

(二)变态反应检疫

用牛型提纯结核菌素(PPD)进行变态反应试验,出生后 20 d 的牛即可用本试验进行检疫。

1. 注射部位

将牛编号后在颈侧中部上 1/3 处(3 个月以内的犊牛,也可在肩胛部进行)局部剪毛,直径约 10 cm,用卡尺测量术部中央皮皱厚度,做好记录。如术部有变化时,应另选部位或在对侧进行(图实 2)。

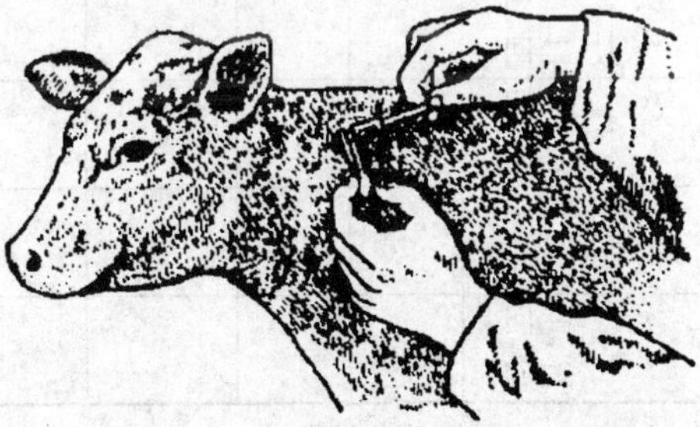

图实 2 牛结核菌素试验

2. 注射方法

以 75%酒精消毒术部,不论大小牛,一律皮内注射 10 000 IU,即将牛型提纯结核菌素(PPD)稀释成每毫升 100 000 IU 后,皮内注射 0.1 mL,注射后局部应出现小泡。冻干菌素稀释后应当天用完。如注射有疑问时,应另选 15 cm 以外的部位或对侧重做。

3. 观察反应

皮内注射后经 72 h 判定,仔细观察局部有无热痛、肿胀等炎性反应,并以卡尺测量皮皱厚度,做好详细记录(表实 3)。对疑似反应牛应在另一侧以同一批菌素同一剂量进行第二回皮内注射,再经 72 h 观察反应。

如有可能,对阴性和疑似反应牛,于注射后 96 h 和 120 h 再分别观察一次,以防个别牛出现较晚的迟发型变态反应。

表实 3　牛结核病检疫记录表

单位:　　　　　　　　　　　　年　　月　　日　　检疫员:

<table>
<tr><th rowspan="3">编号</th><th rowspan="3">牛号</th><th rowspan="3">年龄</th><th colspan="9">提纯结核菌素皮内注射反应</th><th rowspan="3">判定</th></tr>
<tr><th colspan="2" rowspan="2">次数</th><th rowspan="2">注射时间</th><th rowspan="2">部位</th><th rowspan="2">原皮厚/mm</th><th colspan="3">注射后皮厚/mm</th></tr>
<tr><th>72 h</th><th>96 h</th><th>120 h</th></tr>
<tr><td rowspan="2"></td><td rowspan="2"></td><td rowspan="2"></td><td rowspan="2">第　次</td><td>一回</td><td></td><td></td><td></td><td></td><td></td><td></td><td rowspan="2"></td></tr>
<tr><td>二回</td><td></td><td></td><td></td><td></td><td></td><td></td></tr>
<tr><td rowspan="2"></td><td rowspan="2"></td><td rowspan="2"></td><td rowspan="2">第　次</td><td>一回</td><td></td><td></td><td></td><td></td><td></td><td></td><td rowspan="2"></td></tr>
<tr><td>二回</td><td></td><td></td><td></td><td></td><td></td><td></td></tr>
<tr><td rowspan="2"></td><td rowspan="2"></td><td rowspan="2"></td><td rowspan="2">第　次</td><td>一回</td><td></td><td></td><td></td><td></td><td></td><td></td><td rowspan="2"></td></tr>
<tr><td>二回</td><td></td><td></td><td></td><td></td><td></td><td></td></tr>
<tr><td rowspan="2"></td><td rowspan="2"></td><td rowspan="2"></td><td rowspan="2">第　次</td><td>一回</td><td></td><td></td><td></td><td></td><td></td><td></td><td rowspan="2"></td></tr>
<tr><td>二回</td><td></td><td></td><td></td><td></td><td></td><td></td></tr>
<tr><td rowspan="2"></td><td rowspan="2"></td><td rowspan="2"></td><td rowspan="2">第　次</td><td>一回</td><td></td><td></td><td></td><td></td><td></td><td></td><td rowspan="2"></td></tr>
<tr><td>二回</td><td></td><td></td><td></td><td></td><td></td><td></td></tr>
<tr><td rowspan="2"></td><td rowspan="2"></td><td rowspan="2"></td><td rowspan="2">第　次</td><td>一回</td><td></td><td></td><td></td><td></td><td></td><td></td><td rowspan="2"></td></tr>
<tr><td>二回</td><td></td><td></td><td></td><td></td><td></td><td></td></tr>
<tr><td rowspan="2"></td><td rowspan="2"></td><td rowspan="2"></td><td rowspan="2">第　次</td><td>一回</td><td></td><td></td><td></td><td></td><td></td><td></td><td rowspan="2"></td></tr>
<tr><td>二回</td><td></td><td></td><td></td><td></td><td></td><td></td></tr>
<tr><td rowspan="2"></td><td rowspan="2"></td><td rowspan="2"></td><td rowspan="2">第　次</td><td>一回</td><td></td><td></td><td></td><td></td><td></td><td></td><td rowspan="2"></td></tr>
<tr><td>二回</td><td></td><td></td><td></td><td></td><td></td><td></td></tr>
<tr><td rowspan="2"></td><td rowspan="2"></td><td rowspan="2"></td><td rowspan="2">第　次</td><td>一回</td><td></td><td></td><td></td><td></td><td></td><td></td><td rowspan="2"></td></tr>
<tr><td>二回</td><td></td><td></td><td></td><td></td><td></td><td></td></tr>
</table>

受检头数________阳性头数________疑似头数________阴性头数

4. 结果判定

阳性反应:局部疼痛、发热、水肿等,炎性反应明显,皮厚差等于或大于 4 mm(对进口牛的检疫,皮厚差大于 2 mm)者,判为阳性,记为(+)。

疑似反应：局部炎性反应不明显，皮厚差为 2.1～3.9 mm 间，其记录符号为(±)。

阴性反应：无炎性反应，皮厚差在 2 mm 以下，其记录符号为(－)。

凡判定为疑似反应的牛只，于第一次检疫 30 d 后进行复检，其结果仍为可疑反应时，经 30～45 d 后再复检，如仍为疑似反应，应判为阳性。

(三)病原学检疫

1. 病料处理

根据感染部位的不同采用不同的标本，如痰、尿、脑脊液及腹水、乳及其他分泌物等。为了排除分支杆菌以外的微生物，组织样品制成匀浆后，取 1 份匀浆加 2 份草酸或 5%NaOH 混合，室温放置 5～10 min，上清液小心倒入装有小玻璃珠带螺帽的小瓶或小管内，37℃放置 15 min，3 000～4 000 r/min 离心 10 min，弃去上清液，用无菌生理盐水洗涤沉淀，并再离心。沉淀物用于镜检或分离培养。

2. 分离培养

将沉淀物接种于潘氏斜面琼脂和甘油肉汤，培养管加橡皮塞，置 37℃下培养 2～4 周，每周检查细菌生长情况，并在无菌环境中换气 2～3 min。牛结核分支杆菌呈淡黄微白色、湿润、黏稠、微粗糙菌落。取典型菌落涂片、染色、镜检可确定。结核杆菌革兰氏染色阳性(菌体呈蓝色)，抗酸染色菌体呈红色。

[注意事项]

(1)利用变态反应检疫牛结核，注射方法必须正确，剂量准确。

(2)游标卡尺测量皮肤厚度时，松紧度应适宜，观察结果时，不要更换检疫人员，减少人为误差。

[实训报告]

牛结核病检疫的实训报告。

实训八　多杀性巴氏杆菌病的实验检疫

[目的要求]

掌握多杀性巴氏杆菌病的实验室检查方法。

[实训材料]

显微镜、接种环、玻片、美蓝染色液、瑞特氏染色液、巴氏杆菌菌种、鲜血琼脂平板或血清琼脂平板培养基、普通肉汤培养基、小鼠、灭菌注射器、解剖盘、解剖刀、剪刀等。

[方法步骤]

1. 形态观察

取急性败血性病猪的血液抹片或取肝脏、肺门淋巴结等制作触片，经瑞特氏染色，镜检注意其形状、大小及两极浓染的特点，若发现两极浓染的小杆菌，可初步判断。

2. 分离培养

取血液或脏器、淋巴结划线接种于鲜血琼脂平板或血清琼脂平板培养基、普通肉汤培养基中，37℃恒温培养 24 h，观察其生长特性。在低倍镜下进行 45°折光观察菌落，可见菌落发出不同颜色的荧光。根据荧光的颜色可分为 Fg 型、Fo 型，有些菌株的菌落不发出荧光，称为 Nf 型（无荧光型）；普通肉汤均匀混浊，有絮状沉淀。

3. 生化试验

发酵葡萄糖、蔗糖、果糖、半乳糖、甘露醇，产酸不产气；不发酵乳糖和鼠李糖；靛基质试验阳性，硫化氢试验呈阳性；不能液化明胶。

4. 动物接种

取巴氏杆菌幼龄培养物，用 2 mL 灭菌生理盐水洗涤取洗涤液 0.1～0.2 mL 腹腔或皮下注射小鼠，24～72 h 后死亡，剖检可见败血症变化，如内脏器官出血、大叶性肺炎。然后取心血、肝、脾做涂片或触片，美蓝或瑞特氏染色，镜检。进一步可取心血、肝、脾为病料，在血清琼脂平板或鲜血琼脂平板培养基上分离培养。

[注意事项]

(1)实验中所用的菌种必须是新分离的幼龄培养物，或经易感动物接种复壮的菌种。

(2)观察荧光型时，应注意菌种的来源，最好同时观察猪（家畜）源菌种和鸡（家禽）源菌种，以便于比较。

(3)实验动物除小鼠外，还可用家兔（皮下注射 0.5 mL）、鸽（胸肌注射 0.3 mL）。

[实训报告]

写出多杀性巴氏杆菌细菌学检查的程序及结果。

实训九　新城疫血凝及血凝抑制试验

[目的要求]

掌握新城疫 HA/HI 试验检疫技术。

[实训材料]

待检病鸡、健康鸡、9～11 日龄鸡胚、生理盐水、新城疫抗原、3.8%枸橼酸钠、注射器、针头、吸管、离心管、小试管、试管架、手术剪、镊子、青霉素、链霉素、酒精棉球、碘酒棉球、酒精灯、石蜡、蛋托、照蛋器、96 孔 V 形反应板、50 μL 定量移液器、血细胞振荡器、稀释棒、离心机、天平等。

［**方法步骤**］

1. 病毒的分离培养

以无菌操作，采取病鸡的脾、脑或肺脏，研磨后加入 10～20 倍灭菌生理盐水制成悬液，并按每毫升悬液加入青霉素、链霉素各 1 000 IU，在 4℃冰箱中放置 2～4 h后离心沉淀，取上清液 0.1～0.2 mL 接种于 9～11 日龄鸡胚的尿囊腔内，接种后每日观察 2 次，取 24～48 h 内死亡的鸡胚置 4℃冰箱内过夜，次日取出鸡胚观察病变，尿囊液应清朗，胚体无腐败，头、翅和趾出血明显，收集其尿囊液备用。

2. 血凝（HA）试验

（1）0.5%红细胞液制备　从健康鸡翅静脉采血 2～3 mL，加入有抗凝剂的离心管中，然后用灭菌生理盐水离心洗涤 3 次，第 1、2 次 2 000 r/min，离心 5 min，第 3 次 3 000 r/min，离心 8 min，洗去血清和白细胞，直至上清液完全透明，弃去上清液，取红细胞泥配成 0.5%红细胞悬液。

（2）操作方法　按表实 4 操作，在 96 孔反应板中加样结束后，置 37℃恒温箱中 15 min 后观察结果。

表实 4　NDV-HA 试验加样表（微量法）　μL

孔号	1	2	3	4	5	6	7	8	9	10	11	12
病毒稀释倍数	2^1	2^2	2^3	2^4	2^5	2^6	2^7	2^8	2^9	2^{10}	2^{11}	对照
生理盐水	50	50	50	50	50	50	50	50	50	50	50	50
病毒液	50	50	50	50	50	50	50	50	50	50	50	
0.5%红细胞	50	50	50	50	50	50	50	50	50	50	50	50
操作	振荡1 min,37℃静置20 min,每5 min观察1次,观察1 h											弃去50
结果举例	#	#	#	#	#	#	#	++	-	-	-	-

反应板的准备：注意将每个孔穴刷净，置于 2%盐酸中浸泡 24 h，流水漂洗数小时，然后再用蒸馏水冲洗 5～6 次，放置 30℃恒温箱内干燥。

（3）结果判定及记录

“+”表示红细胞完全凝集后沉于孔底，呈颗粒状，边缘不整齐或呈锯齿状，液体中无悬浮的红细胞。

“－”表示红细胞未凝集，反应孔底部的红细胞沉淀成小圆点，位于小孔最底端，边缘水平。

“±”表示可疑。红细胞下沉情况介于“＋”与“－”之间。

新城疫病毒液能凝集鸡的红细胞，但随着病毒液被稀释，其凝集红细胞的作用逐渐变弱。当稀释到一定倍数时，就不能使红细胞出现明显的凝集，从而出现可疑或阴性结果。能使红细胞发生完全凝集的病毒的最大稀释倍数为该病毒的血凝滴度或称凝集价。鸡新城疫病毒的凝集价多在 2^6 倍以上。

3. 血凝抑制(HI)试验

能使 0.5%红细胞悬液凝集的不一定是鸡新城疫病毒。因此，还需要用已知的抗血清做血凝抑制试验。

(1)制取　制取 4 个血凝单位的病毒抗原，用生理盐水稀释病毒抗原，使之含 4 个血凝单位的病毒。稀释倍数按下式计算：

$$病毒抗原应稀释倍数＝病毒的血凝滴度/4$$

如病毒的凝集价为 2^6(6 号孔)，则将原病毒液稀释 2^4 倍即为 4 个血凝单位的病毒抗原。

(2)操作方法　采用同样的血凝板，每排孔可检查 1 份血清样品。检查另一份血清时，必须更换吸取血清的加样器。按表实 5 操作，置 37℃恒温箱内作用 15～30 min 后观察。

表实 5　NDV-HI 试验加样表(微量法)　μL

孔　号	1	2	3	4	5	6	7	8	9	10	11	12
病毒稀释倍数	2^1	2^2	2^3	2^4	2^5	2^6	2^7	2^8	2^9	2^{10}	病毒对照	盐水对照
生理盐水	50	50	50	50	50	50	50	50	50	50	50	50
免疫血清	50	50	50	50	50	50	50	50	50	50		/
4单位病毒	50	50	50	50	50	50	50	50	50	50	50	/
	振荡1 min,置37℃恒温箱内作用15~20 min										弃去50	
0.5%红细胞	50	50	50	50	50	50	50	50	50	50	50	50
	振荡1 min,37℃恒温箱内静置20 min											
结果举例	–	–	–	–	–	–	–	++	+++	#	#	–

4. 结果判断和记录

“－”表示红细胞不凝集。高浓度的新城疫病毒抗血清能抑制新城疫病毒对鸡红细胞的凝集作用，使反应孔中的红细胞呈圆点状沉淀于反应孔底端中央，而不出现血凝现象。

“＋”表示红细胞完全凝集。随着血清被稀释，它对病毒血凝作用的抑制减弱，反应孔中的病毒逐渐表现出血凝作用，而最终使红细胞完全凝集，沉于反应孔底层，边缘不整或呈锯齿状。

“±”表示可疑。红细胞凝集情况介于“－”与“＋”之间。

能使红细胞完全发生凝集抑制的血清最高稀释倍数为该血清的血凝抑制滴度或抗体的血凝抑制效价，当病鸡或康复鸡血清抗体水平超过1 000倍以上，可判为新城疫感染。

［实训报告］

HA、HI试验方法、结果分析报告。

实训十　猪瘟荧光抗体检测技术

［目的要求］

掌握实验室荧光抗体检疫技术的操作方法。

［实训材料］

疑似猪瘟的新鲜病料（淋巴结、脾、血液、扁桃体等），家兔（体重1.5 kg以上未做过猪瘟试验的），猪瘟兔化弱毒冻干疫苗，生理盐水，青霉素及链霉素，体温计，灭菌乳钵，剪刀，镊子，煮沸消毒锅，蓝心玻璃注射器（1 mL），5～10 mL玻璃注射器，20～22号及24～26号针头，铁丝兔笼，冰冻切片机，扁桃体采样器，猪瘟荧光抗体，荧光显微镜，伊文思蓝溶液等。

［方法步骤］

1. 直接荧光抗体检查

（1）取病猪的扁桃体、淋巴结、脾或其他组织一小片，用滤纸吸干外面的液体，将其切面在稍为烘热的干净载玻片触压，做成压印片，置室温内干燥，或用所采的病理组织做成切片。

（2）滴加冷丙酮数滴，置于20℃固定15～20 min，用磷酸盐缓冲液（PBS）轻轻漂洗3～4次，阴干后，滴加标记荧光抗体，置37℃湿盒内作用30 min，取出用PBS充分漂洗。

（3）用pH值7.2的PBS漂洗3次，每次5～10 min，干后滴上甘油缓冲液数滴，加盖玻片封闭，用荧光显微镜检查。如细胞胞浆内有弥散性、絮状或点状的亮黄绿色荧光，为猪瘟；如仅见暗绿或灰蓝色，则不是猪瘟。

(4)对照试验用已知猪瘟病毒材料压印片，先用抗猪瘟血清处理，然后用猪瘟荧光抗体处理。如上检查，应不出现猪瘟病毒感染的特异荧光。

(5)标本染色和漂洗后，如浸泡于含有5%吐温-80的pH值7.3浓度为0.01 moL/L PBS中1 h以上，可除去非特异染色，晾干后用0.1%伊文思蓝复染15～30 s，检查判定同上。

2.酶标抗体检查

(1)由待检病猪静脉采血，分离白细胞制作涂片或取剖检猪扁桃体、淋巴结、脾、肾等，去净外面结缔组织和脂肪，横切，在清洁玻片上做触片，干燥后即以4℃丙酮固定10 min，干后置4℃冰箱内保存，待检。

(2)将制备的涂片或触片浸在含0.01% H_2O_2 的0.01%叠氮钠溶液中，室温内处理30 min，以抑制内源酶。用PBS洗3次。

(3)取猪瘟酶标抗体(冻干)加pH值7.2 0.015 moL/L PBS，做1∶(8～10)稀释后，滴加于涂片或触片，留一小部分不加酶标抗体，置37℃湿盒内45 min取出，用PBS泡洗6次，取出玻片，晾干。

(4)将玻片浸入DAB-H_2O_2(3,3′二氨基联苯胺-过氧化氢)底物溶液中，室温下避光放置30 min，用无离子水泡洗6次以上，晾干。

(5)用无水酒精脱水，二甲苯透明，干燥后加中性甘油，加盖片镜检。细胞浆呈棕黄色，细胞核不染色或呈淡黄色，则为猪瘟，未用酶标抗体染色的部分，细胞浆应无色或与背景呈同样颜色。

[实训报告]

猪瘟荧光抗体检疫的操作方法与检验结果报告。

实训十一　动物产地检疫

[目的要求]

掌握产地检疫的项目和要求，能按产地检疫的程序开展动物及其产品的产地检疫工作，会规范出具各种检疫证明，并能准确判定有关证明是否有效。

[实训材料]

(1)国家法定的检疫证明复印件、复写纸、产地检疫记录本。

(2)体温计、听诊器、酒精棉球、消毒药、消毒器械等。

(3)根据报检情况,选择1～2个合适的规模化养殖场和自然村屯的被检动物群(以猪场、鸡场、奶牛场为主)以及合适的被检动物产品(以鸡场、屠宰场、兔场、羊场为主)。

(4)运送师生实训的往返车辆。

[方法步骤]

1.动物出售前的产地检疫

(1)疫情调查　向畜主询问饲养管理情况、近期当地疫病发生情况和邻近地区的疫情动态等,结合对饲养场、饲养户的实际观察,确定动物是否来自非疫区。

(2)查验免疫档案和免疫耳标　向畜主索取动物的免疫档案,核实免疫档案的真伪、检查是否按国家或地方规定的项目进行预防接种以及是否在免疫有效期内。同时查验免疫耳标,确定动物具备合格的免疫标识。

(3)实施临诊检查　根据现场条件分别进行群体和个体检查被检动物是否健康。群体检查主要观察动物静态、动态表现和饮食状态是否正常,对个别疑似患病动物需进行个体检查,主要以视检和测量体温为主。

若是种用、乳用、实验用和役用动物,按有关规定进行特定项目的实验室检验。

(4)经检疫合格的,收缴《动物免疫档案》,根据动物的流向出具《动物产地检疫合格证明》或《出县境动物检疫合格证明》;有运载工具的,实施消毒后出具《动物及动物产品运载工具消毒证明》,并按国家的有关规定收取检疫费和消毒费。

经检疫不合格的,按国家有关法律、法规处理。

2.动物产品的产地检疫

(1)疫情调查:确定生皮、原毛、绒等产品的生产地无规定疫情,并按照有关规定进行消毒(如环氧乙烷熏蒸消毒、过氧乙酸浸泡消毒);种蛋、精液和胚胎的供体无国家规定动物疫病,供体有健康合格证明。

(2)外包装用广谱高效消毒剂实施消毒,消毒后加贴统一的消毒封签或消毒标志。

(3)出具《动物产品检疫合格证明》或《出县境动物产品检疫合格证明》,有运载工具的实施消毒后出具《动物及动物产品运载工具消毒证明》,并按国家的有关规定收取检疫费和消毒费。

3.动物检疫证明的填写

(1)动物检疫证明的填写和使用的基本要求

①证照必须是依法享有出证职权的机构和人员填写，并按规定签字盖章方为有效。

②严格按适用范围出具检疫证明，不得混用。

③证明所列项目要逐一填写，内容简明准确，字迹清晰，涂改检疫证明无效。

④二联检疫书证用圆珠笔复写方式填写；单联检疫书证用蓝黑墨水钢笔或碳素笔填写。

⑤检疫书证的签发日期可用阿拉伯数字填写，数量、有效期等必须用大写汉字填写。

(2)动物检疫证明的格式和项目填写说明

①《动物产地检疫合格证明》：猪、牛、马、羊等大中动物一头一证；同一畜主、同一来源、同一批次、同一运载工具的禽、兔等小动物可开具一张证明；数字须用大写汉字填写，填写时第一个数字要靠近前框线，不要留下能填写数字的空格；有效期一般 1～2 d，最长不得超过 7 d；赛马等特殊用途的动物有效期可延长至 15 d。动物产地检疫合格证明式样如表实 6。

表实 6　动物产地检疫合格证明

畜主：　　　　　　　　　　　　　　　　　　　　　　NO

动物种类		产　地	乡(镇)　村
单　位		数量(大写)	
免疫证号		用　途	
本证自签发之日起　　日内有效 动物检疫员(签章)　单位(章) 注：1. 大中动物一头一证； 2. 此证仅限县境内使用。 年　月　日签发			

②《出县境动物检疫合格证明》：数量栏填写同一畜主、同一运载工具的动物数量；地点应填写起运和到达地点的县名。调运出省时，在县名之前冠以省名；铁路(航空、水路)动物防疫监督机构(签章)：经派驻铁路、航空、水路的动物防疫监督机构和人员查验，符合规定或抽检未发现异常，动物防疫监督机构签字并加盖动物防疫监督机构或其派出机构专用章后放行；其他填写同《动物产地检疫合格证明》。样式见表实 7。

表实7　出县境动物检疫合格证明

货主：　　　　　　　　　　　　　　　　　　　　　　　　　　　NO

动物种类		单　　位		数量(大写)	
启运地点		到达地点		用　　途	
备　　注					
本证自签发之日起　　日内有效 动物检疫员(签章) 单位(章) 年　月　日签发			铁路(航空、水路) 动物防疫监督(签章) 年　月　日		

③《动物产品检疫合格证明》：产品名称应填写动物产品的确切名称，不得省略；猪、牛、羊、马、犬等大中家畜的胴体，一头一证；对同一货主、同一来源、同一批次、同一启运地、同一运载工具、同一到达地的禽、兔等小动物，可出具同一张检疫证明；有效期一般为1～2 d，最长不得超过30 d。式样见表实8。

表实8　动物产品检疫合格证明式样

动物产品检疫合格证明存根

货主：　　　　　　　　　　NO

产品名称		单位	
产　　地			
数量(大写)			
动物检疫员(签章) 单位(章) 年　月　日			

动物产品检疫合格证明

货主：　　　　　　　　　　NO

产品名称		产　　地	
单位		数量(大写)	
本证自签发之日起　　日内有效			
动物检疫员(签章)　　单位(章) 注：1. 大中动物一头一证； 2. 此证仅限县境内使用。 年　月　日签发			

④《出县境动物产品检疫合格证明》：填写要求同《动物产品检疫合格证明》；有效期以运抵到达地点所需时间为限，一般为1～2 d，最长不得超过30 d。式样见表实9。

表实 9　动物产品检疫合格证明式样

货主：　　　　　　　　　　　　　　　　　　　　　　　　NO

产品名称		单　位		数量(大写)	
启运地点				到达地点	
备　注					
本证自签发之日起　　日内有效 动物检疫员(签章) 单位(章) 年　月　日签发				铁路(航空、水路) 动物防疫监督(签章) 年　月　日	

⑤《动物及动物产品运载工具消毒证明》:消毒前填写所用消毒药的名称、浓度和消毒方法;运载工具消毒证明有效期与当次运输动物或动物产品的检疫合格证明有效期相同。式样见表实 10。

表实 10　动物及动物产品运载工具消毒证明

货主：　　　　　　　　　　　　　　　　　　　　　　　　NO

承运单位			
运载工具名称		运载工具号码	
启运地点		到达地点	
装运前 业　经	消毒		消毒单位(章) 年　月　日
卸货后 业　经	消毒		消毒单位(章) 年　月　日

[实训报告]

(1)根据产地检疫的实训内容或模拟填写条件,规范填写有关检疫证明。

(2)根据实训的具体情况,写出一份产地检疫实训报告。

附录

附录一　中华人民共和国动物防疫法

（1997年7月3日第八届全国人民代表大会常务委员会第二十六次会议通过 2007年8月30日第十届全国人民代表大会常务委员会第二十九次会议修订）

第一章　总　　则

第一条　为了加强对动物防疫活动的管理，预防、控制和扑灭动物疫病，促进养殖业发展，保护人体健康，维护公共卫生安全，制定本法。

第二条　本法适用于在中华人民共和国领域内的动物防疫及其监督管理活动。进出境动物、动物产品的检疫，适用《中华人民共和国进出境动植物检疫法》。

第三条　本法所称动物，是指家畜家禽和人工饲养、合法捕获的其他动物。

本法所称动物产品，是指动物的肉、生皮、原毛、绒、脏器、脂、血液、精液、卵、胚胎、骨、蹄、头、角、筋以及可能传播动物疫病的奶、蛋等。

本法所称动物疫病，是指动物传染病、寄生虫病。

本法所称动物防疫，是指动物疫病的预防、控制、扑灭、动物和动物产品的检疫。

第四条　根据动物疫病对养殖业生产和人体健康的危害程度，本法规定管理的动物疫病分为下列三类：

（一）一类疫病，是指对人与动物危害严重，需要采取紧急、严厉的强制预防、控制、扑灭等措施的；

（二）二类疫病，是指可能造成重大经济损失，需要采取严格控制、扑灭等措施，防止扩散的；

（三）三类疫病，是指常见多发、可能造成重大经济损失，需要控制和净化的。

前款一、二、三类动物疫病具体病种名录由国务院兽医主管部门制定并公布。

第五条　国家对动物疫病实行预防为主的方针。

第六条　县级以上人民政府应当加强对动物防疫工作的统一领导，加强基层动物防疫队伍建设，建立健全动物防疫体系，制定并组织实施动物疫病防治规划。

乡级人民政府、城市街道办事处应当组织群众协助做好本管辖区域内的动物疫病预防与控制工作。

第七条　国务院兽医主管部门主管全国的动物防疫工作。

县级以上地方人民政府兽医主管部门主管本行政区域内的动物防疫工作。

县级以上人民政府其他部门在各自的职责范围内做好动物防疫工作。

军队和武装警察部队动物卫生监督职能部门分别负责军队和武装警察部队现役动物及饲养自用动物的防疫工作。

第八条 县级以上地方人民政府设立的动物卫生监督机构依照本法规定,负责动物、动物产品的检疫工作和其他有关动物防疫的监督管理执法工作。

第九条 县级以上人民政府按照国务院的规定,根据统筹规划、合理布局、综合设置的原则建立动物疫病预防控制机构,承担动物疫病的监测、检测、诊断、流行病学调查、疫情报告以及其他预防、控制等技术工作。

第十条 国家支持和鼓励开展动物疫病的科学研究以及国际合作与交流,推广先进适用的科学研究成果,普及动物防疫科学知识,提高动物疫病防治的科学技术水平。

第十一条 对在动物防疫工作、动物防疫科学研究中做出成绩和贡献的单位和个人,各级人民政府及有关部门给予奖励。

第二章 动物疫病的预防

第十二条 国务院兽医主管部门对动物疫病状况进行风险评估,根据评估结果制定相应的动物疫病预防、控制措施。

国务院兽医主管部门根据国内外动物疫情和保护养殖业生产及人体健康的需要,及时制定并公布动物疫病预防、控制技术规范。

第十三条 国家对严重危害养殖业生产和人体健康的动物疫病实施强制免疫。国务院兽医主管部门确定强制免疫的动物疫病病种和区域,并会同国务院有关部门制定国家动物疫病强制免疫计划。

省、自治区、直辖市人民政府兽医主管部门根据国家动物疫病强制免疫计划,制定本行政区域的强制免疫计划;并可以根据本行政区域内动物疫病流行情况增加实施强制免疫的动物疫病病种和区域,报本级人民政府批准后执行,并报国务院兽医主管部门备案。

第十四条 县级以上地方人民政府兽医主管部门组织实施动物疫病强制免疫计划。乡级人民政府、城市街道办事处应当组织本管辖区域内饲养动物的单位和个人做好强制免疫工作。

饲养动物的单位和个人应当依法履行动物疫病强制免疫义务,按照兽医主管部门的要求做好强制免疫工作。经强制免疫的动物,应当按照国务院兽医主管部门的规定建立免疫档案,加施畜禽标识,实施可追溯管理。

第十五条　县级以上人民政府应当建立健全动物疫情监测网络，加强动物疫情监测。

国务院兽医主管部门应当制定国家动物疫病监测计划。省、自治区、直辖市人民政府兽医主管部门应当根据国家动物疫病监测计划，制定本行政区域的动物疫病监测计划。

动物疫病预防控制机构应当按照国务院兽医主管部门的规定，对动物疫病的发生、流行等情况进行监测；从事动物饲养、屠宰、经营、隔离、运输以及动物产品生产、经营、加工、贮藏等活动的单位和个人不得拒绝或者阻碍。

第十六条　国务院兽医主管部门和省、自治区、直辖市人民政府兽医主管部门应当根据对动物疫病发生、流行趋势的预测，及时发出动物疫情预警。地方各级人民政府接到动物疫情预警后，应当采取相应的预防、控制措施。

第十七条　从事动物饲养、屠宰、经营、隔离、运输以及动物产品生产、经营、加工、贮藏等活动的单位和个人，应当依照本法和国务院兽医主管部门的规定，做好免疫、消毒等动物疫病预防工作。

第十八条　种用、乳用动物和宠物应当符合国务院兽医主管部门规定的健康标准。

种用、乳用动物应当接受动物疫病预防控制机构的定期检测。检测不合格的，应当按照国务院兽医主管部门的规定予以处理。

第十九条　动物饲养场（养殖小区）和隔离场所，动物屠宰加工场所，以及动物和动物产品无害化处理场所，应当符合下列动物防疫条件：

（一）场所的位置与居民生活区、生活饮用水源地、学校、医院等公共场所的距离符合国务院兽医主管部门规定的标准；

（二）生产区封闭隔离，工程设计和工艺流程符合动物防疫要求；

（三）有相应的污水、污物、病死动物、染疫动物产品的无害化处理设施设备和清洗消毒设施设备；

（四）有为其服务的动物防疫技术人员；

（五）有完善的动物防疫制度；

（六）具备国务院兽医主管部门规定的其他动物防疫条件。

第二十条　兴办动物饲养场（养殖小区）和隔离场所，动物屠宰加工场所，以及动物和动物产品无害化处理场所，应当向县级以上地方人民政府兽医主管部门提出申请，并附具相关材料。受理申请的兽医主管部门应当依照本法和《中华人民共和国行政许可法》的规定进行审查。经审查合格的，发给动物防疫条件合格证；不合格的，应当通知申请人并说明理由。需要办理工商登记的，申请人凭动物防疫条件合格证向工商行政管理部门申请办理登记注册手续。动物防疫条件合格证应当载明申请人的名称、场(厂)址等事项。

经营动物、动物产品的集贸市场应当具备国务院兽医主管部门规定的动物防疫条件,并接受动物卫生监督机构的监督检查。

第二十一条　动物、动物产品的运载工具、垫料、包装物、容器等应当符合国务院兽医主管部门规定的动物防疫要求。

染疫动物及其排泄物、染疫动物产品,病死或者死因不明的动物尸体,运载工具中的动物排泄物以及垫料、包装物、容器等污染物,应当按照国务院兽医主管部门的规定处理,不得随意处置。

第二十二条　采集、保存、运输动物病料或者病原微生物以及从事病原微生物研究、教学、检测、诊断等活动,应当遵守国家有关病原微生物实验室管理的规定。

第二十三条　患有人畜共患传染病的人员不得直接从事动物诊疗以及易感染动物的饲养、屠宰、经营、隔离、运输等活动。

人畜共患传染病名录由国务院兽医主管部门会同国务院卫生主管部门制定并公布。

第二十四条　国家对动物疫病实行区域化管理,逐步建立无规定动物疫病区。无规定动物疫病区应当符合国务院兽医主管部门规定的标准,经国务院兽医主管部门验收合格予以公布。

本法所称无规定动物疫病区,是指具有天然屏障或者采取人工措施,在一定期限内没有发生规定的一种或者几种动物疫病,并经验收合格的区域。

第二十五条　禁止屠宰、经营、运输下列动物和生产、经营、加工、贮藏、运输下列动物产品:

(一)封锁疫区内与所发生动物疫病有关的;

(二)疫区内易感染的;

(三)依法应当检疫而未经检疫或者检疫不合格的;

(四)染疫或者疑似染疫的;

(五)病死或者死因不明的;

(六)其他不符合国务院兽医主管部门有关动物防疫规定的。

第三章　动物疫情的报告、通报和公布

第二十六条　从事动物疫情监测、检验检疫、疫病研究与诊疗以及动物饲养、屠宰、经营、隔离、运输等活动的单位和个人,发现动物染疫或者疑似染疫的,应当立即向当地兽医主管部门、动物卫生监督机构或者动物疫病预防控制机构报告,并

采取隔离等控制措施，防止动物疫情扩散。其他单位和个人发现动物染疫或者疑似染疫的，应当及时报告。接到动物疫情报告的单位，应当及时采取必要的控制处理措施，并按照国家规定的程序上报。

第二十七条　动物疫情由县级以上人民政府兽医主管部门认定；其中重大动物疫情由省、自治区、直辖市人民政府兽医主管部门认定，必要时报国务院兽医主管部门认定。

第二十八条　国务院兽医主管部门应当及时向国务院有关部门和军队有关部门以及省、自治区、直辖市人民政府兽医主管部门通报重大动物疫情的发生和处理情况；发生人畜共患传染病的，县级以上人民政府兽医主管部门与同级卫生主管部门应当及时相互通报。

国务院兽医主管部门应当依照我国缔结或者参加的条约、协定，及时向有关国际组织或者贸易方通报重大动物疫情的发生和处理情况。

第二十九条　国务院兽医主管部门负责向社会及时公布全国动物疫情，也可以根据需要授权省、自治区、直辖市人民政府兽医主管部门公布本行政区域内的动物疫情。其他单位和个人不得发布动物疫情。

第三十条　任何单位和个人不得瞒报、谎报、迟报、漏报动物疫情，不得授意他人瞒报、谎报、迟报动物疫情，不得阻碍他人报告动物疫情。

第四章　动物疫病的控制和扑灭

第三十一条　发生一类动物疫病时，应当采取下列控制和扑灭措施：

(一)当地县级以上地方人民政府兽医主管部门应当立即派人到现场，划定疫点、疫区、受威胁区，调查疫源，及时报请本级人民政府对疫区实行封锁。疫区范围涉及两个以上行政区域的，由有关行政区域共同的上一级人民政府对疫区实行封锁，或者由各有关行政区域的上一级人民政府共同对疫区实行封锁。必要时，上级人民政府可以责成下级人民政府对疫区实行封锁。

(二)县级以上地方人民政府应当立即组织有关部门和单位采取封锁、隔离、扑杀、销毁、消毒、无害化处理、紧急免疫接种等强制性措施，迅速扑灭疫病。

(三)在封锁期间，禁止染疫、疑似染疫和易感染的动物、动物产品流出疫区，禁止非疫区的易感染动物进入疫区，并根据扑灭动物疫病的需要对出入疫区的人员、运输工具及有关物品采取消毒和其他限制性措施。

第三十二条　发生二类动物疫病时，应当采取下列控制和扑灭措施：

(一)当地县级以上地方人民政府兽医主管部门应当划定疫点、疫区、受威胁区。

（二）县级以上地方人民政府根据需要组织有关部门和单位采取隔离、扑杀、销毁、消毒、无害化处理、紧急免疫接种、限制易感染的动物和动物产品及有关物品出入等控制、扑灭措施。

第三十三条　疫点、疫区、受威胁区的撤销和疫区封锁的解除，按照国务院兽医主管部门规定的标准和程序评估后，由原决定机关决定并宣布。

第三十四条　发生三类动物疫病时，当地县级、乡级人民政府应当按照国务院兽医主管部门的规定组织防治和净化。

第三十五条　二、三类动物疫病呈暴发性流行时，按照一类动物疫病处理。

第三十六条　为控制、扑灭动物疫病，动物卫生监督机构应当派人在当地依法设立的现有检查站执行监督检查任务；必要时，经省、自治区、直辖市人民政府批准，可以设立临时性的动物卫生监督检查站，执行监督检查任务。

第三十七条　发生人畜共患传染病时，卫生主管部门应当组织对疫区易感染的人群进行监测，并采取相应的预防、控制措施。

第三十八条　疫区内有关单位和个人，应当遵守县级以上人民政府及其兽医主管部门依法作出的有关控制、扑灭动物疫病的规定。

任何单位和个人不得藏匿、转移、盗掘已被依法隔离、封存、处理的动物和动物产品。

第三十九条　发生动物疫情时，航空、铁路、公路、水路等运输部门应当优先组织运送控制、扑灭疫病的人员和有关物资。

第四十条　一、二、三类动物疫病突然发生，迅速传播，给养殖业生产安全造成严重威胁、危害，以及可能对公众身体健康与生命安全造成危害，构成重大动物疫情的，依照法律和国务院的规定采取应急处理措施。

第五章　动物和动物产品的检疫

第四十一条　动物卫生监督机构依照本法和国务院兽医主管部门的规定对动物、动物产品实施检疫。

动物卫生监督机构的官方兽医具体实施动物、动物产品检疫。官方兽医应当具备规定的资格条件，取得国务院兽医主管部门颁发的资格证书，具体办法由国务院兽医主管部门会同国务院人事行政部门制定。

本法所称官方兽医，是指具备规定的资格条件并经兽医主管部门任命的，负责出具检疫等证明的国家兽医工作人员。

第四十二条　屠宰、出售或者运输动物以及出售或者运输动物产品前，货主应当按照国务院兽医主管部门的规定向当地动物卫生监督机构申报检疫。

动物卫生监督机构接到检疫申报后，应当及时指派官方兽医对动物、动物产品实施现场检疫；检疫合格的，出具检疫证明、加施检疫标志。实施现场检疫的官方兽医应当在检疫证明、检疫标志上签字或者盖章，并对检疫结论负责。

第四十三条　屠宰、经营、运输以及参加展览、演出和比赛的动物，应当附有检疫证明；经营和运输的动物产品，应当附有检疫证明、检疫标志。

对前款规定的动物、动物产品，动物卫生监督机构可以查验检疫证明、检疫标志，进行监督抽查，但不得重复检疫收费。

第四十四条　经铁路、公路、水路、航空运输动物和动物产品的，托运人托运时应当提供检疫证明；没有检疫证明的，承运人不得承运。运载工具在装载前和卸载后应当及时清洗、消毒。

第四十五条　输入到无规定动物疫病区的动物、动物产品，货主应当按照国务院兽医主管部门的规定向无规定动物疫病区所在地动物卫生监督机构申报检疫，经检疫合格的，方可进入；检疫所需费用纳入无规定动物疫病区所在地地方人民政府财政预算。

第四十六条　跨省、自治区、直辖市引进乳用动物、种用动物及其精液、胚胎、种蛋的，应当向输入地省、自治区、直辖市动物卫生监督机构申请办理审批手续，并依照本法第四十二条的规定取得检疫证明。

跨省、自治区、直辖市引进的乳用动物、种用动物到达输入地后，货主应当按照国务院兽医主管部门的规定对引进的乳用动物、种用动物进行隔离观察。

第四十七条　人工捕获的可能传播动物疫病的野生动物，应当报经捕获地动物卫生监督机构检疫，经检疫合格的，方可饲养、经营和运输。

第四十八条　经检疫不合格的动物、动物产品，货主应当在动物卫生监督机构监督下按照国务院兽医主管部门的规定处理，处理费用由货主承担。

第四十九条　依法进行检疫需要收取费用的，其项目和标准由国务院财政部门、物价主管部门规定。

第六章　动物诊疗

第五十条　从事动物诊疗活动的机构，应当具备下列条件：

（一）有与动物诊疗活动相适应并符合动物防疫条件的场所；

（二）有与动物诊疗活动相适应的执业兽医；

（三）有与动物诊疗活动相适应的兽医器械和设备；

（四）有完善的管理制度。

第五十一条　设立从事动物诊疗活动的机构，应当向县级以上地方人民政府兽医主管部门申请动物诊疗许可证。受理申请的兽医主管部门应当依照本法和《中华人民共和国行政许可法》的规定进行审查。经审查合格的，发给动物诊疗许可证；不合格的，应当通知申请人并说明理由。申请人凭动物诊疗许可证向工商行政管理部门申请办理登记注册手续，取得营业执照后，方可从事动物诊疗活动。

第五十二条　动物诊疗许可证应当载明诊疗机构名称、诊疗活动范围、从业地点和法定代表人(负责人)等事项。

动物诊疗许可证载明事项变更的，应当申请变更或者换发动物诊疗许可证，并依法办理工商变更登记手续。

第五十三条　动物诊疗机构应当按照国务院兽医主管部门的规定，做好诊疗活动中的卫生安全防护、消毒、隔离和诊疗废弃物处置等工作。

第五十四条　国家实行执业兽医资格考试制度。具有兽医相关专业大学专科以上学历的，可以申请参加执业兽医资格考试；考试合格的，由国务院兽医主管部门颁发执业兽医资格证书；从事动物诊疗的，还应当向当地县级人民政府兽医主管部门申请注册。执业兽医资格考试和注册办法由国务院兽医主管部门商国务院人事行政部门制定。

本法所称执业兽医，是指从事动物诊疗和动物保健等经营活动的兽医。

第五十五条　经注册的执业兽医，方可从事动物诊疗、开具兽药处方等活动。但是，本法第五十七条对乡村兽医服务人员另有规定的，从其规定。

执业兽医、乡村兽医服务人员应当按照当地人民政府或者兽医主管部门的要求，参加预防、控制和扑灭动物疫病的活动。

第五十六条　从事动物诊疗活动，应当遵守有关动物诊疗的操作技术规范，使用符合国家规定的兽药和兽医器械。

第五十七条　乡村兽医服务人员可以在乡村从事动物诊疗服务活动，具体管理办法由国务院兽医主管部门制定。

第七章　监 督 管 理

第五十八条　动物卫生监督机构依照本法规定，对动物饲养、屠宰、经营、隔离、运输以及动物产品生产、经营、加工、贮藏、运输等活动中的动物防疫实施监督管理。

第五十九条　动物卫生监督机构执行监督检查任务，可以采取下列措施，有关单位和个人不得拒绝或者阻碍：

(一)对动物、动物产品按照规定采样、留验、抽检；

(二)对染疫或者疑似染疫的动物、动物产品及相关物品进行隔离、查封、扣押和处理；

（三）对依法应当检疫而未经检疫的动物实施补检；

（四）对依法应当检疫而未经检疫的动物产品，具备补检条件的实施补检，不具备补检条件的予以没收销毁；

（五）查验检疫证明、检疫标志和畜禽标识；

（六）进入有关场所调查取证，查阅、复制与动物防疫有关的资料。

动物卫生监督机构根据动物疫病预防、控制需要，经当地县级以上地方人民政府批准，可以在车站、港口、机场等相关场所派驻官方兽医。

第六十条　官方兽医执行动物防疫监督检查任务，应当出示行政执法证件，佩戴统一标志。

动物卫生监督机构及其工作人员不得从事与动物防疫有关的经营性活动，进行监督检查不得收取任何费用。

第六十一条　禁止转让、伪造或者变造检疫证明、检疫标志或者畜禽标识。

检疫证明、检疫标志的管理办法，由国务院兽医主管部门制定。

第八章　保障措施

第六十二条　县级以上人民政府应当将动物防疫纳入本级国民经济和社会发展规划及年度计划。

第六十三条　县级人民政府和乡级人民政府应当采取有效措施，加强村级防疫员队伍建设。

县级人民政府兽医主管部门可以根据动物防疫工作需要，向乡、镇或者特定区域派驻兽医机构。

第六十四条　县级以上人民政府按照本级政府职责，将动物疫病预防、控制、扑灭、检疫和监督管理所需经费纳入本级财政预算。

第六十五条　县级以上人民政府应当储备动物疫情应急处理工作所需的防疫物资。

第六十六条　对在动物疫病预防和控制、扑灭过程中强制扑杀的动物、销毁的动物产品和相关物品，县级以上人民政府应当给予补偿。具体补偿标准和办法由国务院财政部门会同有关部门制定。

因依法实施强制免疫造成动物应激死亡的，给予补偿。具体补偿标准和办法由国务院财政部门会同有关部门制定。

第六十七条　对从事动物疫病预防、检疫、监督检查、现场处理疫情以及在工作中接触动物疫病病原体的人员，有关单位应当按照国家规定采取有效的卫生防护措施和医疗保健措施。

第九章 法律责任

第六十八条 地方各级人民政府及其工作人员未依照本法规定履行职责的，对直接负责的主管人员和其他直接责任人员依法给予处分。

第六十九条 县级以上人民政府兽医主管部门及其工作人员违反本法规定，有下列行为之一的，由本级人民政府责令改正，通报批评；对直接负责的主管人员和其他直接责任人员依法给予处分：

（一）未及时采取预防、控制、扑灭等措施的；

（二）对不符合条件的颁发动物防疫条件合格证、动物诊疗许可证，或者对符合条件的拒不颁发动物防疫条件合格证、动物诊疗许可证的；

（三）其他未依照本法规定履行职责的行为。

第七十条 动物卫生监督机构及其工作人员违反本法规定，有下列行为之一的，由本级人民政府或者兽医主管部门责令改正，通报批评；对直接负责的主管人员和其他直接责任人员依法给予处分：

（一）对未经现场检疫或者检疫不合格的动物、动物产品出具检疫证明、加施检疫标志，或者对检疫合格的动物、动物产品拒不出具检疫证明、加施检疫标志的；

（二）对附有检疫证明、检疫标志的动物、动物产品重复检疫的；

（三）从事与动物防疫有关的经营性活动，或者在国务院财政部门、物价主管部门规定外加收费用、重复收费的；

（四）其他未依照本法规定履行职责的行为。

第七十一条 动物疫病预防控制机构及其工作人员违反本法规定，有下列行为之一的，由本级人民政府或者兽医主管部门责令改正，通报批评；对直接负责的主管人员和其他直接责任人员依法给予处分：

（一）未履行动物疫病监测、检测职责或者伪造监测、检测结果的；

（二）发生动物疫情时未及时进行诊断、调查的；

（三）其他未依照本法规定履行职责的行为。

第七十二条 地方各级人民政府、有关部门及其工作人员瞒报、谎报、迟报、漏报或者授意他人瞒报、谎报、迟报动物疫情，或者阻碍他人报告动物疫情的，由上级人民政府或者有关部门责令改正，通报批评；对直接负责的主管人员和其他直接责任人员依法给予处分。

第七十三条　违反本法规定，有下列行为之一的，由动物卫生监督机构责令改正，给予警告；拒不改正的，由动物卫生监督机构代作处理，所需处理费用由违法行为人承担，可以处一千元以下罚款：

（一）对饲养的动物不按照动物疫病强制免疫计划进行免疫接种的；

（二）种用、乳用动物未经检测或者经检测不合格而不按照规定处理的；

（三）动物、动物产品的运载工具在装载前和卸载后没有及时清洗、消毒的。

第七十四条　违反本法规定，对经强制免疫的动物未按照国务院兽医主管部门规定建立免疫档案、加施畜禽标识的，依照《中华人民共和国畜牧法》的有关规定处罚。

第七十五条　违反本法规定，不按照国务院兽医主管部门规定处置染疫动物及其排泄物，染疫动物产品，病死或者死因不明的动物尸体，运载工具中的动物排泄物以及垫料、包装物、容器等污染物以及其他经检疫不合格的动物、动物产品的，由动物卫生监督机构责令无害化处理，所需处理费用由违法行为人承担，可以处三千元以下罚款。

第七十六条　违反本法第二十五条规定，屠宰、经营、运输动物或者生产、经营、加工、贮藏、运输动物产品的，由动物卫生监督机构责令改正、采取补救措施，没收违法所得和动物、动物产品，并处同类检疫合格动物、动物产品货值金额一倍以上五倍以下罚款；其中依法应当检疫而未检疫的，依照本法第七十八条的规定处罚。

第七十七条　违反本法规定，有下列行为之一的，由动物卫生监督机构责令改正，处一千元以上一万元以下罚款；情节严重的，处一万元以上十万元以下罚款：

（一）兴办动物饲养场（养殖小区）和隔离场所，动物屠宰加工场所，以及动物和动物产品无害化处理场所，未取得动物防疫条件合格证的；

（二）未办理审批手续，跨省、自治区、直辖市引进乳用动物、种用动物及其精液、胚胎、种蛋的；

（三）未经检疫，向无规定动物疫病区输入动物、动物产品的。

第七十八条　违反本法规定，屠宰、经营、运输的动物未附有检疫证明，经营和运输的动物产品未附有检疫证明、检疫标志的，由动物卫生监督机构责令改正，处同类检疫合格动物、动物产品货值金额百分之十以上百分之五十以下罚款；对货主以外的承运人处运输费用一倍以上三倍以下罚款。

违反本法规定，参加展览、演出和比赛的动物未附有检疫证明的，由动物卫生监督机构责令改正，处一千元以上三千元以下罚款。

第七十九条　违反本法规定，转让、伪造或者变造检疫证明、检疫标志或者畜禽标识的，由动物卫生监督机构没收违法所得，收缴检疫证明、检疫标志或者畜禽标识，并处三千元以上三万元以下罚款。

第八十条　违反本法规定，有下列行为之一的，由动物卫生监督机构责令改正，处一千元以上一万元以下罚款：

（一）不遵守县级以上人民政府及其兽医主管部门依法作出的有关控制、扑灭动物疫病规定的；

（二）藏匿、转移、盗掘已被依法隔离、封存、处理的动物和动物产品的；

（三）发布动物疫情的。

第八十一条　违反本法规定，未取得动物诊疗许可证从事动物诊疗活动的，由动物卫生监督机构责令停止诊疗活动，没收违法所得；违法所得在三万元以上的，并处违法所得一倍以上三倍以下罚款；没有违法所得或者违法所得不足三万元的，并处三千元以上三万元以下罚款。

动物诊疗机构违反本法规定，造成动物疫病扩散的，由动物卫生监督机构责令改正，处一万元以上五万元以下罚款；情节严重的，由发证机关吊销动物诊疗许可证。

第八十二条　违反本法规定，未经兽医执业注册从事动物诊疗活动的，由动物卫生监督机构责令停止动物诊疗活动，没收违法所得，并处一千元以上一万元以下罚款。

执业兽医有下列行为之一的，由动物卫生监督机构给予警告，责令暂停六个月以上一年以下动物诊疗活动；情节严重的，由发证机关吊销注册证书：

（一）违反有关动物诊疗的操作技术规范，造成或者可能造成动物疫病传播、流行的；

（二）使用不符合国家规定的兽药和兽医器械的；

（三）不按照当地人民政府或者兽医主管部门要求参加动物疫病预防、控制和扑灭活动的。

第八十三条　违反本法规定，从事动物疫病研究与诊疗和动物饲养、屠宰、经营、隔离、运输，以及动物产品生产、经营、加工、贮藏等活动的单位和个人，有下列行为之一的，由动物卫生监督机构责令改正；拒不改正的，对违法行为单位处一千元以上一万元以下罚款，对违法行为个人可以处五百元以下罚款：

（一）不履行动物疫情报告义务的；

（二）不如实提供与动物防疫活动有关资料的；

（三）拒绝动物卫生监督机构进行监督检查的；

（四）拒绝动物疫病预防控制机构进行动物疫病监测、检测的。

第八十四条　违反本法规定，构成犯罪的，依法追究刑事责任。

违反本法规定，导致动物疫病传播、流行等，给他人人身、财产造成损害的，依法承担民事责任。

第十章　附　　则

第八十五条　本法自2008年1月1日起施行。

附录二　畜禽病害肉尸及其产品无害化处理规程(GB 16548—1996)

1　主题内容与适用范围

本标准规定了畜禽病害尸及其产品的销毁、化制、高温处理和化学处理的技术规范。

本标准适用于各类畜禽饲养场、肉类联合加工厂、定点屠宰点和畜禽运输及肉类市场等。

2　处理对象

2.1　猪、牛、羊、马、驴、骡、驼、兔及鸡、火鸡、鸭、鹅患传染性疾病、寄生虫病和中毒性疾病的肉尸(除去皮毛、内脏和蹄)及其产品(内脏、血液、骨、角和皮毛)。

2.2　其他动物病害肉尸及其产品的无害化处理,参照本标准执行。

3　病、死畜禽的无害化处理

3.1　销毁

3.1.1　适用对象

确认为炭疽、鼻疽、牛瘟、牛肺疫、恶性水肿、气肿疽、狂犬病、羊快疫、羊肠毒血症、肉毒梭菌中毒症、羊猝狙、马流行性淋巴管炎、马传染性贫血病、马鼻腔肺炎、马鼻气管炎、蓝舌病、非洲猪瘟、猪瘟、口蹄疫、猪传染性水疱病、猪密螺旋体痢疾、急性猪丹毒、牛鼻气管炎、黏膜病、钩端螺旋体病(已黄染肉尸)、李氏杆菌病、布鲁氏菌病、鸡新城疫、马立克氏病、鸡瘟(禽流感)、小鸡瘟、鸭瘟、兔病毒性出血症、野兔热、兔产气荚膜梭菌病等传染病和恶性肿瘤或两个器官发现肿瘤的病畜禽整个尸体;从其他患病畜禽各部分割除下来的病变部分和内脏。

3.1.2　操作方法

下述操作中,运送尸体应采用密闭容器。

3.1.2.1　湿法化制

利用湿化机,将整个尸体投入化制(熬制工业用油)。

3.1.2.2　焚毁

将整个尸体或割除下来的病变部分和内脏投入焚化炉中烧毁炭化。

3.2　化制

3.2.1　适用对象

凡病变严重、肌肉发生退行性变化的除 3.1.1 传染病以外的其他传染病、中毒性疾病、囊虫病、旋毛虫病及自行死亡或不明原因死亡的畜禽整个尸体或肉尸和内脏。

3.2.2　操作方法

利用干化机，将原料分类，分别投入化制，亦可使用。

3.3　高温处理

3.3.1　适用对象

猪肺疫、猪溶血性链球菌病、猪副伤寒、结核病、副结核病、禽霍乱、传染性法氏囊病、鸡传染性支气管炎、鸡传染性喉气管炎、羊痘、山羊关节炎脑炎、绵羊梅迪、维斯那病、弓形虫病、梨形虫病、锥虫病等病畜的肉尸和内脏。

确认为 3.1.1 传染病畜禽的同群畜禽以及怀疑被其污染的肉尸和内脏。

3.3.2　操作方法

3.3.2.1　高压蒸煮法

把肉尸切成重不超过 2 kg、厚不超过 8 cm 的肉块，放在密闭的高压锅内，在 112 kPa 压力下蒸煮 1.5～2 h。

3.3.2.2　一般煮沸法

将肉尸切成 3.3.2.1 规定大小的肉块，放在普通锅内煮沸 2～2.5 h(从水沸腾时算起)。

4　病畜禽产品的无害化处理

4.1　血液

4.1.1　漂白粉消毒法

用于 3.1.1 条中的传染病以及血液寄生虫病病畜禽血液的处理。

将 1 份漂白粉加入 4 份血液中充分搅匀，放置 24 h 后于专设掩埋废弃物的地点掩埋。

4.1.2　高温处理

用于 3.3.1 条患病畜禽血液的处理。将已凝固的血液切划成豆腐方块，放入沸水中烧煮，至血块深部呈黑红色并成蜂窝状时为止。

4.2　蹄、骨和角

将肉尸做高温处理时剔出的病畜禽骨和病畜的蹄、角放入高压锅内蒸煮至脱胶或脱脂时止。

4.3　皮毛

4.3.1　盐酸食盐溶液消毒法

用于被3.1.1疫病污染的和一般病畜的皮毛消毒。

用2.5%盐酸溶液和15%食盐水溶液等量混合，将皮张浸泡在此溶液中，并使液温保持在30℃左右，浸泡40 h，皮张与消毒液之比为1∶10(m/V)。浸泡后捞出沥干，放入2%氢氧化钠溶液中，以中和皮张上的酸，再用水冲洗后晾干。也可按100 mL 25%食盐水溶液中加入盐酸1 mL配制消毒液，在室温15℃条件下浸泡18 h，皮张与消毒液之比为1∶40浸泡后捞出沥干，再放入1%氢氧化钠溶液中浸泡，以中和皮张上的酸，再用水冲洗后晾干。

4.3.2　过氧乙酸消毒法

用于任何病畜的皮毛消毒。

将皮毛放入新鲜配制的2%过氧乙酸溶液中浸泡30 min，捞出，用水冲洗后晾干。

4.3.3　碱盐液浸泡消毒

用于同3.1.1疫病污染和皮毛消毒。

将病皮浸入5%碱盐液(饱和盐水内加5%烧碱)中，室温(17～20℃)浸泡24 h，并随时加以搅拌，然后取出挂起，待碱盐液流净，放入5%盐酸内浸泡，使皮上的酸碱中和，捞出，用水冲洗后晾干。

4.3.4　石灰乳浸泡消毒

用于口蹄疫和螨病病皮的消毒。

制法：将1份生石灰1份水制成熟石灰，再用水配成10%或5%混悬液(石灰乳)。

口蹄疫病皮，将病皮浸入10%石灰乳中浸泡2 h；螨病病皮，则将病皮浸入5%石灰乳中浸泡12 h，然后取出晾干。

4.3.5　盐腌消毒

用于布鲁氏菌病病皮的消毒。

用皮重15%的食盐，均匀撒于皮的表面。一般毛皮腌制2个月，胎儿毛皮腌制3个月。

4.4　病畜鬃毛的处理

将鬃毛于沸水中煮沸2～2.5 h用于任何病畜的鬃毛处理。

附录三　动物检疫管理办法

（中华人民共和国农业部令　第14号）

第一章　总　　则

第一条　为加强对动物检疫活动的管理，根据《中华人民共和国动物防疫法》（以下简称《动物防疫法》），制定本办法。

第二条　本办法所称动物检疫，是指对动物、动物产品实施的产地检疫和屠宰检疫。

第三条　本办法适用于在中华人民共和国境内的动物检疫活动。

从事动物饲养、经营，动物产品生产、经营，以及从事与动物、动物产品检疫有关活动的单位和个人必须遵守本办法。

第四条　各级人民政府畜牧兽医行政管理部门主管本行政区域内的动物检疫工作。

各级人民政府所属的动物防疫监督机构负责对本行政区域内的动物、动物产品实施检疫。

第五条　国家对动物检疫实行报检制度。

动物、动物产品在出售或者调出离开产地前，货主必须向所在地动物防疫监督机构提前报检。

第六条　动物防疫监督机构设动物检疫员，实施动物检疫。

动物防疫监督机构根据工作需要，可以在乡镇畜牧兽医站和其他有条件的单位聘用专业兽医人员，作为动物防疫监督机构的派出动物检疫员，代表动物防疫监督机构执行规定范围内的检疫任务。

动物检疫员必须按照国家标准、行业标准、检疫规程和本办法的规定，对动物、动物产品实施检疫，并对检疫结果负责。

第七条　动物检疫员按照国家标准和农业部颁布的检疫标准、检疫对象以及本办法的有关规定实施动物检疫。

对检疫合格的动物、动物产品出具检疫合格证明，加盖验讫印章或者加封规定的检疫标志。

对检疫不合格的动物、动物产品，包括染疫或者疑似染疫的动物、动物产品，病死或者死因不明的动物、动物产品，必须按照国家有关规定，在动物防疫监督机构监督下由货主进行无害化处理；无法做无害化处理的，予以销毁。

第八条　运载动物、动物产品的车辆、船舶、机舱以及饲养用具、装载用具，货主或者承运人必须在装货前和卸货后进行清扫、洗刷，并由动物防疫监督机构或者其指定单位进行消毒后，凭运载工具消毒证明装载和运输动物、动物产品。清除的垫料、粪便、污物由货主或者承运人在动物防疫监督机构监督下进行无害化处理。

第九条　出具检疫合格证明和消毒证明应当执行动物防疫证章填写及使用规范的规定。

动物检疫合格证明有效期最长为七天；赛马等特殊用途的动物，检疫合格证明有效期可延长至十五天；动物产品检疫合格证明有效期最长为三十天。运载工具消毒证明有效期与当次运输动物或者动物产品的检疫合格证明有效期相同。

第二章　产地检疫

第十条　动物、动物产品出售或者调运离开产地前必须由动物检疫员实施产地检疫。

第十一条　货主按下列时间向动物防疫监督机构提前报检：

动物产品、供屠宰或者育肥的动物提前三天；种用、乳用或者役用动物提前十五天；因生产生活特殊需要出售、调运和携带动物或者动物产品的，随报随检。

第十二条　动物产地检疫按照国家和行业有关标准实施。符合下列条件的，出具动物产地检疫合格证明：

(一)供屠宰和育肥的动物、达到健康标准的种用、乳用、役用动物、因生产生活特殊需要出售、调运和携带的动物，必须来自非疫区，免疫在有效期内，并经群体和个体临床健康检查合格；

(二)猪、牛、羊必须具备合格的免疫标识；

(三)未达到健康标准的种用、乳用、役用动物，除符合上述条件外，必须经过实验室检验合格。

第十三条　动物产品经产地检疫，符合下列条件或者按照以下规定处理后，出具动物产品产地检疫合格证明：

(一)生皮、原毛、绒等产品的原产地无规定疫情，并按照有关规定进行消毒。炭疽易感动物生皮、原毛\绒等产品炭疽沉淀试验为阴性，或经环氧乙烷消毒；

(二)精液、胚胎、种蛋的供体达到动物健康标准；

(三)骨、角等产品的原产地应无规定疫情，并按有关规定进行消毒。

第十四条　参展、参赛和演出的动物在启运前，必须向当地动物防疫监督机构报检，符合本办法第十二条第一项规定的，出具检疫合格证明。必要时，可以进行实验室检验。到达参展、参赛、演出地点后，货主凭检疫合格证明到当地动物防疫监督机构报验。

第十五条　合法捕获的野生动物，货主必须到捕获地动物防疫监督机构报检，经捕获地动物防疫监督机构临床健康检查和实验室检疫合格，方可出售和运输；到达接受地后，货主凭检疫合格证明到接受地动物防疫监督机构报验。

第十六条　跨省引进种用动物及其精液、胚胎、种蛋的，经输出地动物防疫监督机构按照本办法第十二条和第十三条第二项规定检疫合格后方可启运；到达输入地后，向输入地动物防疫监督机构报验。

第三章　屠宰检疫

第十七条　国家对生猪等动物实行定点屠宰，集中检疫。

第十八条　动物防疫监督机构对依法设立的定点屠宰场（厂、点）派驻或派出动物检疫员，实施屠宰前和屠宰后检疫。

第十九条　对动物应当凭产地检疫合格证明进行收购、运输和进场（厂、点）待宰。动物检疫员负责查验收缴产地检疫合格证明和运载工具消毒证明。动物产地检疫合格证明和消毒证明至少应当保存十二个月。

第二十条　动物检疫员按屠宰检疫有关国家和行业标准实施屠宰检疫。

动物屠宰前应当逐头（只）进行临床检查，健康的动物方可屠宰；患病动物和疑似患病动物按照有关规定处理。动物屠宰过程实行全流程同步检疫，对头、蹄、胴体、内脏进行统一编号，对照检查。

检疫合格的动物产品，加盖验讫印章或加封检疫标志，出具动物产品检疫合格证明。检疫不合格的动物产品，按规定做无害化处理；无法做无害化处理的，予以销毁。

第二十一条　未实行定点屠宰和农民个人自宰自用动物的屠宰检疫，按省、自治区、直辖市人民政府有关规定执行。

第四章　检疫管理

第二十二条　动物防疫监督机构对动物和动物产品的产地检疫和屠宰检疫情况进行监督。

第二十三条　对经营依法应当检疫而没有检疫证明的动物、动物产品的，由动物防疫监督机构责令停止经营，没收违法所得。

对尚未出售的动物、动物产品，未经检疫或者无检疫合格证明的依法实施补检；证物不符、检疫合格证明失效的依法实施重检。

对动物、动物产品实施补检或者重检，应当按照本办法第二章、第三章规定的检疫程序进行。对补检或者重检合格的动物、动物产品，出具检疫合格证明。对检疫不合格或者疑似染疫的，按照本办法规定进行无害化处理，并依照《动物防疫法》第四十八条第三项的规定予以处罚。对涂改、伪造、转让检疫合格证明的，依照《动物防疫法》第五十一条的规定予以处罚。

第二十四条　动物检疫员实施产地检疫和屠宰检疫必须按照本办法规定进行，并出具相应的检疫证明。对不出具或不使用国家统一规定检疫证明的，或者不按规定程序实施检疫的，或者对未经检疫或者检疫不合格的动物、动物产品出具检疫合格证明、加盖验讫印章的，由其所在单位或者上级主管机关给予记过或者撤销动物检疫员资格的处分；情节严重的，给予开除公职处分。

第二十五条　各级畜牧兽医行政管理部门要加强对检疫工作的监督管理。对重复检疫、重复收费等违法行为的责任人及主管领导，要追究其行政责任。

第二十六条　各级畜牧兽医行政管理部门对动物检疫员应当加强培训、考核和管理工作，建立健全内部任免、奖惩机制。

第五章　附　　则

第二十七条　动物防疫监督机构按照本办法规定对动物和动物产品进行检疫、消毒，按国务院物价和财政行政管理部门有关规定收取检疫费和消毒费。

第二十八条　本办法自 2002 年 7 月 1 日起施行。

附录四　重大动物疫情应急条例

第一章　总　　则

第一条　为了迅速控制、扑灭重大动物疫情，保障养殖业生产安全，保护公众身体健康与生命安全，维护正常的社会秩序，根据《中华人民共和国动物防疫法》，制定本条例。

第二条　本条例所称重大动物疫情，是指高致病性禽流感等发病率或者死亡率高的动物疫病突然发生，迅速传播，给养殖业生产安全造成严重威胁、危害，以及可能对公众身体健康与生命安全造成危害的情形，包括特别重大动物疫情。

第三条　重大动物疫情应急工作应当坚持加强领导、密切配合，依靠科学、依法防治，群防群控、果断处置的方针，及时发现，快速反应，严格处理，减少损失。

第四条　重大动物疫情应急工作按照属地管理的原则，实行政府统一领导、部门分工负责，逐级建立责任制。

县级以上人民政府兽医主管部门具体负责组织重大动物疫情的监测、调查、控制、扑灭等应急工作。

县级以上人民政府林业主管部门、兽医主管部门按照职责分工，加强对陆生野生动物疫源疫病的监测。

县级以上人民政府其他有关部门在各自的职责范围内，做好重大动物疫情的应急工作。

第五条　出入境检验检疫机关应当及时收集境外重大动物疫情信息，加强进出境动物及其产品的检验检疫工作，防止动物疫病传入和传出。兽医主管部门要及时向出入境检验检疫机关通报国内重大动物疫情。

第六条　国家鼓励、支持开展重大动物疫情监测、预防、应急处理等有关技术的科学研究和国际交流与合作。

第七条　县级以上人民政府应当对参加重大动物疫情应急处理的人员给予适当补助，对做出贡献的人员给予表彰和奖励。

第八条　对不履行或者不按照规定履行重大动物疫情应急处理职责的行为，任何单位和个人有权检举控告。

第二章 应急准备

第九条 国务院兽医主管部门应当制定全国重大动物疫情应急预案，报国务院批准，并按照不同动物疫病病种及其流行特点和危害程度，分别制定实施方案，报国务院备案。

县级以上地方人民政府根据本地区的实际情况，制定本行政区域的重大动物疫情应急预案，报上一级人民政府兽医主管部门备案。县级以上地方人民政府兽医主管部门，应当按照不同动物疫病病种及其流行特点和危害程度，分别制定实施方案。

重大动物疫情应急预案及其实施方案应当根据疫情的发展变化和实施情况，及时修改、完善。

第十条 重大动物疫情应急预案主要包括下列内容：

（一）应急指挥部的职责、组成以及成员单位的分工；

（二）重大动物疫情的监测、信息收集、报告和通报；

（三）动物疫病的确认、重大动物疫情的分级和相应的应急处理工作方案；

（四）重大动物疫情疫源的追踪和流行病学调查分析；

（五）预防、控制、扑灭重大动物疫情所需资金的来源、物资和技术的储备与调度；

（六）重大动物疫情应急处理设施和专业队伍建设。

第十一条 国务院有关部门和县级以上地方人民政府及其有关部门，应当根据重大动物疫情应急预案的要求，确保应急处理所需的疫苗、药品、设施设备和防护用品等物资的储备。

第十二条 县级以上人民政府应当建立和完善重大动物疫情监测网络和预防控制体系，加强动物防疫基础设施和乡镇动物防疫组织建设，并保证其正常运行，提高对重大动物疫情的应急处理能力。

第十三条 县级以上地方人民政府根据重大动物疫情应急需要，可以成立应急预备队，在重大动物疫情应急指挥部的指挥下，具体承担疫情的控制和扑灭任务。

应急预备队由当地兽医行政管理人员、动物防疫工作人员、有关专家、执业兽医等组成；必要时，可以组织动员社会上有一定专业知识的人员参加。公安机关、中国人民武装警察部队应当依法协助其执行任务。

应急预备队应当定期进行技术培训和应急演练。

第十四条 县级以上人民政府及其兽医主管部门应当加强对重大动物疫情应急知识和重大动物疫病科普知识的宣传，增强全社会的重大动物疫情防范意识。

第三章　监测、报告和公布

第十五条　动物防疫监督机构负责重大动物疫情的监测，饲养、经营动物和生产、经营动物产品的单位和个人应当配合，不得拒绝和阻碍。

第十六条　从事动物隔离、疫情监测、疫病研究与诊疗、检验检疫以及动物饲养、屠宰加工、运输、经营等活动的有关单位和个人，发现动物出现群体发病或者死亡的，应当立即向所在地的县(市)动物防疫监督机构报告。

第十七条　县(市)动物防疫监督机构接到报告后，应当立即赶赴现场调查核实。初步认为属于重大动物疫情的，应当在2 h内将情况逐级报省、自治区、直辖市动物防疫监督机构，并同时报所在地人民政府兽医主管部门；兽医主管部门应当及时通报同级卫生主管部门。

省、自治区、直辖市动物防疫监督机构应当在接到报告后1 h内，向省、自治区、直辖市人民政府兽医主管部门和国务院兽医主管部门所属的动物防疫监督机构报告。

省、自治区、直辖市人民政府兽医主管部门应当在接到报告后1 h内报本级人民政府和国务院兽医主管部门。

重大动物疫情发生后，省、自治区、直辖市人民政府和国务院兽医主管部门应当在4 h内向国务院报告。

第十八条　重大动物疫情报告包括下列内容：

(一)疫情发生的时间、地点；

(二)染疫、疑似染疫动物种类和数量、同群动物数量、免疫情况、死亡数量、临床症状、病理变化、诊断情况；

(三)流行病学和疫源追踪情况；

(四)已采取的控制措施；

(五)疫情报告的单位、负责人、报告人及联系方式。

第十九条　重大动物疫情由省、自治区、直辖市人民政府兽医主管部门认定；必要时，由国务院兽医主管部门认定。

第二十条　重大动物疫情由国务院兽医主管部门按照国家规定的程序，及时准确公布；其他任何单位和个人不得公布重大动物疫情。

第二十一条　重大动物疫病应当由动物防疫监督机构采集病料，未经国务院兽医主管部门或者省、自治区、直辖市人民政府兽医主管部门批准，其他单位和个人不得擅自采集病料。

从事重大动物疫病病原分离的，应当遵守国家有关生物安全管理规定，防止病原扩散。

第二十二条 国务院兽医主管部门应当及时向国务院有关部门和军队有关部门以及各省、自治区、直辖市人民政府兽医主管部门通报重大动物疫情的发生和处理情况。

第二十三条 发生重大动物疫情可能感染人群时，卫生主管部门应当对疫区内易受感染的人群进行监测，并采取相应的预防、控制措施。卫生主管部门和兽医主管部门应当及时相互通报情况。

第二十四条 有关单位和个人对重大动物疫情不得瞒报、谎报、迟报，不得授意他人瞒报、谎报、迟报，不得阻碍他人报告。

第二十五条 在重大动物疫情报告期间，有关动物防疫监督机构应当立即采取临时隔离控制措施；必要时，当地县级以上地方人民政府可以作出封锁决定并采取扑杀、销毁等措施。有关单位和个人应当执行。

第四章 应急处理

第二十六条 重大动物疫情发生后，国务院和有关地方人民政府设立的重大动物疫情应急指挥部统一领导、指挥重大动物疫情应急工作。

第二十七条 重大动物疫情发生后，县级以上地方人民政府兽医主管部门应当立即划定疫点、疫区和受威胁区，调查疫源，向本级人民政府提出启动重大动物疫情应急指挥系统、应急预案和对疫区实行封锁的建议，有关人民政府应当立即作出决定。

疫点、疫区和受威胁区的范围应当按照不同动物疫病病种及其流行特点和危害程度划定，具体划定标准由国务院兽医主管部门制定。

第二十八条 国家对重大动物疫情应急处理实行分级管理，按照应急预案确定的疫情等级，由有关人民政府采取相应的应急控制措施。

第二十九条 对疫点应当采取下列措施：

（一）扑杀并销毁染疫动物和易感染的动物及其产品；

（二）对病死的动物、动物排泄物、被污染饲料、垫料、污水进行无害化处理；

（三）对被污染的物品、用具、动物圈舍、场地进行严格消毒。

第三十条 对疫区应当采取下列措施：

（一）在疫区周围设置警示标志，在出入疫区的交通路口设置临时动物检疫消毒站，对出入的人员和车辆进行消毒；

（二）扑杀并销毁染疫和疑似染疫动物及其同群动物，销毁染疫和疑似染疫的动物产品，对其他易感染的动物实行圈养或者在指定地点放养，役用动物限制在疫区内使役；

（三）对易感染的动物进行监测，并按照国务院兽医主管部门的规定实施紧急免疫接种，必要时对易感染的动物进行扑杀；

（四）关闭动物及动物产品交易市场，禁止动物进出疫区和动物产品运出疫区；

（五）对动物圈舍、动物排泄物、垫料、污水和其他可能受污染的物品、场地，进行消毒或者无害化处理。

第三十一条　对受威胁区应当采取下列措施：

（一）对易感染的动物进行监测；

（二）对易感染的动物根据需要实施紧急免疫接种。

第三十二条　重大动物疫情应急处理中设置临时动物检疫消毒站以及采取隔离、扑杀、销毁、消毒、紧急免疫接种等控制、扑灭措施的，由有关重大动物疫情应急指挥部决定，有关单位和个人必须服从；拒不服从的，由公安机关协助执行。

第三十三条　国家对疫区、受威胁区内易感染的动物免费实施紧急免疫接种；对因采取扑杀、销毁等措施给当事人造成的已经证实的损失，给予合理补偿。紧急免疫接种和补偿所需费用，由中央财政和地方财政分担。

第三十四条　重大动物疫情应急指挥部根据应急处理需要，有权紧急调集人员、物资、运输工具以及相关设施、设备。

单位和个人的物资、运输工具以及相关设施、设备被征集使用的，有关人民政府应当及时归还并给予合理补偿。

第三十五条　重大动物疫情发生后，县级以上人民政府兽医主管部门应当及时提出疫点、疫区、受威胁区的处理方案，加强疫情监测、流行病学调查、疫源追踪工作，对染疫和疑似染疫动物及其同群动物和其他易感染动物的扑杀、销毁进行技术指导，并组织实施检验检疫、消毒、无害化处理和紧急免疫接种。

第三十六条　重大动物疫情应急处理中，县级以上人民政府有关部门应当在各自的职责范围内，做好重大动物疫情应急所需的物资紧急调度和运输、应急经费安排、疫区群众救济、人的疫病防治、肉食品供应、动物及其产品市场监管、出入境检验检疫和社会治安维护等工作。

中国人民解放军、中国人民武装警察部队应当支持配合驻地人民政府做好重大动物疫情的应急工作。

第三十七条　重大动物疫情应急处理中，乡镇人民政府、村民委员会、居民委员会应当组织力量，向村民、居民宣传动物疫病防治的相关知识，协助做好疫情信息的收集、报告和各项应急处理措施的落实工作。

第三十八条　重大动物疫情发生地的人民政府和毗邻地区的人民政府应当通

力合作，相互配合，做好重大动物疫情的控制、扑灭工作。

第三十九条　有关人民政府及其有关部门对参加重大动物疫情应急处理的人员，应当采取必要的卫生防护和技术指导等措施。

第四十条　自疫区内最后一头（只）发病动物及其同群动物处理完毕起，经过一个潜伏期以上的监测，未出现新的病例的，彻底消毒后，经上一级动物防疫监督机构验收合格，由原发布封锁令的人民政府宣布解除封锁，撤销疫区；由原批准机关撤销在该疫区设立的临时动物检疫消毒站。

第四十一条　县级以上人民政府应当将重大动物疫情确认、疫区封锁、扑杀及其补偿、消毒、无害化处理、疫源追踪、疫情监测以及应急物资储备等应急经费列入本级财政预算。

第五章　法律责任

第四十二条　违反本条例规定，兽医主管部门及其所属的动物防疫监督机构有下列行为之一的，由本级人民政府或者上级人民政府有关部门责令立即改正、通报批评、给予警告；对主要负责人、负有责任的主管人员和其他责任人员，依法给予记大过、降级、撤职直至开除的行政处分；构成犯罪的，依法追究刑事责任：

（一）不履行疫情报告职责，瞒报、谎报、迟报或者授意他人瞒报、谎报、迟报，阻碍他人报告重大动物疫情的；

（二）在重大动物疫情报告期间，不采取临时隔离控制措施，导致动物疫情扩散的；

（三）不及时划定疫点、疫区和受威胁区，不及时向本级人民政府提出应急处理建议，或者不按照规定对疫点、疫区和受威胁区采取预防、控制、扑灭措施的；

（四）不向本级人民政府提出启动应急指挥系统、应急预案和对疫区的封锁建议的；

（五）对动物扑杀、销毁不进行技术指导或者指导不力，或者不组织实施检验检疫、消毒、无害化处理和紧急免疫接种的；

（六）其他不履行本条例规定的职责，导致动物疫病传播、流行，或者对养殖业生产安全和公众身体健康与生命安全造成严重危害的。

第四十三条　违反本条例规定，县级以上人民政府有关部门不履行应急处理职责，不执行对疫点、疫区和受威胁区采取的措施，或者对上级人民政府有关部门的疫情调查不予配合或者阻碍、拒绝的，由本级人民政府或者上级人民政府有关部门责令立即改正、通报批评、给予警告；对主要负责人、负有责任的主管人员和其他责任人员，依法给予记大过、降级、撤职直至开除的行政处分；构成犯罪的，依法追究刑事责任。

第四十四条　违反本条例规定，有关地方人民政府阻碍报告重大动物疫情，不履行应急处理职责，不按照规定对疫点、疫区和受威胁区采取预防、控制、扑灭措施，或者对上级人民政府有关部门的疫情调查不予配合或者阻碍、拒绝的，由上级人民政府责令立即改正、通报批评、给予警告；对政府主要领导人依法给予记大过、降级、撤职直至开除的行政处分；构成犯罪的，依法追究刑事责任。

第四十五条　截留、挪用重大动物疫情应急经费，或者侵占、挪用应急储备物资的，按照《财政违法行为处罚处分条例》的规定处理；构成犯罪的，依法追究刑事责任。

第四十六条　违反本条例规定，拒绝、阻碍动物防疫监督机构进行重大动物疫情监测，或者发现动物出现群体发病或者死亡，不向当地动物防疫监督机构报告的，由动物防疫监督机构给予警告，并处二千元以上五千元以下的罚款；构成犯罪的，依法追究刑事责任。

第四十七条　违反本条例规定，擅自采集重大动物疫病病料，或者在重大动物疫病病原分离时不遵守国家有关生物安全管理规定的，由动物防疫监督机构给予警告，并处五千元以下的罚款；构成犯罪的，依法追究刑事责任。

第四十八条　在重大动物疫情发生期间，哄抬物价、欺骗消费者，散布谣言、扰乱社会秩序和市场秩序的，由价格主管部门、工商行政管理部门或者公安机关依法给予行政处罚；构成犯罪的，依法追究刑事责任。

第六章　附　　则

第四十九条　本条例自公布之日起施行。

附录五　畜禽产地检疫规范
（GB 16549—1996）

1　主题内容与适用范围

本标准规定了畜禽产地检疫内容和临床健康检查的技术规范。

本标准适用于离开饲养产地之前的畜禽检疫。

2　术语

疫区：在发生严重的或当地新发现的动物传染病时，由县以上农牧行政部门划定，并经同级人民政府发布命令，实行封锁的地区。

3　疫情调查

了解当地疫情，确定动物是否来自疫区。

4　查验免疫证明

检查按国家或地方规定必须强制预防接种的项目，动物必须处在免疫有效期内。

5　临床健康检查

5.1　畜禽的群体检疫

5.1.1　静态

检查精神状况、外貌、营养、立卧姿势、呼吸、反刍状态，羽、冠、髯。

5.1.2　动态

检查运动时头、颈、腰、背、四肢的运动状态。

5.1.3　食态

检查饮食、咀嚼、吞咽时反应状态。同时应检查排便时姿势，粪尿的质度、颜色、含混物、气味。

5.2　畜禽的个体检查

个体检查包括群体检查时发现异常个体或抽样检查（5%～20%）的个体。

5.2.1　视诊

检查精神外貌、营养状况、起卧运动姿势、反刍以及皮肤、被毛、羽毛、冠、髯、呼吸、可视黏膜、天然孔、鼻镜、粪、尿等。

5.2.2　触诊

触摸皮肤（耳根）温度、弹性，胸廓、腹部敏感性，体表淋巴结的大小、形状、硬度、活动性、敏感性等，嗉囊内容物性状。必要时进行直肠检查。

5.2.3 叩诊

叩诊心、肺、胃、肠、肝区的音响、位置和界限，胸、腹部敏感程度。

5.2.4 听诊

听叫声、咳嗽声、心音、肺泡气管呼吸音、胃肠蠕动音等。

5.2.5 检查体温、脉搏、呼吸数。

5.2.6 检查渗出物、漏出物、分泌物、病理性产物的颜色、质度、气味等。

注：种、乳、实验、役用动物，按有关规定进行实验室检验，本标准中不另作规定。

6 其他

在产地检疫中检出畜禽传染病时，按有关兽医法规处理。

附录六　畜禽屠宰卫生检疫规范（NY 467—2001）

1　范围

本标准规定了畜禽屠宰的宰前检疫、宰后检验及检疫检验后处理的技术要求。本标准适用于所有从事畜禽屠宰加工的单位和个人。

2　规范性引用文件

下列文件中的条款通过本标准的引用而成为本标准的条款。凡是注日期的引用文件，其随后所有的修改单（不包括勘误的内容）或修订版均不适用于本标准，然而，鼓励根据本标准达成协议的各方研究是否可使用这些文件的最新版本。凡是不注日期的引用文件，其最新版本适用于本标准。

GB 16548—1996 畜禽病害肉尸及其产品无害化处理规程

GB 16549 畜禽产地检疫规范

64/433/EEC 关于影响欧共体内部鲜肉贸易的动物卫生问题

71/118/EEC 关于鲜禽肉生产和市场销售的动物卫生问题

91/495/EEC 欧盟关于兔肉和野味肉生产的卫生问题和卫生检验规定

3　术语和定义

下列术语和定义适用于本标准。

3.1　胴体

放血后去头、尾、蹄、内脏的带皮或不带皮的畜禽肉体。

3.2　急宰

对患有某些疫病、普通病和其他病损的以及长途运输中所出现的畜禽，为了防止传染或免于自然死亡而强制进行紧急宰杀。

3.3　同步检验

在轨道运行中，对同畜禽的胴体、内脏、头、蹄，甚至皮张等实行的同时、等速、对照的集中检验。

3.4　无害化处理

用物理化学方法，使带菌、带毒、带虫的患病畜禽肉产品及其副产品和尸体失去传染性和毒性而达到无害的处理。

3.5　同群畜禽

以自然小群为单位，即有直接传播疫病可能的同一小环境中的畜禽，如同窝、同圈、同舍或同一车皮等。

3.6　同批产品

同时、同地加工的同一种畜禽的同一批产品。

4　宰前检验

4.1　入场检疫

4.1.1　首先查验法定的动物产地检疫证明或出县境动物及动物产品运载工具消毒证明及运输检疫证明，以及其他所必需的检疫证明，待宰动物应来自非疫区，且健康良好。

4.1.2　检查畜禽饲料添加剂类型、使用期及停用期，使用药物种类、用药期及停药期，疫苗种类和接种日期方面的有关记录。

4.1.3　核对畜禽种类和数目，了解途中病、死亡情况。然后进行群体检疫，剔出可疑病畜禽，转放隔离圈，进行详细的个体临床检查，方法按 GB 16549 执行，必要时进行实验室检查。

4.2　待宰检疫

健康畜禽在留养待宰期间尚需随时进行临床观察。送宰前每做一次群体检疫，剔出患病畜禽。

5　宰前检疫后的处理

5.1　经宰前检疫发现口蹄病、猪水疱病、猪瘟、非洲猪瘟、非洲马瘟、牛瘟、牛传染性胸膜肺炎、牛海绵状脑病、痒病、蓝舌病、小反刍兽疫、绵羊痘和山羊痘、高致病性禽流感、鸡新城疫、兔出血热时，病畜禽按 GB 16548—1996 3.1 处理。

5.1.1　同群畜禽用密闭运输工具运到动物防疫监督部门指定的地点，用不放血的方法全部扑杀，尸体按 GB 16548—1996 3.1 处理。

5.1.2　畜禽存放处和屠宰场所实行严格消毒，严格采取防疫措施，并立即向当地畜牧兽医行政管理部门报告疫情。

5.2　经宰前检疫发现狂犬病、炭疽、布鲁氏菌病、弓形虫病、结核病、日本血吸虫病、囊尾蚴病、马鼻疽、兔黏液瘤病及疑似病畜时，按 GB 16548—1996 3.1 处理。

5.2.1　同群畜急宰，胴体内脏按 GB 16548—1996 3.3 处理。

5.2.2　病畜存放处和屠宰场所实行严格消毒，采取防疫措施，并立即向当地畜牧兽医行政管理部门报告疫情。

5.3　除 5.1 和 5.2 所列疫病外，患有其他疫病的畜禽，实行急宰，除剔除病变部分销毁外，其余部分按 GB 16548—1996 3.3 规定的方法处理。

5.4 凡判为急宰的畜禽，均应将其宰前检疫报告单结果及时通知检疫人员，以供对同群畜禽宰后检验时综合判定、处理。

5.5 对判为健康的畜禽，送宰前应由宰前检疫人员出具准宰通知书。

6 屠宰过程中卫生要求

只有出具准宰通知书的畜禽才可进入屠宰线。

6.1 家畜屠宰卫生要求

6.1.1 淋浴净体

家畜致昏、放血前，应将畜体清扫或喷洗干净。家畜通过屠宰通道时，应按顺序赶送，且应尽量避免动物遭受痛苦。

6.1.2 电麻致昏

致昏的强度以使待宰畜处于昏迷状态，失去攻击性，消除挣扎，保证放血良好为准，不能致死，废止锤击，操作人员应穿戴合格的绝缘鞋、绝缘手套。

6.1.3 刺杀放血

刺杀由经过训练的熟练工人操作，采用垂直放血方式，除清真屠宰场外，一律采用切断颈动脉、颈静脉或真空刀放血法，沥血时间不得少于 5 min，废止心脏刺放血法，放血刀消毒后轮换使用。

6.1.4 剥皮或煺毛

需剥皮时，手工或机械剥皮均可，剥皮力求仔细，避免损伤皮张和胴体，防止污物、皮毛、脏手沾污胴体，禁止皮下充气作为剥皮的辅助措施。需煺毛时，严格控制水温和浸烫时间，猪的浸烫水温以 60℃～68℃为宜，浸烫时间为 5～7 min，防止烫生、烫老。刮毛力求干净，不应将毛根留在皮内，使用打毛机时，机内淋浴水温保持在 30℃左右。禁止吹气、打气刮毛和用松香拔毛。烫池水每班更换一次，取缔清水池，采用冷水喷淋降温净体。

6.1.5 开膛、净膛

剥皮或煺毛后立即开膛，开膛沿腹白线剖开腹腔和胸腔，切忌划破胃肠、膀胱和胆囊。摘除的脏器不准落地，心、肝、肺和胃、肠、胰、脾应分别保持自然联系，并与胴体同步编号，由检验人员按宰后检验要求进行卫生检验。

6.1.6 冲洗胸、腹腔

取出内脏后，应及时用足够压力的净水冲洗胸膛和腹腔，洗净腔内淤血、浮毛、污物。

6.1.7 劈半

将检验合格的胴体去头、尾，沿脊柱中线将胴体劈成对称的两半，劈面要平整、正直，不应左右弯曲或劈断，劈碎脊柱。

6.1.8　整修、复验

修割掉所有有碍卫生的组织，如暗伤、脓包、伤斑、甲状腺、病变淋巴结和肾上腺；整修后的片猪肉应进行复验，合格后割除前后蹄，用甲基紫液加盖验讫印章。

6.1.9　整理副产品

整理副产品应在副产品整理间进行；整理好的脏器应及时发送或送冷却间，不得长时间堆放。

6.1.10　皮张和鬃毛整理

皮张和鬃毛整理应在专用房间内进行。皮张和鬃毛应及时收集整理，皮张应抽去尾巴，刮除血污、皮肌和脂肪，及时送往加工处，不得堆压、日晒，鬃毛应及时摊干晾晒，不能堆放。

6.2　禽屠宰卫生要求

6.2.1　致昏放血

进入屠宰线的活禽应在电击后立即屠宰，屠宰操作应合理，放血应完全，防止血液污染刀口以外的地方。

6.2.2　脱毛

要快速、完全。

6.2.3　内脏摘除与处理

屠宰后应立即进行内脏全摘除，检验体腔和相关的内脏，并记录检验结果。检验后，内脏应立即与胴体分离，并立即去除不适于人类食用的部分。屠宰场内，禁止用布擦拭清洁禽肉。

6.3　兔屠宰卫生要求

6.3.1　致昏与放血

致昏兔时，应尽可能选用无痛苦方法；屠宰操作应合理，放血应完全。

6.3.2　剥皮

避免损伤皮张和胴体，防止污物、皮毛、脏手沾污胴体。

6.3.3　内脏摘除与处理

可参考 6.2.3 部分。

7　宰后卫生检验

畜禽屠宰后应立即进行宰后卫生检验，宰后检验应在适宜的光照条件下进行。头、蹄(爪)、内脏和胴体施行同步检验(皮张编号)；暂无同步检验条件的要统一编号，集中检验，综合判定。必要时进行实验室检验。

7.1 家畜宰后卫生检验

7.1.1 头部检验

7.1.1.1 猪头检验

剖检两侧颌下淋巴结和外咬肌,视检鼻盘、唇、齿龈、咽喉黏膜和扁桃体。

7.1.1.2 牛头检验

视检眼睑、鼻镜、唇、齿龈、口腔、舌面以及上下颌骨的状态,触检舌体、剖检两侧颌下淋巴结和咽后内侧淋巴结,视检咽喉黏膜和扁桃体,剖检舌肌(沿系带面纵向切开)和两侧内外咬肌。

7.1.1.3 羊头检验

视检皮肤、唇和口腔黏膜。

7.1.1.4 马、骡、驴和骆驼头的检验

剖检两侧颌下淋巴结、鼻甲和鼻中膈及喉头。

7.1.2 内脏检验

7.1.2.1 胃肠检验

视检胃肠浆膜,剖检肠淋巴结,牛、羊尚需检查食道。必要时剖检胃肠黏膜。

7.1.2.2 脾脏检验

视检外表、色泽、大小、触检被膜和实质弹性,必要时剖检脾髓。

7.1.2.3 肝脏检验

视检外表、色泽、大小、触检被膜和实质弹性,剖检肝门淋巴结。必要时剖检实质和胆囊。

7.1.2.4 肺脏检验

视检外表、色泽、大小、触检被膜,剖检支气管淋巴结和纵膈后淋巴结(牛、羊)。必要时剖检肺实质。

7.1.2.5 心脏检验

视检心包及心外膜,并确定肌僵程度。剖开心室视检心肌、心内膜及血液凝固状态。猪心,特别注意二尖瓣病损。

7.1.2.6 肾脏检验

剥离肾包膜,视检外表、色泽、大小、触检弹性。必要时纵向剖检肾实质。

7.1.2.7 乳房检验(牛、羊)

触检弹性,剖检乳房淋巴结。必要时剖检其实质。

7.1.2.8 必要时,剖检子宫、睾丸及膀胱。

7.1.3 胴体检验

7.1.3.1 首先判定放血程度。

7.1.3.2　视检皮肤、皮下组织、脂肪、肌肉、胸腔、腹腔、关节、筋腱、骨及骨髓。

7.1.3.3　剖检颈浅背(肩前)淋巴结、股前淋巴结、腹股沟浅淋巴结、腹股沟深淋巴结,必要时,增检颈深后淋巴结和腘淋巴结。

7.1.4　寄生虫检验

7.1.4.1　旋毛虫和住肉孢子虫的实验室检验

由每头猪左右横膈膜脚肌采取不少于 30 g 肉样两块(编上与胴体同一号码),撕去肌膜,剪取 24 个肉粒(每块肉样 12 粒),制成肌肉压片,置低倍显微镜下或旋毛虫投影仪检查。有条件的场、点可采用集样消化法检查。发现虫体或包囊,根据编号进一步检查同一动物胴体、头部和心脏。

7.1.4.2　囊尾蚴的检验

部位为咬肌、两侧腰肌和膈肌,其他可检部位是心肌、肩胛外侧肌和股内侧肌。

7.2　家禽宰后检验

家禽体表、内脏和体腔应逐只进行视检,必要时进行触检或切开检查,注意胴体的质地、颜色和气味的异常变化,特别应注意屠宰操作可能引起的异常变化。宰后检验过程中淘汰下来的家禽,应抽样进行细致的临床检查和实验室诊断。

7.3　家兔检验

重点检查胴体表面、胸腔、肝、脾、肾、盲肠蚓突和圆小囊等部位,判定有无异常。具体检验方法可参照 7.1.2 和 7.2 条相关要求进行。

8　宰后检验后处理

通过对内脏、胴体的检疫,做出综合判断和处理意见;检疫合格,确认无动物疫病的家畜鲜肉可按照 64/433/EEC 规定的要求进行分割和贮存;确认无动物疫病的鲜家禽肉可按照 71/118/EEC 规定的要求进行清洗、浸泡冷却、分割和贮存;确认无动物疫病的鲜兔肉可按照 91/495/EEC 规定的要求进行清洗、浸泡冷却、分割和贮存;确认无动物疫病的鲜兔肉可按照 91/495/EEC 规定的要求进行贮存。经检疫合格的胴体或者肉品应加盖统一的检疫合格印章,并签发检疫合格证。应用印染液加盖章时,印章染色液应对人无害、盖后不流散,迅速干燥,附着牢固。经宰后检验发现动物疫病时,应根据下述不同情况采取不同的处理措施。

8.1　经宰后检验发现 5.1 所列动物疫病和狂犬病、炭疽时,按以下方法处理:

a. 立即停止生产;

b. 生产车间彻底清洗、严格消毒;

c. 立即向当地畜牧兽医行政管理部门报告疫情;

d. 病畜禽胴体、内脏及其副产品按 5.1 规定处理;

e.同批产品及副产品按5.2规定处理；

f.各项处理经畜牧兽医行政管理部门检查合格后方可恢复生产。

8.2 经宰后检验发现5.2所列动物疫病(狂犬病、炭疽除外)时，按以下方法处理：

a.执行8.1中a)、b)、c)、d)处理方法；

b.同批产品及副产品按前3后5(与病畜禽相邻)执行5.3所列的方法处理，其余可按正常产品出厂。

8.3 经宰后检验发现5.3所列传染病时，按5.3所列的方法处理。

8.4 经宰后发现寄生虫病时，按下列规定处理：

8.4.1 旋毛虫病和住肉孢子虫病

a.24个肉样压片内，发现有包囊的或钙化的旋毛虫者，头、胴体和心脏做工业用或销毁；

b.24个肉样压片内，发现住肉孢子虫者，全尸高温处理或销毁。

8.4.2 猪、牛囊尾蚴病

在规定检验部位切面视检，发现囊尾蚴和钙化的虫体者，全尸做工业用或销毁。

8.4.3 肝片吸虫病、矛形腹腔吸虫病、棘球蚴病、肺吸虫病、肺线虫病、细颈囊尾蚴病、肾虫病、猪孟氏双槽蚴病、华枝睾吸虫病、腭口线虫病、猪浆膜丝虫病、鸡球虫病、兔球虫病、兔豆状囊尾蚴病、兔链形多头蚴病、兔肝毛细线虫病。

a.变严重，且肌肉有退化性变化者，胴体和内脏做工业用或销毁；肌肉无变化者剔除患病部分做工业用或销毁，其余部分高温处理后出场(厂)；

b.变轻微，剔除病变部分工业用或销毁，其余部分不受限制出场(厂)。

8.5 经宰后检验发现肿瘤时，按下列规定处理：

8.5.1 在一个器官发现肿瘤病变，胴体不瘠瘦，并无其他明显病变者，患病脏器做工业用或销毁，其余部分高温处理；如胴体瘠瘦或肌肉有病变者，全尸做工业用或销毁。

8.5.2 两个或两个以上器官发现肿瘤病变者，全尸做工业用或销毁。

8.5.3 确诊为淋巴肉瘤、白血病和鳞状上皮细胞癌者，全尸做工业用或销毁。

8.6 经宰后检验发现普通病、中毒和局部病损时，按下列规定处理：

a.有下列情形之一者，全尸做工业用或销毁：脓毒症、尿毒症、黄疸、过度消瘦、大面积坏疽、急性中毒、全身肌肉和脂肪变性、全身性出血的畜禽；

b.局部有下列病变之一者，割除病变部分做工业用或销毁，其余部分不受限制：创伤、化脓、炎症、硬变、坏死、寄生虫损害、严重的淤血、出血、病理性肥大或萎缩，异色、异味及其他有碍卫生的部分。

8.7　须做无害化处理的应在胴体上加盖与处理意见一致的统一印章，并在动物防疫监督部门监督下，在厂内处理。

9　检疫记录

所有屠宰场均应对生产、销售和相应的检疫、处理记录保存两年以上。

参 考 文 献

[1] 蔡宝祥.家畜传染病学.4版.北京:中国农业出版社,2001.
[2] 杨廷桂.动物防疫与检疫.北京:中国农业出版社,2001.
[3] 黄建初.《中华人民共和国动物防疫法》释义及实用指南.北京:中国民主法制出版社,2007.
[4] 动物防疫研究小组.《中华人民共和国动物防疫法》实施手册.北京:卫生防疫出版社,2007.
[5] 王子轼.动物防疫与检疫技术.北京:中国农业出版社,2006.
[6] 杨增歧.畜禽无公害防疫新技术.北京:中国农业出版社,2003.
[7] 许益民.动物性食品卫生学.北京:中国农业出版社,2002.
[8] 徐百万,王宏伟.兽医诊断实验室的建设与管理.北京:时事出版社,2002.
[9] 刘秀梵.兽医流行病学.2版.北京:中国农业出版社,2000.
[10] 东北农业大学.兽医临诊诊断学.3版.北京:中国农业出版社,2004.
[11] 佘锐萍.动物产品卫生检验.北京:中国农业大学出版社,2000.
[12] 白文彬,于康震.动物传染病诊断学.北京:中国农业出版社,2002.
[13] 姚火春.兽医微生物学实验指导.北京:中国农业出版社,2002.
[14] 张宏伟.动物疫病.北京:中国农业出版社,2001.
[15] 戴诗琼.检验检疫学.北京:对外经济贸易大学出版社,2002.

图书在版编目(CIP)数据

动物防疫与检疫技术/林伯全主编．—北京：中国农业大学出版社，2008.9

ISBN 978-7-81117-560-8

Ⅰ．动…　Ⅱ．林…　Ⅲ．①兽医-防疫　②兽医-检疫　Ⅳ．S851.3

中国版本图书馆 CIP 数据核字(2008)第 123171 号

书　　名　动物防疫与检疫技术

作　　者　林伯全　主编

策划编辑　陈巧莲　姚慧敏　伍　斌

责任编辑　陈巧莲　洪重光　冯雪梅　潘晓丽　邢永莉　董　田

封面设计　郑　川

责任校对　陈　莹　王晓凤

出版发行　中国农业大学出版社

社　　址　北京市海淀区圆明园西路 2 号

邮政编码　100193

电　　话　发行部 010-62731190，2620

　　　　　编辑部 010-62732617，2618

读者服务部 010-62732336

出 版 部 010-62733440

网　　址　http://www.cau.edu.cn/caup

e-mail　cbsszs@cau.edu.cn

经　　销　新华书店

印　　刷　涿州市星河印刷有限公司

版　　次　2008 年 9 月第 1 版　2015 年 1 月第 5 次印刷

规　　格　787×980　16 开本　16.25 印张　292 千字

定　　价　23.00 元